海军重点建设建材

舰艇导弹发射原理

刘　方　肖金石　编著

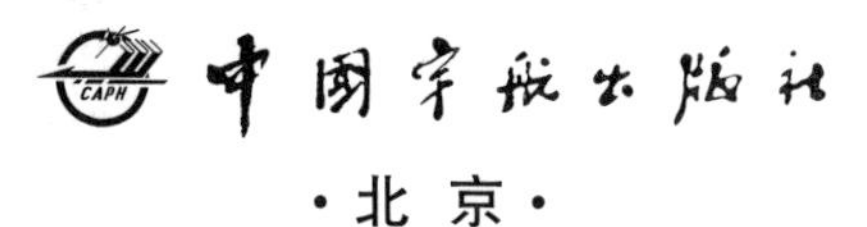

·北　京·

图书在版编目（CIP）数据

舰艇导弹发射原理 / 刘方，肖金石编著. -- 北京 ：中国宇航出版社，2022.3

ISBN 978-7-5159-2036-8

Ⅰ. ①舰… Ⅱ. ①刘… ②肖… Ⅲ. ①军用船－导弹发射－研究 Ⅳ. ①TJ768.2

中国版本图书馆 CIP 数据核字(2022)第 027432 号

责任编辑　张丹丹　　　**封面设计**　宇星文化

出　版
发　行　中国宇航出版社

社　址　北京市阜成路 8 号　**邮　编**　100830
(010)68768548

网　址　www.caphbook.com

经　销　新华书店

发行部　(010)68767386　(010)68371900
(010)68767382　(010)88100613（传真）

零售店　读者服务部　(010)68371105

承　印　天津画中画印刷有限公司

版　次　2022 年 3 月第 1 版
2022 年 3 月第 1 次印刷

规　格　787×1092

开　本　1/16

印　张　14　**彩　插**　4 面

字　数　341 千字

书　号　ISBN 978-7-5159-2036-8

定　价　75.00 元

前　言

导弹发射系统是导弹武器系统的重要组成部分。舰艇导弹发射是主要的海基发射方式，它因鲜明的海洋应用背景而独具魅力。研究舰艇导弹发射的基本原理、系统结构及先进技术，具有十分重要的意义。本书主要从以下几个方面展开：

第一章，绪论。简要介绍了导弹发射系统的地位和作用、导弹的发射方式、舰艇导弹发射的特点及舰艇导弹发射系统的战术技术要求等内容。

第二章，发射动力学基础。导弹发射的理论基础主要是发射动力学和发射燃气流场理论。发射动力学的研究对象是导弹与发射装置系统（简称弹-架系统），主要研究发射所受的动态载荷、导弹在发射装置内运动及导弹飞离发射装置的瞬时运动姿态，为发射装置的结构设计与可靠性提供理论基础。

第三章，发射燃气流场理论。介绍了导弹燃气射流的主要特征，分别介绍了亚声速射流和超声速射流的流动特征。发射燃气流场分析与计算为解决导弹发射的燃气流防护与结构设计提供了理论依据。

第四章，导弹发射箱。导弹发射箱是导弹发射系统的基本单元。介绍了发射箱的一般性构造，包括导轨与定向件、适配器、发射箱箱体、箱盖及开盖机构、闭锁挡弹器与减振器、隔热与气密、电插头机构等内容。

第五章，舰载导弹发射系统。介绍了舰载倾斜发射系统（固定式、随动式）、垂直发射系统、通用垂直发射系统的结构特点及相关原理，介绍了热发射燃气流排导技术、冷发射弹射技术等内容。

第六章，潜载导弹发射系统。介绍了有动力运载器水平发射系统、无动力运载器水平发射系统、水下垂直发射系统、潜载通用垂直发射系统的总体构成及工作原理等内容。

第七章，导弹发射控制系统。介绍了发控系统的功能、允许发射条件和发射条件、发射程序，介绍了导弹发控设备的功能与组成、计算机发射控制系统以及导弹发射控制系统通用化等内容。

第八章，导弹通用发射协调方法。介绍了导弹通用发射协调的必要性、空域协调方法、时域协调方法，并进行了算例验证。

本书作为海军重点建设教材，由中国人民解放军海军工程大学相关教学课程组编写。书中参考和引用了大量相关专家的专著、教材和论文等文献，特此致谢并对相关文献的作者表示深深谢意。

由于作者水平有限，书中难免存在不足，敬请读者批评指正。

作　者

2022年2月

目 录

第一章　绪　论

第一节　导弹发射系统的地位和作用

导弹自第二次世界大战后期投入使用以来，历经半个多世纪的发展，在现代战争中发挥着越来越重要的作用，正逐步成为决定战争胜负的一个重要因素。单独的导弹并不能完成作战任务，必须有与其相关的系统或设备通过一定的连接方式相互配合，构成一个完整的整体，才能完成赋予导弹武器的作战使命，这个整体就是导弹武器系统。不同的导弹武器系统组成不尽相同，导弹武器系统通常由导弹、导弹武控系统、导弹发射系统和技术保障设备 4 大部分组成。

导弹发射系统是发射前用来支承导弹、进行定向和瞄准，发射时完成导弹的发射控制和导向，发射后能够完成导弹的贮存、运输和再装填的机械装置和电气设备组成的有机整体，是导弹武器系统不可或缺的重要一环。它对导弹武器系统的快速反应能力、连续作战能力、机动性和安全可靠性等方面有着重要影响。

导弹发射系统的作用主要表现在：

一是为导弹提供规定的初始姿态和轨上运动支承，保证导弹的发射精度。在发射阵地，发射装置是导弹发射的支承平台，导弹发射一般都需要某一确定的方向角和高低角，有些导弹还要求发射基准面水平，有些需要连续跟踪对准目标，这些要求都需要由发射装置来满足。导弹发射时，从开始起飞到离开发射导轨需要一定的时间，发射装置必须确保导弹在该段时间内被可靠地支承并保持运动稳定，从而保证导弹的发射精度。导弹的发射精度一般是指离开导轨时导弹的航向、俯仰和滚动 3 个姿态角，角速度、角加速度要满足导弹的技术要求，导弹质心的速度和加速度也要达到指标。

二是发射装置与发控系统协同完成导弹的发射。发射装置把来自发控系统的各种指令和信号转接到导弹上，并将弹上各种信号回传给发控系统，因此，发射装置是发控系统和导弹之间传递信号及控制的桥梁。

三是为导弹提供保护作用。保护作用可分为环境保护、机械保护、电磁辐射保护等。环境保护指保护导弹免受不良自然环境条件的影响，如高温、低温、雨、雪、风沙、潮湿、盐雾、霉菌等；机械保护指减小导弹受到的振动、冲击、碰撞等的影响；电磁辐射保护一般是指在战场环境下的防电磁辐射能力。发射装置为导弹提供的保护作用确保导弹处于良好状态，提高了导弹可靠性，延长了导弹寿命。

第二节　导弹的发射方式

导弹的发射方式是指根据导弹武器系统攻击目标的使命，按照导弹的类型、发射地点、发射姿态与发射动力所确定的发射导弹的方法。导弹发射装置与导弹的发射方式有着密切的关系。由于导弹的用途不同，弹体形状、质量、动力装置和控制制导方式等也不尽相同。为了发射不同类型的导弹，必须采取不同类型的发射方式，相应的发射装置的类型主要由导弹发射方式确定。如采用倾斜定角发射方式，发射装置的高低角和方位角就固定不变。如采用倾斜变角发射方式，就需要有起落部分、回转部分、高低机、方向机以及随动系统。如采用贮运箱式发射，那么其结构形式可为方形或圆形，还要设置相应的固定机构和减振装置等。

导弹的发射方式如图 1－1 所示，一般可分为以下几种：

1）按发射地点和攻击目标位置可分为：岸-舰、舰-舰、空-舰、潜-舰、潜-地、地-地和空-地发射；

2）按发射姿态可分为：倾斜式、垂直式和水平式发射；

3）按发射动力可分为：自力式、弹射式、投放式和复合式发射；

4）按发射装置可分为：固定式和随动式发射，也可分为：筒（箱、管）式、轨道式和平台式发射。

下面初步讨论几种常见发射形式的基本特点。

一、自力发射和弹射发射

（1）自力发射方式

自力发射是指导弹起飞时依靠其自身的发动机或助推器的推力而离开发射装置。

自力发射方式在实际中应用最早、范围最广，可用来发射各种类型导弹和火箭。自力倾斜发射时，为了获得较大的起飞加速度，常常采用助推器或单室双推力火箭发动机。一般起飞加速度值在（10～40）g，其滑离速度一般可达 20～70 m/s。

自力垂直发射导弹的初始加速度较小，因推力与弹重之比一般为 1.5～3.5，有时也需要助推器，但起飞后常自动脱落，以减轻飞行重量。

助推器一般均采用固体火箭发动机，它可与弹体并联或串联。并联的优点是弹体长度较短，起落部分重量力矩较小，高低机负载较小；其缺点是横向尺寸较大，联装数量较少。另外，并联时要求几个助推器推力合力要通过弹体重心，且与弹体纵轴一致；点火要同步，并且要同时脱落。这对导弹设计和加工要求较高，困难较大。英国雷鸟地空导弹就是采用 4 个并联式助推器，其发射装置结构较简单而紧凑。

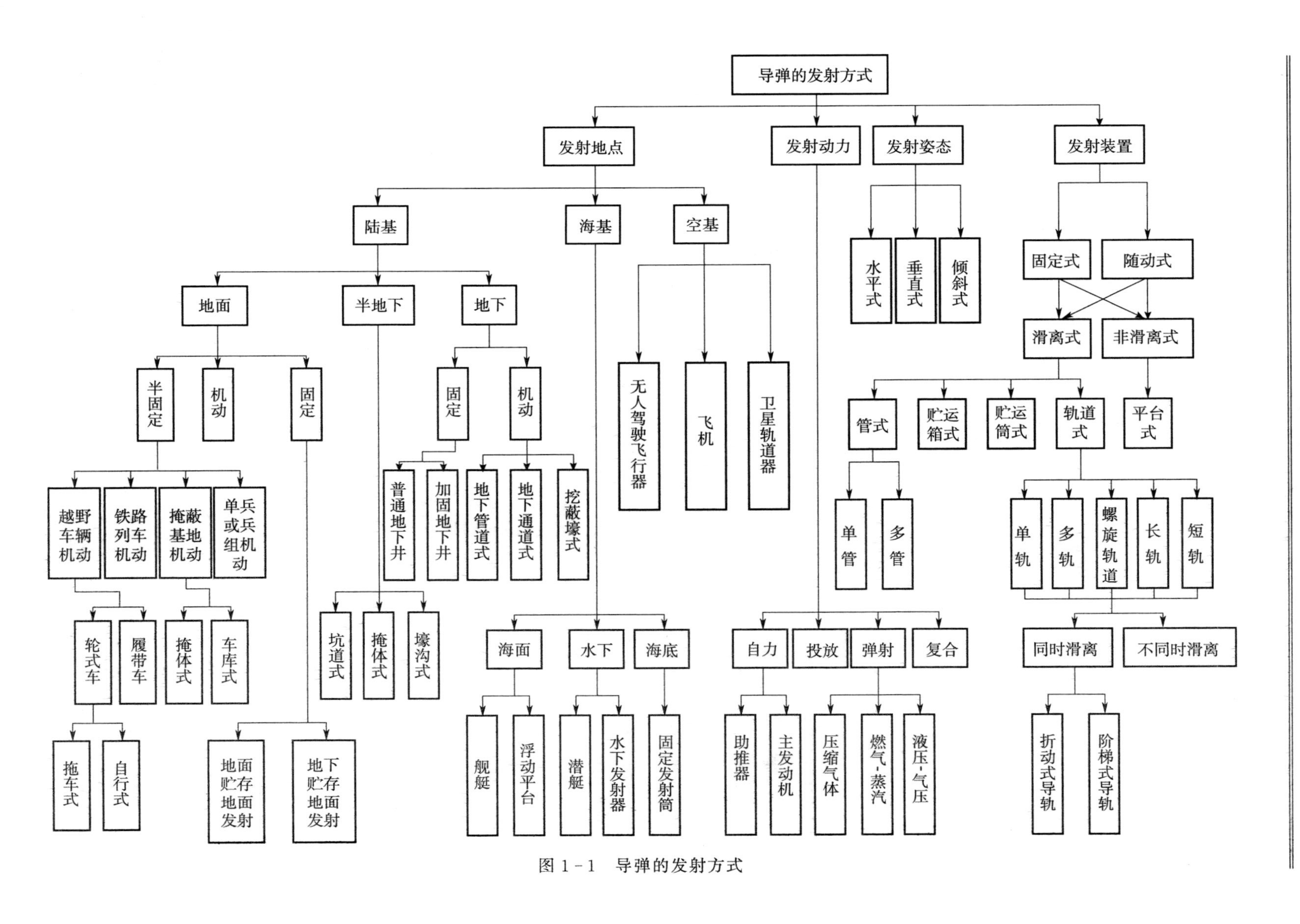

导弹的发射方式
发射地点
发射动力
发射姿态
发射装置
陆基
海基
空基
地面
半地下
地下
半固定
机动
固定
固定
机动
越野车辆机动
铁路列车机动
掩蔽基地机动
单兵或兵组机动
普通地下井
加固地下井
地下管道式
地下通道式
挖蔽壕式
无人驾驶飞行器
飞机
卫星轨道器
轮式车
履带车
掩体式
车库式
坑道式
掩体式
壕沟式
拖车式
自行式
地面贮存地面发射
地下贮存地面发射
海面
水下
海底
舰艇
浮动平台
潜艇
水下发射器
固定发射筒
自力
投放
弹射
复合
助推器
主发动机
压缩气体
燃气-蒸汽
液压-气压
水平式
垂直式
倾斜式
固定式
随动式
滑离式
非滑离式
管式
贮运箱式
贮运筒式
轨道式
平台式
单管
多管
单轨
多轨
螺旋轨道
长轨
短轨
同时滑离
不同时滑离
折动式导轨
阶梯式导轨

图 1-1 导弹的发射方式

单个助推器与弹体并联形式主要用于飞航式导弹上。喷口一般有一个向下的倾角，以便使推力通过导弹重心，同时获得一个向上的分力。这种安装方式对发射装置的设计是很不利的，因定向器的结构形式必须保证其助推器顺利通过，从而常使发射装置定向器庞大而笨重。

助推器串联安装的缺点是导弹总长度较长，重量力矩较大，优点是比较容易使推力通过重心，并与弹体纵轴一致。

（2）弹射发射方式

弹射发射方式是指导弹在起飞时由发射装置给导弹一个推力，使它加速运动直至离开发射装置。导弹被弹出发射管以后，在主发动机的作用下继续加速飞行。弹射也称为冷发射，即不点燃导弹发动机的发射。

弹射力对导弹的作用时间很短，但推力很大，可使导弹获得很大的加速度，有的可达几千个 g ，这对减轻弹重和减小尺寸、提高发射精度来说是很重要的技术措施。弹射发射方式，在发射装置上要配置弹射力发生器，显然，其发射装置比自力发射要复杂。但这种发射方式应用越来越广，由战术导弹直到战略导弹都可应用。

弹射的动力源有压缩空气、燃气、蒸汽、燃气-蒸汽、液压和电磁等多种。

压缩空气弹射是将空气压缩在高压贮气瓶中，用管道与导弹发射管相连。发射时，将阀门迅速打开，使气体瞬时流入发射管将导弹推出去。其特点是，在技术上简单易行，但系统庞大。美国潜艇早期采用这种弹射方式。

燃气-蒸汽弹射的特点是，利用气体发生器的火药产生大量燃气，同时又将水喷入燃气中使水汽化，形成具有一定压力和较低温度的混合气体，通过管道将混合气体送入发射管，从发射管中迅速推出导弹。混合气体压力一般在 1 MPa 左右。这种弹射方式的优点为体积小和重量轻。

燃气弹射是指直接利用火药气体来弹射导弹，可使导弹获得较大的滑离速度。另外，也可将高压燃气降至低压后再推动导弹，以减小导弹所受的过载。以火炮发射导弹即属于燃气弹射，其火药气体压力很大。如美国 155 榴弹炮膛压达 240 MPa，初速较大，初始精度较高，用来发射反坦克导弹。

二、倾斜、垂直与水平发射

（1）倾斜发射方式

倾斜发射方式是最广泛的一种发射方式，它分为变角和定角两种。射前以定向器支承导弹；发射时弹体沿定向器导轨滑行一段距离后便脱离导轨，同时获得一定的速度。其速度越大，初始偏差相对越小。当要求滑离速度一定时，发动机推力越大，定向器长度相对越短。

变角倾斜方式在地空导弹、舰空导弹发射中应用最多。其高低角一般为 0°～85°，方向角一般为 0°～360°，以便跟踪和瞄准目标。

定角倾斜发射方式的特点是发射装置起落部分的高低角和方向角是固定不变的。舰艇导弹和空空导弹多采用这种发射方式。当攻击不同方向的目标时，一是靠发射装置运载体转向，二是靠导弹机动飞行奔向目标。如法国飞鱼舰舰导弹就是采用定角发射，它的攻击区很大，方向扇面角可达±90°，主要靠导弹机动飞行来实现。

定角发射装置结构比较简单，尺寸小，重量轻。从设计和使用发射装置来看，这是很理想的。但对导弹来说，必须具有足够大的机动能力，以免失去战机或被拦截。

（2）垂直发射方式

垂直发射方式有自力和弹射两种。发射时导弹竖立在发射台上面呈垂直状态，或者把导弹放置在呈垂直状态的发射筒内，方向瞄准可由回转式发射台来完成，也可由导弹自身制导系统来实现。在自身推力或弹射力的作用下，导弹起飞。

弹道导弹垂直发射的优点是：发射装置结构紧凑而较简单；导弹推重比小也能保证正常起飞；导弹在空气中飞行时间短，动力损失小；所需发射场地面积较小，燃气流排导较容易，而且有害作用距离也较小。另外，垂直发射还可以消除发射禁区。

舰载战术导弹垂直发射的优点是：火力强、可靠性高、造价低；发射装置体积小，结构较简单；由于多发联装，在战斗过程中不需再装填。其缺点是，导弹要具有全方位攻击能力，其造价较高；攻击的近界增大，不利于攻击近距超低空飞机和导弹。

（3）水平发射方式

水平发射方式应用较少，只在特殊条件下可以采用。水平发射要求导弹具有较大的滑离速度，以免导弹滑离时下沉量过大。另外，也可采用程序控制，当导弹离开发射装置后能迅速爬升。如美国捕鲸叉潜舰导弹以水平发射管发射后，导弹能迅速飞出水面，对舰艇进行攻击。某些近距离攻击的小型导弹，如反坦克导弹，也采用水平发射。

三、陆海空基发射

（1）陆基发射方式

陆基发射方式一般可分为机动发射方式和固定发射方式两类。

① 机动发射方式

机动发射方式是指发射阵地可根据需要而改变，采用机动发射方式可大大提高其生存能力。战术导弹机动发射方式有车载、牵引和背负等形式。

车载机动方式包括轮式越野车和履带车，这是主要的陆基机动发射方式。

背负机动方式用于超低空防空导弹和轻型反坦克火箭弹或导弹。由战士单兵或兵组背负，在战场上可随时转移阵地，而且能迅速投入战斗。背负质量一般不大于 25 kg，远距离行军时仍应由车载运输。

对战略导弹武器来说，除采用轮式或履带式车机动外，还有铁路列车机动形式和地下铁路机动形式。其发射点需要进行定位。

② 固定发射方式

固定发射方式是指发射阵地为固定的，它可分为地上、地下井和半地下几种形式。

地上固定发射方式在 20 世纪 50 年代用于远程防空导弹和岸防导弹。地地战略导弹也曾采用这种发射方式，如美国宇宙神、大力神和苏联 SS-6 战略导弹。其缺点是易暴露和易被摧毁。第二代地地战略导弹则采用地下贮存地面发射方案，但卫星和航天飞机目前仍采用地面固定式发射场垂直发射。其优点是发射设备比较简单，所需经费也较少。

地下井发射方式主要用来发射弹道式战略导弹。它具有较好的隐蔽性，同时又具有一定的抗核爆能力。为了增强其抗爆能力，对地下井进行加固和改进导弹在井内的悬挂系统，并增强防电磁脉冲效应。

半地下指在固定阵地附近设置坑道、洞窟等设施，该发射方式的优点是隐蔽性较好，又有一定的防护能力，在一定程度上可减少发射准备时间。

（2）海基发射方式

地球表面积的70％是海洋，它是导弹武器更广阔的活动领域。海基发射可分为海面、水下和海底3种。

海面发射主要是从各种舰艇上发射导弹，包括舰舰、舰潜、舰空和舰地导弹。当前，海面舰艇基本都装备有导弹武器系统，倾斜式发射和垂直式发射都被普遍采用。

水下发射一般指水下潜艇发射。它可发射战略导弹或飞航式导弹，战略导弹一般采用垂直发射，飞航式导弹一般采用倾斜发射或水平发射。水下发射具有良好的机动性和隐蔽性，潜艇可长期潜航和靠近攻击目标，这相当于增加了导弹的射程，因而水下潜艇发射具有重要的战略意义。

海底发射导弹是在海底固定发射装置，从水下发射。其优点是隐蔽性好，相对地下井发射又不需要挖掘大量土方。但海底作业比较困难，同时海水不宜过深，以免水中弹道过长，使导弹的动力损失和姿态失调过大。当前海底发射应用较少。

（3）空基发射方式

空基发射主要是指从各种飞机上发射导弹。它可以发射战术导弹、火箭弹及战略导弹。发射方式主要是自力发射、弹射和投放3种。空空导弹发射装置基本采用自力或弹射发射，空地/空舰导弹发射多采用投放式。空基发射的空域很大，尤其是卫星和空间站的出现，使导弹发射空域超出了地球大气层，这是目前导弹发射技术的研究热点之一，也是导弹发射技术的发展趋势之一。

四、发射方式选择原则

导弹发射方式的选择原则和确定，涉及国家战略战术方针、军事运筹、国土环境、交通分布、导弹特点及发射技术等诸多因素，属于系统工程，是导弹武器系统论证的重要内容之一。

各种发射方式均有自己的特点，也存在着固有的缺陷，选择和运用时必须审慎行事，扬长避短，发挥优势。导弹发射方式的选择原则如下：

1）实现任务书的要求。根据导弹武器系统战术技术要求和攻击目标的作战使命，以及它的活动范围，选择导弹是从飞机、舰艇，还是从地面发射，是固定的、机动的还是瞄准式等。

2）适应导弹的特点。根据导弹弹体、制导控制系统、动力装置等特点，以及飞行弹道要求，确定采用自推力发射还是弹射，是倾斜式发射还是垂直发射等。

3）考虑国情。根据国情，即国土环境、山区、平原、海岸、港湾、水道、岛屿、海域、空域，确定采用固定式还是机动式，采用空中、舰面还是水下发射。

4）考虑发射技术实现的可能性。根据发射技术现状和实现的可能，选择满足现代化战争需要的发射方式，如贮运箱式发射技术的突破，为实现箱式发射提供了可能。

5）考虑武备的配置。根据作战使用要求所需的配置以及运输和装填方法，选择单联式还是多联式，采用机动发射方式还是固定发射方式等。

第三节 舰艇导弹发射的特点

舰艇导弹发射即从舰艇或潜艇平台上发射导弹，是主要的海基导弹发射方式。除遵循一般导弹的发射规律外，舰艇导弹的发射还需考虑以下特点：

一、舰艇运动对导弹发射的影响

舰艇导弹发射是典型的活动平台发射。与地面固定平台和车载固定平台发射相比，活动平台上发射的舰艇导弹的运动特性不仅与自身的动力学特性有关，还取决于舰艇的运动状态。

舰艇导弹的发射离轨参数，如速度、迎角、侧滑角、姿态角、姿态角速度等参数均与载舰或载艇的运动特性有关。舰艇的运动特性，如横摇、纵摇、艏摇、升沉等均与海情有关，也与载舰或载艇本身特性有关。舰艇的运动特性主要分解为以下3个运动：

1）舰艇的航速。其方向沿舰艏，大小由舰艇的具体作战使用情况而定。

2）舰艇的升沉运动。在海浪作用下，其运动方向与甲板平面垂直，大小由海情决定。

3）舰艇的摇摆运动。在海浪作用下，它又可分解成：①绕舰体纵轴的横摇；②绕舰体横轴的纵摇；③绕舰体甲板平面垂直轴的艏摇。舰艇摇摆运动实际上是横摇、纵摇、艏摇3个简谐运动的合成。

舰艇的运动将对导弹发射时的初始瞄准精度产生很大影响。当舰艇的摇摆超过了允许的限度，发射后初始瞄准误差过大，舰空导弹就不能飞入导引弹道。

二、安全射界问题

通常，舰艇上都配备多种武器、目标探测系统和导弹制导装备，如炮塔、舰桥、雷达天线等。这就要求导弹从发射离轨到飞离舰体甲板之前：①应避免与舰上装（设）备相碰；②不影响它们的正常工作。对于垂直发射而言，导弹开始转弯时应考虑这些要求；对于舰上倾斜发射而言，导弹不同射击方位有不同舰面实物背景，因此必须设置禁射方位，在允许的射击方位也应该设置最低允许射角，即设置安全射界。

安全射界是指在不同的射击方向上允许的导弹最小发射角。严格地说，倾斜发射的导弹都存在安全射界问题。对于地面固定平台发射，安全射界是容易保证的。但对于舰面活动平台发射，特别是对于舰上倾斜发射，安全射界问题就变得十分突出了。

对于舰艇导弹而言，影响安全射界的因素包括：①发射装置在载舰上的位置；②舰上装（设）备尺寸及位置；③弹体结构、发动机制造几何偏差；④目标运动参数；⑤发射架运动规律；⑥舰艇行进、摇摆、升沉特性；⑦风速、风向等。

三、舰艇上弹库及其装填装置设计问题

舰艇上导弹的发射装置、弹库和装填装置都在同一艘舰艇上，由于舰艇所能提供的空间有限，因而对导弹的贮存、转运和装填等都提出了严格的要求及限制，这对弹库及其装填装置的设计提出了较高的要求。

第四节　舰艇导弹发射系统的战术技术要求

舰艇导弹发射系统的战术技术要求，一般包括性能、使用、安全、维修和经济等几个方面：

（1）良好的稳定性

舰艇导弹发射系统应有足够的纵向和横向稳定性，特别是倾斜发射系统的横向稳定性更加值得关注，设计时应使发射装置在风浪较大的情况下能稳定发射导弹，同时还要考虑在非发射状态下抗大风大浪的能力。

（2）快速响应能力

舰艇导弹发射系统的快速响应能力是一项很重要的战术技术指标，直接影响舰艇导弹武器系统的反应时间、火力转移时间，以及对高速大航向角（高低角）目标的射击能力。

对于倾斜随动式发射系统而言，快速响应能力可以用从初始位置转到射击位置的时间来表征，一是取决于发射装置的随动角度范围、随动速度和加速度，随动速度和加速度越大，发射装置从初始位置转到射击位置的时间越短；随动角度范围和速度越大，发射装置对高速大航向角（高低角）目标的快速跟踪能力越强。二是取决于随动系统的功率，以及发射装置回转部分的质量和转动惯量。其中，减小回转部分的质量和转动惯量是提高随动速度和加速度的根本出路，为此，要求既要减小导弹的质量和尺寸，也要合理选取发射臂的结构形式及导轨的长度。

（3）反应时间短，发射率高，持续作战能力强

现代舰艇导弹武器系统的反应时间一般只有十几秒，而给发射装置的反应时间只有几秒，因此，必须提高发射装置的自动化水平，缩短反应时间。为了有效对付多批次、多架次目标的饱和攻击，舰艇导弹武器系统必须具有高的发射率和持续作战能力，即要求发射系统带弹数量多和装弹速度快。

导弹的发射率，通常以每分钟发射的导弹数量来表示，称为射速或火力密度。射速越高，火力越强。倾斜发射装置采用多联装，有助于提高射速；采用垂直发射装置，射速更高。现代舰空导弹的射速已达到每分钟几十发。

发射系统的带弹数量可以从以下两方面提升：一是增加发射装置的数量，二是增加每一发射装置的带弹数量。随着舰载导弹的质量和尺寸不断减小，加之贮运发射箱式技术的运用，大大提高了发射系统的带弹数量。提高发射系统的装弹速度关键在于合理选取发射臂的结构形式，使之便于装弹，同时提高装弹过程的自动化程度。

（4）良好的可靠性、维修性和可测试性

可靠性、维修性、可测试性称为“三性”。舰艇导弹发射系统的可靠性既包括电气设备可靠性，也包括机械装置运行可靠性；维修性包括结构简单、维修快速、组织有效、备件可互换等要求；可测试性包括可观察、可到达、可测试等方面要求。

（5）环境适应性强

导弹发射系统应能：1）在所规定的环境温度、湿度及海拔条件下正常工作；2）在规定的海情及载舰或载艇的纵摇、横摇条件下正常工作；3）具有抗海水、盐雾和霉菌的能力。同时，导弹发射系统还必须能够经受舰艇航渡及导弹发射产生的振动、冲击加速度和噪声等环境的影响。

（6）发射安全性高

导弹发射系统的安全性要求：

1）发射前，必须保证导弹能在规定的时间内按预定的逻辑和程序迅速地执行发射指令，可靠地发射导弹；同时，面对随机故障能启动应急处理程序，确保舰面设备和人员的安全。

2）发射时，对发动机喷出的高温、高速燃气流必须有防护措施，以减少对非金属零部件和电缆等的破坏和影响。

（7）良好的经济性

发射系统的构造材料应该选用普通钢或合金钢，少用或者不用稀缺材料，降低成本；同时，结构设计应该简单合理、加工方便、精度要求合理。生产制造过程中应该提高零部件的标准化、系列化、规范化、通用化、模块化水平，降低生产和维修费用。

思考题

1. 导弹发射系统的作用表现在哪些方面？举例阐述。
2. 在导弹发射方式中，自力发射和弹射发射有什么不同？
3. 导弹发射方式的主要类型有哪些？各类型有什么特点？
4. 简述导弹发射方式的选择原则。
5. 舰艇运动对导弹发射会产生哪些影响？
6. 舰艇导弹发射系统的战术技术要求有哪些？分别进行阐述。

第二章　发射动力学基础

第一节　发射装置的载荷

载荷即物体所受到的作用力。为了完成不同条件下的不同任务，发射装置必须能够承受多种形式的载荷。应全面而正确地分析和计算发射装置在其寿命期内可能受到的各种载荷，其目的主要有以下几个方面：

1）确定发射装置结构方案和重要的几何参数；

2）分析、计算发射装置在受载条件下完成规定的动作所需要的功率，为动力装置的设计或选型提供依据；

3）分析发射装置所受的初始扰动并计算发射精度；

4）分析发射装置的安全性和发射时的稳定性；

5）确定选用的材料；

6）选择元器件，确定其安装、加固方式；

7）分析发射装置对力学环境的适应性；

8）分析、计算发射装置的可靠性和寿命。

根据作用方式，可以把载荷分为静载荷和动载荷。静载荷是指其大小、方向和作用点均不随时间变化，或变化很小、很缓慢的载荷，如发射装置自重、发射前导弹的重力、发射箱内部的充气压力等；动载荷则是指大小、方向和作用点随时间而变化的载荷，如发射装置瞄准运动加速度产生的惯性载荷，导弹在导轨上运动产生的惯性载荷，导弹闭锁机构解锁、燃气流作用、导弹发动机的不稳定推力、风作用、偶然爆炸冲击而产生的载荷等都是动载荷。静载荷通常稳定而且均匀，分析较为简单，发射装置载荷分析的重点是分析其动载荷。本章主要介绍发射装置与导弹相互作用产生的惯性载荷。

惯性载荷是物体由于具有加速度而产生的作用力。其大小等于物体质量乘以其加速度，其方向与加速度方向相反。在工程上，惯性载荷常用过载系数来计算。

$$n = a/g \tag{2-1}$$

式中　n ——过载系数；

a ——物体的加速度；

g ——重力加速度。

发射装置所受动载荷与发射装置本身的运动及发射基座的状态有关。总体来说，发射装置有 3 种工作状态：瞄准状态、发射状态与运输状态；发射基座分为静基座和动基座两种。

瞄准状态是发射装置瞄向并跟踪预定目标的状态，包括调转运动和跟踪运动。调转运动是使发射装置很快接近目标方向或使发射装置很快回到装弹位置。跟踪运动是根据目标运动规律而进行的跟踪瞄准运动。瞄准运动除了克服静载荷之外，还要克服由于调转、跟踪加速度引起的惯性载荷。调转与跟踪两种状态的加速度不同，一般分别计算其惯性载荷。

发射状态是导弹发动机点火后，导弹在轨道上运动期间的状态。导轨本身的弹性、不平直会产生振动和冲击，由此带来的附加载荷可称为相对惯性力；对于有跟踪瞄准要求的导弹，发射装置同时还进行跟踪运动，由此产生了牵连惯性力及哥氏惯性力。另外，发射时还有燃气流载荷、推力偏心、闭锁机构的闭锁力等，其他载荷与瞄准状态相同。

运输状态是发射装置装载在运载体上运输时的状态。运载体可以是车辆、舰艇及飞机。运输状态的动载荷与所用的运载体及运载环境有关，要根据战术技术要求允许的路面、海情、气象条件计算其具体载荷。

对于发射基座，地面发射车静止状态发射为静基座发射，而舰载/机载发射装置或地面车辆行进间发射是动基座发射。对于动基座发射，需要考虑载体运动产生的附加载荷，如舰艇摇摆产生的载荷。

第二节　静基座瞄准状态的载荷分析

一、起落架的载荷

图 2-1 所示为静基座瞄准装置。起落架绕耳轴 O_c 转动，以 O_c 为原点建立坐标系 $O_cX_cY_cZ_c$，起落架相对水平 X_c 轴左右对称。

(1) 带弹起落架的重力矩（静力矩）

$$M_c = G_c L_G \tag{2-2}$$

式中　M_c—— 带弹起落架的重力矩；

G_c—— 带弹起落架的重力；

L_G—— 重力臂。

(2) 起落架加速瞄准时的惯性力矩（动力矩）

$$M_d = J_c \varepsilon_c \tag{2-3}$$

式中　M_d—— 动力矩；

J_c—— 带弹起落架绕耳轴的转动惯量；

ε_c—— 起落架瞄准加速度。

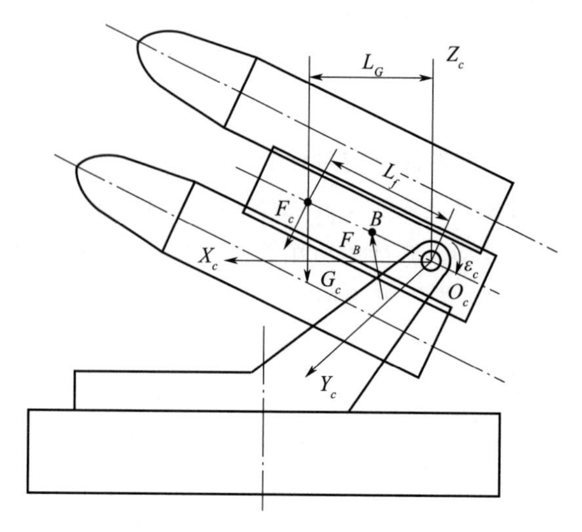

图 2－1　静基座瞄准装置

瞄准运动分为调转运动和跟踪运动，调转运动加速度比跟踪运动加速度大得多，因此计算时应取调转运动加速度。

(3) 起落架的惯性力

起落架惯性力作用于带弹起落架的质心上，方向与加速度方向相反。

$$F_c = \frac{M_d}{L_f} = \frac{J_c \varepsilon_c}{L_f} \tag{2-4}$$

式中　F_c——起落架惯性力；

L_f——耳轴到惯性力作用线的距离。

(4) 作动筒和耳轴的支反力

考虑惯性力后，作动筒（或齿弧）及耳轴的受力可利用绕耳轴的力矩平衡方程及带弹起落架受力平衡求解，即

$$\begin{cases} \sum \boldsymbol{M}_{O_c} = 0 \\ \sum \boldsymbol{F}_{X_c} = 0 \\ \sum \boldsymbol{F}_{Z_c} = 0 \end{cases} \tag{2-5}$$

二、回转装置的载荷

如图 2－2 所示，以回转轴承中心为原点建立坐标系 $OXYZ$。

(1) 静载荷

计算回转装置总重量 G(除去带弹起落架的质量）及质心位置(X_0，Y_0，Z_0)，将 X 轴视为回转装置的对称轴，则 $Y_0=0$。

耳轴与作动筒支反力 A_X，A_Z，B_X，B_Z 按照起落架静载荷计算。

根据上述静载荷分别计算回转轴承所受的静载荷，主要包括：纵向面内的翻倒力矩

M_Y（对 Y 轴的力矩）、垂直力 F_Z 及轴承摩擦力矩 M_f。其中

$$M_f=\frac{1}{2}F_Z fD \tag{2-6}$$

式中　f—— 回转轴承的摩擦系数；

　　D—— 回转轴承直径。

（2）回转惯性力矩及回转惯性力

回转装置的回转惯性力矩为

$$M_d=J_0\varepsilon_0 \tag{2-7}$$

式中　M_d ——回转惯性力矩；

　　J_0 ——回转装置的转动惯量（对 Z 轴）；

　　ε_0 ——回转装置的最大回转加速度（对 Z 轴）。

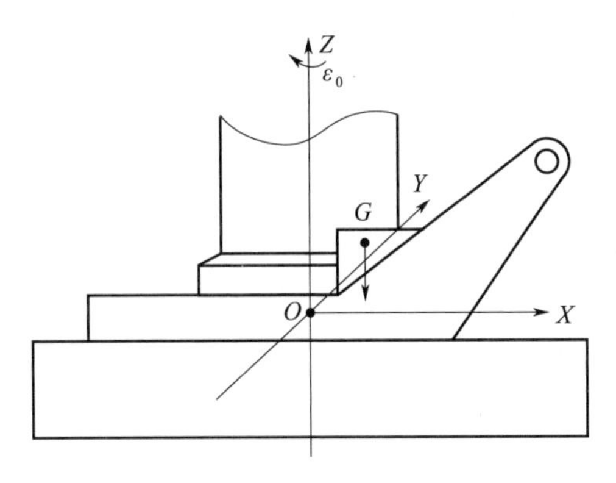

图 2-2　静基座回转装置

回转惯性力为

$$F_Y=\frac{M_d}{X_0} \tag{2-8}$$

式中　F_Y—— 回转惯性力；

　　X_0—— 回转惯性力作用线到回转轴的距离。

回转惯性力对 X 轴的力矩为

$$M_X=F_Y Z_0 \tag{2-9}$$

式中　M_X ——回转惯性力对 X 轴的力矩；

　　Z_0 ——回转惯性力作用线到 X 轴的距离。

（3）回转力矩

回转力矩 M_Z 为

$$M_Z=M_f+M_d=\frac{F_Z fD}{2}+J_0\varepsilon_0 \tag{2-10}$$

第三节　舰载发射装置的载荷分析

一、舰艇的摇摆运动

舰载导弹发射装置的受力受到舰艇在水中运动的影响。舰艇在水中航行时，除了航行方向的运动外，还有复杂的摇摆运动及船体前踵出水引起的砰击。这些现象与其所处水中的波浪运动有关。海浪的波形近似于正弦曲线，如图 2－3 所示。

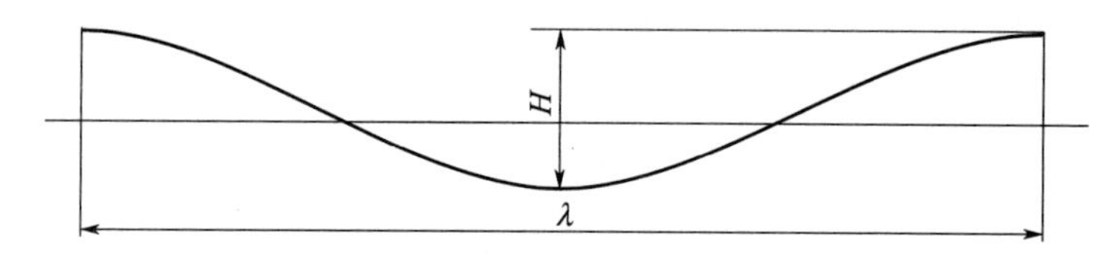

图 2－3　海浪的波形曲线

根据液体波动理论和经验公式，其参数为

$$\begin{cases} T=\sqrt{\dfrac{2\pi}{g}\lambda}\approx 0.8\sqrt{\lambda} \\ c=\dfrac{\lambda}{T}=\sqrt{\dfrac{g\lambda}{2\pi}}\approx 1.25\sqrt{\lambda} \\ H\approx \dfrac{1}{20}\lambda \end{cases} \tag{2-11}$$

式中　λ—— 波长；

T—— 波浪周期；

c—— 波速；

H—— 波高。

在海面上航行的舰艇总是在做摇摆运动，其运动规律可以看作是以舰艇质心为基点的平移运动及绕质心的摇摆运动所合成，基本形式包括：

1）横摇。舰艇绕纵轴的旋转振荡运动，由于水的阻力较小，横摇角可达很大值（可达 40°～50°）。

2）纵摇。舰艇绕横轴的旋转振荡运动，纵摇角由舰艇尺寸及风浪参数而定。由于阻力大，纵摇角比横摇角小很多，一般在 9°～12°。

3）偏摇。舰艇绕垂向轴的旋转振荡运动，偏摇角振幅较小，一般在 1°～1.5°，而且它的摇摆周期比较长。

4）垂荡。舰艇垂向的平移振荡运动，载荷分析时应考虑它的影响。

5）纵荡。舰艇纵向的平移运动，大型舰艇的纵荡实际上很小，往往可以忽略。

6）横荡。舰艇的横向平移。

除了摇摆运动之外，还有一种动力效应——砰击效应。砰击是船艏底部撞击波面时突然受到的一种冲击，由前踵（船的艏垂线与龙骨延伸线的交点）出水所引起，使船的垂向加速度突然剧变，并伴有船体梁以其固有频率做强烈的振动。本章对砰击效应不做讨论。

总体而言，舰艇在风浪作用下的主要运动是垂荡、横摇和纵摇。下面给出一个驱逐舰的实际参数，见表 2-1。

表 2-1　某驱逐舰的实际参数与海情的关系

海情等级		四	五	六	九
横摇	三一单幅值 $\varphi_{1/3}$/(°)	2～6	6～12	12～18	≥30
	周期/s	8～12			
纵摇	三一单幅值 $\theta_{1/3}$/(°)	0.4～1.2	1.2～2.5	2.5～4	≥7
	周期/s	5～7			
垂荡	三一单幅值 $Z_{1/3}$/m	0.4～1.0	1.0～2.0	2.0～3.0	≥7
	周期/s	5～7			

注：单幅值的标准统计值规定为三分之一最大单幅值的平均值，简称三一单幅值。

舰艇的垂荡、横摇和纵摇可近似认为是简谐振动，其运动可用正弦函数表示。

垂荡

$$z = z_{\max}\sin\left(\frac{2\pi}{T_z}t + \alpha_0\right) \tag{2-12}$$

横摇

$$\varphi = \varphi_{\max}\sin\left(\frac{2\pi}{T_\varphi}t + \varphi_0\right) \tag{2-13}$$

纵摇

$$\theta = \theta_{\max}\sin\left(\frac{2\pi}{T_\theta}t + \theta_0\right) \tag{2-14}$$

式中　$z_{\max}$，$\varphi_{\max}$，$\theta_{\max}$——各振动的振幅；

T_z，T_φ，T_θ——各振动的周期；

α_0，φ_0，θ_0——各振动的初相位。

建立了垂荡、横摇和纵摇的运动方程后，其运动速度和加速度可直接求导得到。

二、舰载定角发射装置的惯性载荷

当前舰载反舰导弹、中远程防空导弹大多采用定角发射，如图 2-4 所示。

定角发射装置与舰艇无相对运动。舰艇质心动坐标系为 $O_vX_vY_vZ_v$，发射装置上部件 A 的加速度是舰艇质心对地面固定坐标系的垂荡运动引起的加速度和对舰艇摇摆中心的相对加速度之和。

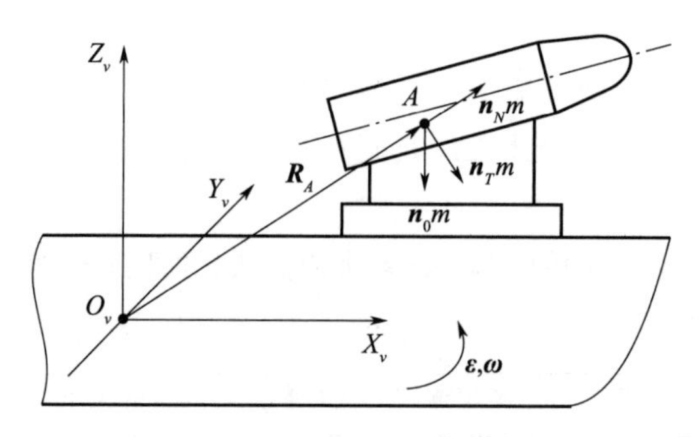

图 2-4　舰载定角发射装置

$$\boldsymbol{a}=\boldsymbol{a}_0+\boldsymbol{a}_T+\boldsymbol{a}_N \tag{2-15}$$

式中，各量均为矢量，$\boldsymbol{a}$ 为发射装置上部件 A 的加速度；$\boldsymbol{a}_0$ 为舰艇质心垂荡运动的加速度；$\boldsymbol{a}_T$ 为舰艇摇摆在 A 处引起的切向加速度；$\boldsymbol{a}_N$ 为舰艇摇摆在 A 处引起的法向加速度。

工程中习惯用过载系数（各量均为矢量）来表示加速度，根据过载系数的定义式（2-1），部件 A 的过载系数为

$$\boldsymbol{n}=\frac{\boldsymbol{a}}{\boldsymbol{g}}=\boldsymbol{n}_0+\boldsymbol{n}_T+\boldsymbol{n}_N \tag{2-16}$$

式中　$\boldsymbol{n}$—— 发射装置上部件 A 的过载系数；

$\boldsymbol{n}_0$—— 舰艇质心垂荡运动引起的过载系数；

$\boldsymbol{n}_T$—— 舰艇摇摆在 A 处引起的切向过载系数；

$\boldsymbol{n}_N$—— 舰艇摇摆在 A 处引起的法向过载系数。

式（2-15）和式（2-16）中舰艇的摇摆是横摇和纵摇的合成运动，按照刚体转动的合成法则，其合成运动仍是一个定轴转动，其角速度是两个摇摆角速度的矢量和。合成后其切向加速度和法向加速度分别为

$$\begin{cases}\boldsymbol{a}_T=\boldsymbol{\varepsilon}\times\boldsymbol{R}_A\\ \boldsymbol{a}_N=\boldsymbol{\omega}\times(\boldsymbol{\omega}\times\boldsymbol{R}_A)\end{cases} \tag{2-17}$$

式中　$\boldsymbol{\varepsilon}$—— 舰艇合成摇摆的角加速度；

$\boldsymbol{\omega}$—— 舰艇合成摇摆的角速度；

$\boldsymbol{R}_A$—— 舰艇质心到部件 A 的矢径。

三、舰载变角发射装置的惯性载荷

舰载变角发射主要是末端防空导弹的发射方式。为了简化计算，认为变角发射装置的回转中心和俯仰中心都为 O，O 点的过载系数就可以用定角发射装置的过载系数计算式（2-16）计算，其矢径为 $\boldsymbol{R}_0$，如图 2-5 所示。

瞄准部分的质心 B(质量为 m) 为动点，B 点的加速度为 B 对动坐标系 $OXYZ$ 的相对运动加速度和 $OXYZ$ 坐标系对地面静止坐标系的牵连加速度之和。

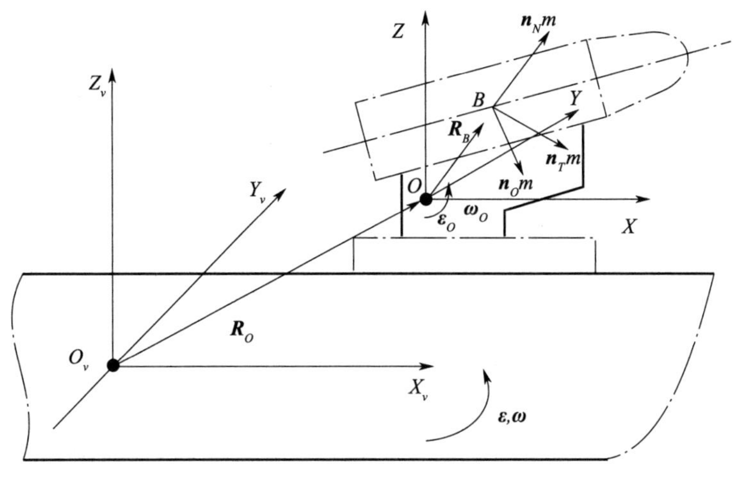

图 2-5　舰载变角发射装置

$$\begin{cases} \boldsymbol{a}_B = \boldsymbol{a}_O + \boldsymbol{a}_T + \boldsymbol{a}_N \\ \boldsymbol{a}_T = \boldsymbol{\varepsilon}_O \times \boldsymbol{R}_B \\ \boldsymbol{a}_N = \boldsymbol{\omega}_O \times (\boldsymbol{\omega}_O \times \boldsymbol{R}_B) \end{cases} \tag{2-18}$$

式中　$\boldsymbol{a}_B$—— 发射装置上 B 点对地面静止坐标系的加速度；

$\boldsymbol{a}_O$—— 发射装置上 O 点对地面静止坐标系的加速度；

$\boldsymbol{a}_T$—— 发射装置上 B 点对 O 点的切向加速度；

$\boldsymbol{a}_N$—— 发射装置上 B 点对 O 点的法向加速度；

$\boldsymbol{\varepsilon}_O$——$B$ 点对 O 点的角加速度；

$\boldsymbol{\omega}_O$——B 点对 O 点的角速度；

$\boldsymbol{R}_B$——O 点到 B 点的矢径。

第四节　发射和运输载荷分析

一、发射载荷

发射时，导弹在导轨上运动。导轨本身的弹性、不平直会产生振动和冲击，由此带来的附加载荷可称为相对惯性力；对于有跟踪瞄准要求的导弹，发射装置同时还进行跟踪运动，由此产生了牵连惯性力及哥氏惯性力。另外，发射时还有燃气流载荷、推力偏心、闭锁机构的闭锁力等。这里只讨论导轨不平直带来的相对加速度及跟踪运动带来的牵连加速度和哥氏加速度。

(1) 相对加速度

相对加速度是导弹在不平直的导轨上运动时产生的。导轨的不平直是加工时导轨表面的波纹度及装配时受力不均匀产生变形而导致的。相对加速度可按下式计算

$$a_r = \frac{2\pi^2 h}{\lambda^2} v_l^2 \tag{2-19}$$

式中　a_r—— 导轨不平直带来的相对加速度；

h—— 导轨不平度的波高；

λ—— 导轨不平度的波长；

v_l—— 导弹离轨速度。

过载系数

$$n_r = \frac{a_r}{g} \approx \frac{2h}{\lambda^2} v_l{}^2 \tag{2-20}$$

（2）牵连加速度

发射时如果发射装置有跟踪运动（俯仰和回转），则产生牵连加速度。牵连加速度可以分解为切向和法向，法向加速度一般较切向加速度要小很多，可以忽略，跟踪运动时的牵连加速度就认为是俯仰及回转运动切向加速度的矢量和。

切向加速度的大小为

$$a_e = \varepsilon R \tag{2-21}$$

式中　ε—— 导弹离轨时，俯仰或回转的角加速度；

R—— 导弹质心（离轨瞬间）到耳轴或回转中心的距离。

（3）哥氏加速度

由于发射装置的牵连运动是转动（俯仰和回转），因此产生附加的哥氏加速度大小为

$$\boldsymbol{a}_k = 2\boldsymbol{\omega}_e \times \boldsymbol{v}_r \tag{2-22}$$

式中　$\boldsymbol{a}_k$—— 哥氏加速度；

$\boldsymbol{\omega}_e$—— 动坐标系的转动角速度；

$\boldsymbol{v}_r$ ——动坐标系内某点相对动坐标系的速度。

对发射装置来说，可以将俯仰运动和回转运动产生的哥氏加速度分别计算出来，然后合成。

俯仰运动产生的哥氏加速度为

$$\boldsymbol{a}_k = 2\boldsymbol{\omega}_c \boldsymbol{v}_l \tag{2-23}$$

回转运动产生的哥氏加速度为

$$\boldsymbol{a}_k = 2\boldsymbol{\omega}_0 \boldsymbol{v}_l \sin\theta \tag{2-24}$$

式中　$\boldsymbol{a}_k$—— 哥氏加速度；

$\boldsymbol{\omega}_c$—— 发射装置俯仰角速度；

$\boldsymbol{v}_l$—— 导弹离轨瞬间相对导轨的速度；

$\boldsymbol{\omega}_0$—— 发射装置回转角速度；

θ—— 导弹速度 $\boldsymbol{v}_l$ 与回转轴的夹角。

$\boldsymbol{a}_k$ 方向的确定：将 $\boldsymbol{v}_l$ 沿 $\boldsymbol{\omega}_c$ 的转向转动 90°，就是俯仰哥氏加速度的方向；将 $\boldsymbol{v}_l$ 在水平面内的投影沿 $\boldsymbol{\omega}_0$ 的转向转动 90°，就是回转哥氏加速度的方向。

二、运输载荷

发射装置的运输载荷包括铁路运输、公路运输、空中运输和水路运输等过程中产生的各种载荷，必须保证发射装置在这些载荷作用下具有足够的强度和刚度。运输过载系数见表 2－2。

表 2－2　运输过载系数

运输方式	过载系数 n		
	轴向	横向	法向
水路	±0.5	±2.5	2.5
空中	±3.0	±1.5	3.0
公路(载重汽车)	±3.5	±2.0	2.0～3.0
公路(拖车)	±1.0	±0.75	2.0
铁路	±0.25～±3.0	±0.25～±0.75	0.2～3.0

由于路面粗糙不平和车辆的起动、制动等产生冲击和振动，公路运输中车辆振动的频率取决于车辆的质量、悬架系统的固有频率和车身结构的固有频率。振动的幅值取决于车辆类型、装载情况、路面条件、行驶速度和驾驶人的技术。冲击波形可以认为是半正弦波，峰值过载达 3.5g，持续时间为 20～50 ms。

装备进行长距离转移时，需要铁路运输。铁轨的不平直和铁轨接合处的不连续，以及起动、停车和牵引等均会引起振动，在列车编组、快速停车、紧急制动等过程中会引起冲击。冲击波形通常认为是半正弦波，峰值过载达 25g ，持续时间为 25 ms。

空中运输中跑道不平、着陆、制动、阵风、颤振等情况会产生冲击和振动，最剧烈的冲击发生在垂直方向上。冲击波形可以认为是半正弦波，峰值过载达 12g ，持续时间为 100 ms。

水路运输主要是由于海浪作用产生冲击和振动。

第五节　导弹的轨上运动分析

在导弹发射装置中，导轨式发射是最常用的方式。导轨在导弹发动机点火开始运动的起始阶段，支承导弹的重量，稳定导弹的姿态，并赋予导弹射向。

一、导弹在导轨上的支承

导弹通过弹体上的定向件（或称滑块）支承在导轨上，通常有上支式和下挂式两种。一般地，导轨由滑行段、支承段和附加段组成，如图 2－6 所示。

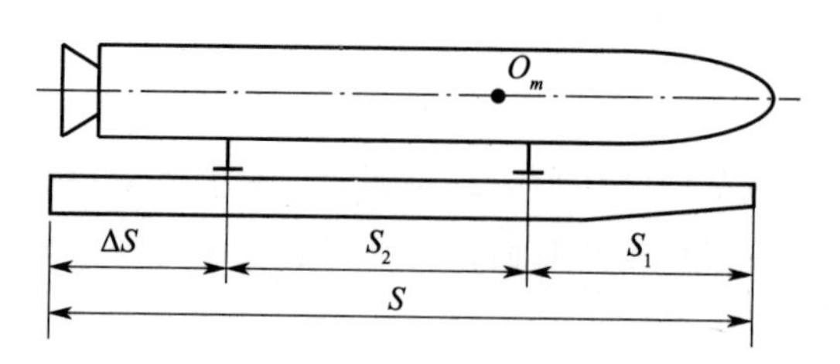

图 2-6　导弹在导轨上的支承

图中，S_1 为前滑块滑行段；S_2 为支承段；ΔS 为附加段；S 为导轨全长。

导弹的重心 O_m 应在前后滑块之间，即应落在支承段 S_2 上，以保证支承的稳定性。为了增加导弹前滑块的滑行长度，一般前滑块靠近弹体重心，后滑块靠近弹体尾端。导轨的附加段一般较短，主要是根据发射装置上弹体闭锁机构、装退弹等要求来确定。附加段一般略超出弹体尾端面，以对弹尾起保护作用。

显然，图 2-6 中，导弹前滑块的滑动距离为 S_1，后滑块的滑动距离为 S_1+S_2，前、后滑块依次离开导轨，这种滑离方式称为不同时离轨。

图 2-7 中，导弹前、后滑块在滑动距离为 S_1 后，前、后滑块将同时离轨，这种滑离方式称为同时离轨。在前、后滑块同时离开导轨的瞬间，导弹突然失去导轨的支承作用，在重力作用下会下降一小段距离。为了避免后滑块下降时碰到导轨，图 2-7 中前导轨比后导轨低，称为阶梯式导轨。

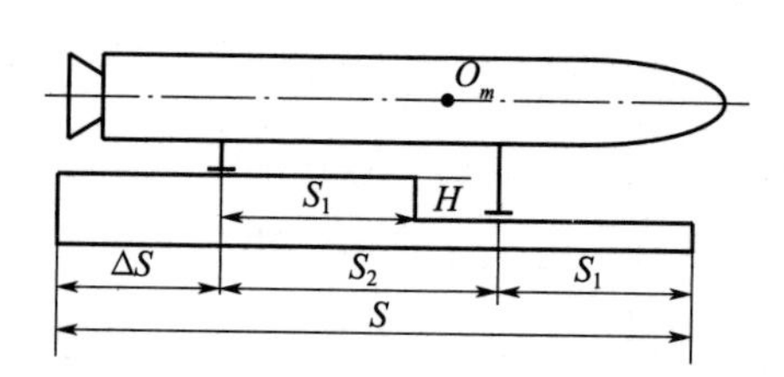

图 2-7　同时滑离时的支承

图 2-8 所示为另外几种同时离轨的让开形式。其中，图（a）是下挂阶梯式，图（b）为不等宽式，图（a）、（b）常结合使用。图（c）为折合式，它的前后导轨之间有折合机构，当滑块离轨时，前段导轨自动下折一个角度，让开后滑块。这种形式结构上较复杂，现在已很少使用。

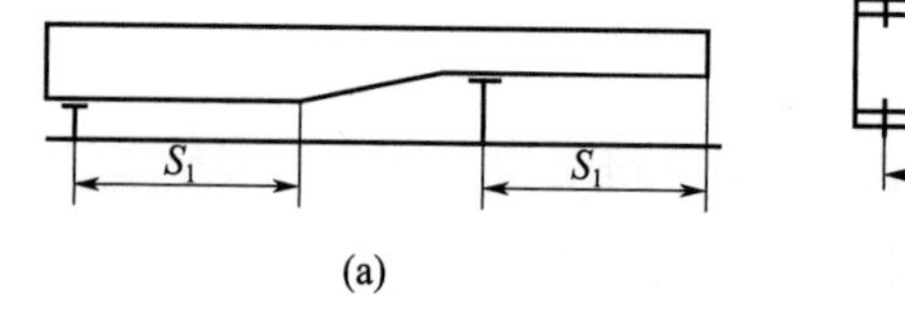

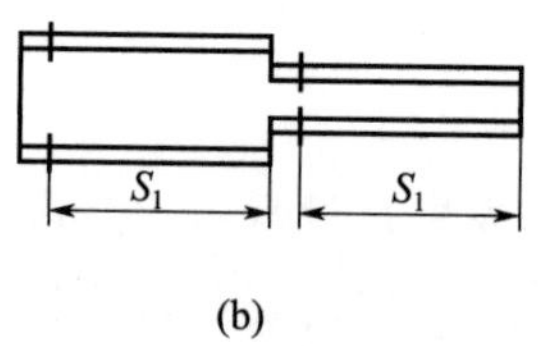

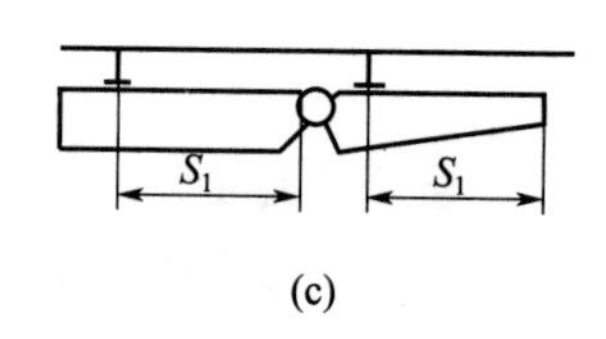

图 2-8　同时离轨的让开形式

同时离轨的导弹，其弹体在重力等作用下将平行下沉，弹体的姿态角变化较小，因而发射精度较高。不同时离轨的导弹，存在头部下沉问题，如图 2-9 所示。

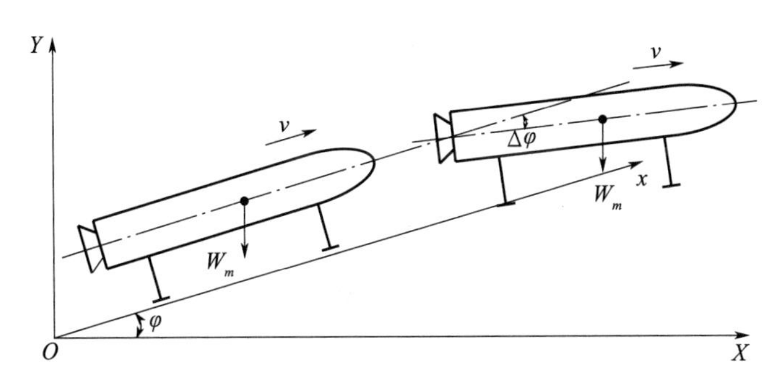

图 2-9　不同时离轨的导弹头部下沉

对不同时离轨的导弹，当其前滑块离开导轨并失去支承时，其后滑块仍在导轨上滑行，这时弹体在重力和推力等的作用下，将绕后支承点向下偏转，这种现象称为导弹离轨时的头部下沉。弹体滑行速度越小，前后滑块间距离越大，弹体越重，则下沉量越大。弹体头部下沉，使弹体纵轴线发生偏转，即其射角产生偏差，降低了发射精度。如果偏转角过大，则导弹可能失控，这是不同时滑离的缺点。但是不同时滑离方式下，导轨的结构简单。当前，随着导弹性能和发射技术的提高，弹体头部下沉已不再严重影响导弹的发射精度，因此，不同时离轨仍然得到普遍应用。

二、导弹的轨上运动方程

考虑最简单的情况：发射方式为固定角倾斜发射，发射梁静止，认为发动机推力恒定、无偏心，导轨刚性、平直，忽略风、燃气流等的影响，则导弹在导轨上运动时的受力情况如图 2-10 所示。

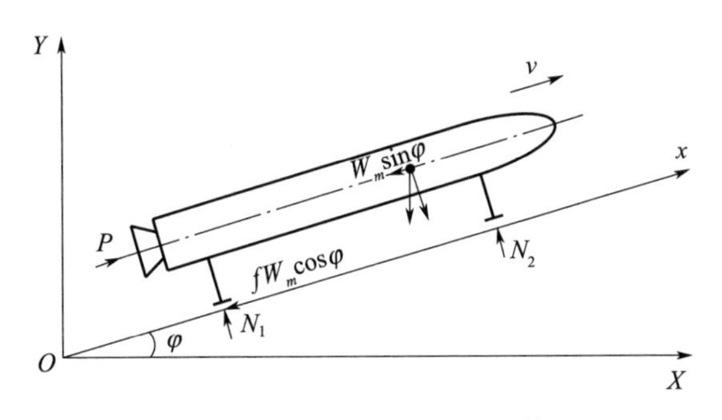

图 2-10　导弹轨上运动受力简图

弹体滑行时，忽略导弹自身重量的变化和空气阻力的影响，其运动方程为

$$\frac{W_m}{g}\frac{\mathrm{d}^2x}{\mathrm{d}t^2}=P-fW_m\cos\varphi-W_m\sin\varphi \tag{2-25}$$

式中　W_m—— 导弹重量；

P—— 发动机推力；

φ—— 射角；

f—— 导弹与导轨的摩擦系数；

g—— 重力加速度；

x—— 导弹滑行距离；

t—— 导弹滑行时间。

由式（2－25），可求出导弹在导轨上的运动速度与时间的关系为

$$v=g\left(\frac{P}{W_m}-f\cos\varphi-\sin\varphi\right)t \tag{2-26}$$

导弹的滑动距离与时间的关系为

$$x=\frac{g}{2}\left(\frac{P}{W_m}-f\cos\varphi-\sin\varphi\right)t^2 \tag{2-27}$$

导弹轨上运动的平均加速度为

$$a_m=g\left(\frac{P}{W_m}-f\cos\varphi-\sin\varphi\right) \tag{2-28}$$

由式（2－26）和式（2－27），可求出导弹运动速度和运动距离之间的关系，其关系曲线如图 2－11 所示。

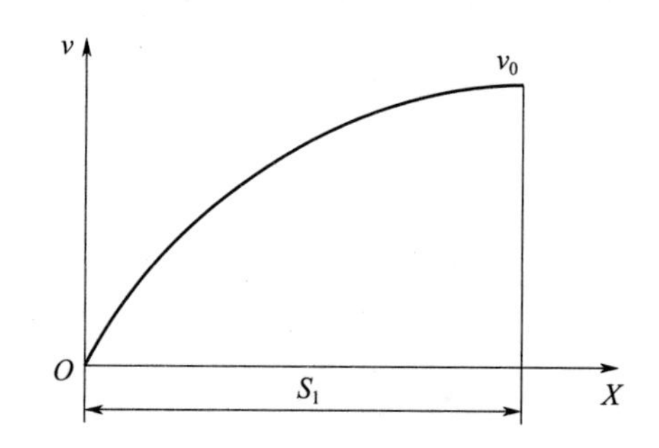

图 2－11　导弹运动速度与运动距离关系曲线

图 2－11 中，S_1是导弹离轨时的滑动距离，v_0 是导弹离轨速度，对不同时离轨的导弹来说，v_0 是后滑块离轨时导弹的速度，其滑动距离为后滑块移动距离。导弹发射时，v_0 值一般为 20 ～ 70 m/s。对于炮射导弹，其 v_0 值较大，可达 500 ～ 1 000 m/s。

如果导弹发射时的离轨速度 v_0 和平均加速度 a_m 已知，可按下式近似计算滑动距离和离轨时间。

$$S=\frac{v_0^2}{2a_m} \tag{2-29}$$

$$t=\sqrt{\frac{2S}{a_m}} \tag{2-30}$$

式中　S —— 滑动距离；

t—— 离轨时间。

对不同时离轨，滑动距离和离轨时间均以后滑块为准。

三、导弹同时离轨的下沉量

如前所述，导弹同时离轨时，导弹会在重力等作用下下沉，发射装置上必须保留足够

的下沉量空间，以避免导弹与发射装置产生碰撞。一般把垂直发射梁的相对位移量称为下沉量。

引起导弹下沉的因素主要包括重力，推力偏心（包括推力偏心角和推力偏心矩）和发射装置回转、俯仰（变角随动发射）时产生的牵连运动。在当前技术条件下，推力偏心引起的下沉量一般较小。变角随动发射时，发射装置的跟踪角速度一般也较小，牵连运动产生的下沉量也较小。在初步计算时，可忽略推力偏心和牵连运动的影响。实践证明，静基座条件下发射导弹时，重力是引起导弹下沉量的主要因素，约占总下沉量的80%～90%。

如图 2 - 12 所示，静基座发射时重力引起的下沉量（沿发射梁垂向）为

$$h_G=\frac{1}{2}gt^2\cos\varphi \tag{2-31}$$

式中　h_G—— 重力引起的下沉量；

t—— 导弹离轨后的飞行时间，起点为离轨瞬间；

φ—— 导弹的俯仰角（发射仰角）。

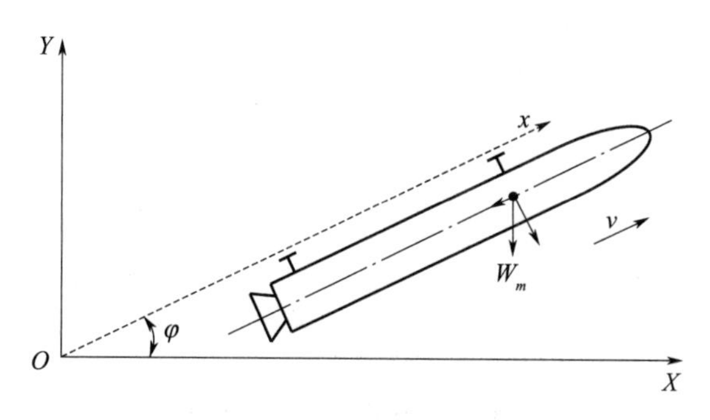

图 2 - 12　导弹同时离轨的下沉量

推力偏心角引起的导弹下沉量为

$$h_P=\frac{P\sin\delta_P}{2m}t^2 \tag{2-32}$$

式中　h_P—— 推力偏心角引起的导弹下沉量；

P—— 导弹发动机推力；

δ_P—— 发动机推力偏心角，通常在 $10'\sim30'$ 范围内；

m—— 导弹质量。

如某反舰导弹采用下挂式同时离轨，质量 $m=720$ kg，射角 $\varphi=15°$，发射时推力 $P=20\ 000$ N，取 $\delta_P=30'$，可计算得推力偏心角引起的下沉量只占重力引起的下沉量的2.5%，可见，推力偏心角带来的下沉量完全可以忽略。类似的，推力偏心矩带来的下沉量也可以忽略。

对于舰艇等动基座而言，载体的运动对导弹下沉量影响较大，必须加以考虑。这主要是指：舰艇自身摇摆运动引起导弹的牵连运动，导弹在摇摆的舰基发射装置导轨上滑行具有的哥氏加速度，有时甚至还需考虑发射装置本身的振动带来的影响。实践中，一般是在

式（2－32）结果的基础上考虑一个适当的安全系数，因此，发射装置实际保留的下沉量要比公式计算出的大几倍。导弹发射箱保留的下沉量一般在 100 mm 左右。

四、导弹不同时离轨的偏转角

如图 2－13 所示，导弹为上支式不同时离轨，在前滑块离开导轨时，后滑块还支承在导轨上。一般认为后滑块只能承受支反力而不能承受支反力矩，因此，导弹在重力及发动机推力作用下，弹体头部将以后滑块处点 A 为支点顺时针偏转，直到后滑块也离开导轨。

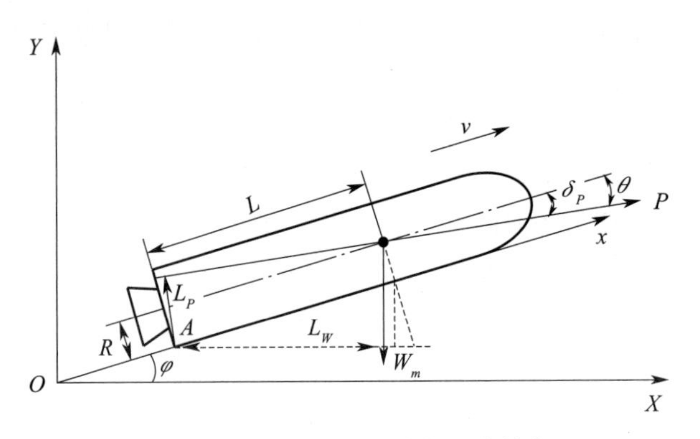

图 2－13　导弹不同时离轨的偏转角

假定导弹发射为静基座定角发射，发射仰角为 φ，将后滑块视为一个点 A，发动机推力恒定且通过导弹重心，推力偏心角为 δ_P，且导轨平直、刚性，忽略空气阻力。考虑导弹在竖直面内的俯仰转动，以过 A 点垂直纸面的轴为转动轴，顺时针方向为正。

从导弹离轨瞬间开始，导弹重力和发动机推力将对 A 轴产生力矩，使弹体偏转。

转动力矩方程为

$$J_A \frac{\mathrm{d}^2\theta}{\mathrm{d}t^2} = W_m L_W + PL_P \tag{2-33}$$

式中　J_A—— 弹体对 A 轴的转动惯量；

θ —— 弹轴偏转角，以射向为基准，顺时针为正；

W_m—— 导弹重力；

L_W—— 导弹重力对 A 轴的力臂；

P—— 发动机推力；

L_P—— 发动机推力对 A 轴的力臂。

根据刚体转动惯量的平移定理，有

$$J_A = J_z + mL^2 \tag{2-34}$$

式中　J_z—— 导弹对弹体俯仰轴（过重心垂直于弹体的纵向面）的转动惯量；

m—— 导弹质量；

L—— 导弹重心到后滑块之间在弹轴方向的距离。

如弹体轴线以相对原射向顺时针偏转一个角度 θ，分析图 2-13 中的几何关系，可知

$$L_W = L\cos(\varphi - \theta) - R\sin(\varphi - \theta) \tag{2-35}$$

式中　φ—— 导弹的俯仰角(发射仰角)；

　R—— 弹体半径 。

考虑到 $\theta \ll \varphi$，取 $\cos(\varphi - \theta) = \cos\varphi$，$\sin(\varphi - \theta) = \sin\varphi$，则式 (2-35) 简化为

$$L_W = L\cos\varphi - R\sin\varphi \tag{2-36}$$

对发动机推力力臂有

$$L_P = L\sin\delta_P + R\cos\delta_P = L\delta_P + R \tag{2-37}$$

式中　δ_P ——以沿弹轴顺时针为正，逆时针为负。

将式 (2-34)、式 (2-36)、式 (2-37) 代入式 (2-33)，得到

$$(J_z + mL^2)\frac{\mathrm{d}^2\theta}{\mathrm{d}t^2} = W_m(L\cos\varphi - R\sin\varphi) + P(L\delta_P + R) \tag{2-38}$$

显然，这是一个匀加速的转动

$$\theta = \frac{W_m(L\cos\varphi - R\sin\varphi) + P(L\delta_P + R)}{2(J_z + mL^2)}t^2 \tag{2-39}$$

式中，t 为时间，导弹前滑块离轨的瞬间为计时零点，到导弹后滑块离开导轨的瞬间为止。该式中没有考虑导弹推力不通过弹体重心时推力偏心矩的影响，实际发动机推力偏心角和推力偏心矩一般都很小，计算时可以忽略。如某反舰导弹，其 $L = 2$ m，$R = 0.18$ m，取 $\delta_P = 30'$，则 $L\delta_P = 0.017\,4$ m，只相当于 R 的 9.6%，可见完全可以忽略推力偏心角的影响，对推力偏心矩也同样如此 。

忽略推力偏心后，式 (2-39) 简化为

$$\theta = \frac{W_m(L\cos\varphi - R\sin\varphi) + PR}{2(J_z + mL^2)}t^2 \tag{2-40}$$

式 (2-40) 就是采用上支式不同时离轨时弹体的偏转角计算式。如果导弹采用下挂式不同时离轨，那么导弹发动机推力对后滑块产生的力矩与重力矩相反，可减小弹体偏转角，忽略推力偏心，求得下挂式不同时离轨弹体偏转角为

$$\theta = \frac{W_m(L\cos\varphi + R\sin\varphi) - PR}{2(J_z + mL^2)}t^2 \tag{2-41}$$

事实上，将导弹重力分解为垂直弹轴的分量 $W_m\cos\varphi$ 和平行弹轴的分量 $W_m\sin\varphi$，它们相对后支点的力臂分别为 L 和 R。随着导弹在导轨上支承形式的不同，平行弹轴的重力分量 $W_m\sin\varphi$ 和推力 P 分别对弹体偏转角产生不同的影响。

思考题

1. 分析发射装置载荷的意义是什么？
2. 静基座瞄准运动的主要载荷有哪些？如何计算？
3. 舰艇在海浪作用下的运动通常包括哪些形式？哪些是主要的？

4. 舰载定角发射和变角发射时，发射装置的载荷如何计算？（不带弹）

5. 导弹发射时，导轨不平直引起的过载如何计算？有瞄准运动时的哥氏加速度如何计算？

6. 何谓同时离轨和不同时离轨？各有何特点？

7. 导弹的下沉量主要影响因素是什么？

8. 忽略导弹发动机的推力偏心，推导上支式不同时离轨弹体的偏转角计算式。

第三章　发射燃气流场理论

第一节　燃气射流的主要特征

通常情况下，将从火箭发动机或涡轮喷气发动机喷出的高温、高速的气体流动称为燃气射流。燃气射流主要有以下几方面的特征：

1）气体流动速度高。在大多数情况下为超声速，对于火箭发动机而言，出口处的燃气速度多在 $Ma=2$ 以上；对于涡轮喷气发动机，多数情况也在 $Ma=1$ 以上。

2）气流温度高。由于火箭发动机或涡轮喷气发动机都是通过化学能的转换产生动力，因此，喷出的气体温度非常高。对于火箭发动机，喷口处温度一般在 1 000 ℃以上；而对于涡轮喷气发动机，一般也在 500 ℃以上。

3）复燃现象。在有些情况下，由于燃气喷出发动机喷口后，气体内仍包含一些未燃烧完的可燃成分，因此，喷出后还要和周围的氧化成分（如空气中的氧气等）进行二次燃烧；或燃气本身就包括燃烧剂和氧化剂，在喷出发动机喷口后继续燃烧。

4）气-固两相流现象。为了增加发动机的推力，有些发动机会在推进剂内加入铝粉等，因此，在燃气内会含有固体颗粒等。

5）非定常现象。如发动机在开始建压阶段，燃烧室内的压力有一个不稳定过程，表现在燃气射流的流动过程中，存在从不稳定流动到稳定流动的过程，这一过程对发射系统的影响非常关键。

6）红外辐射现象。燃气喷出发动机后温度很高，会产生很强的红外辐射。

此外，由于燃气射流喷出后要与周围物体和环境产生相互作用，因此还有冲击现象、超压现象和烧蚀现象等。

可以说，燃气流现象是一种非常复杂的流动现象，在具体研究过程中，可以根据关心的主要问题，省略次要因素，进行重点研究。

第二节　亚声速射流流动特征

发动机出口速度小于 $Ma=1$ 的射流称为亚声速射流。本节以亚声速自由射流为例，介绍其流动特点。

图 3-1 所示为二维自由淹没亚声速射流的流动图，除了它的流动结构参数可从图上直接看清外，从图中尚可看出由喷口 b_0 喷出的射流，其外边界一直在不断地扩张；而几个典型截面上的速度分布(其实还有其他参数，如温度、动压等气流参数）都有一种类似正态分布曲线的分布图；所有速度向量都画成平行于 x 轴，而无横向分速等。于是，可以把亚声速射流的流动特点总结如下：

（1）边界层的出现及发展

射流的流动总是伴有这样或那样的边界层而发展的，毫无例外。这是因为凡是流体都是有黏性的，而黏性的存在又总会使射流流层之间（包括流层与静止层之间）发生黏连作用。此外，射流流动可以是层流，也可以是湍流，或两者兼有。但实际大多数射流都是湍流流动，而保持层流或形成湍流的关键点是临界雷诺数。层流射流的流层间，通过分子间动量交换、热量交换或质量交换而形成具有一定厚度的层流射流边界层。湍流射流中充满着涡旋，它们在流动中呈不规则运动，会引发射流流股微团间的横向动量交换、热量交换或质量交换，从而形成湍流射流边界层。基于上述因素，可以论定，射流流动都伴随其边界层的出现和发展。

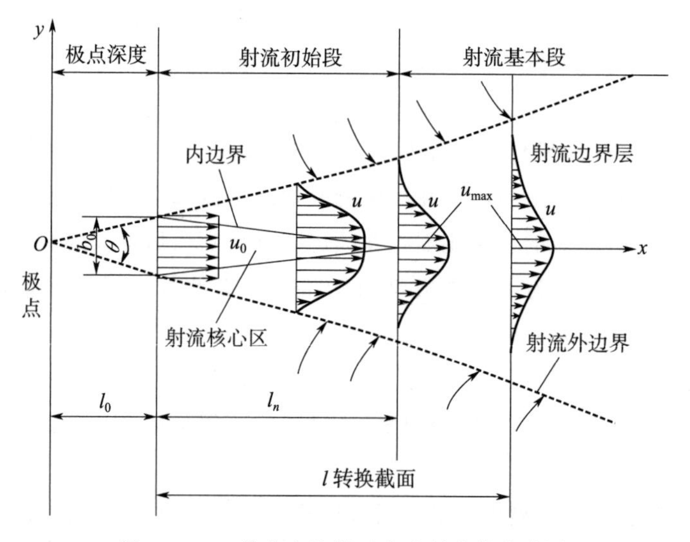

图 3-1　二维自由淹没亚声速射流的流动图

（2）全流场或局部流场气流参数分布的自模性

射流在其流动的进程中，不同截面上的气流参数分布彼此间保持一种相仿的关系，这种关系称为射流的自模性。对于亚声速射流而言，整个流场都具有这种性质；对于超声速射流而言，在流场的亚声速段以及超声速段中的局部流区也都存在这种自模性。自模性的出现可溯源于射流主流与周围介质的掺混呈线性渐进性，而且在射流各截面上，射流主流与周围介质的混合长度沿射流宽度保持不变，但该长度与射流宽度成正比。其结果所反映出来的就是边界层的外边界及其初始段上的内边界一般都是斜直线，而参数在横截面上的分布彼此间相似。

（3）流场中横向分速被忽略

由于射流喷射成束的特性，使流场中的轴向分速 u 要比横向分速 v 大得多，即 $u \gg v$，所以，在射流分析计算中，一般都将流场中的横向分速忽略掉，即射流的轴向速度被视为射流的总速度。

在忽略横向速度 v 的前提下，射流的纵向速度（轴向速度）即可表征整个射流的速度特性。图 3－2 所示为平面射流中不同横截面上速度沿 y 轴的分布图。从图上可明显地看出，在射流出口（即 $x=0$ 截面）处，在整个喷口高度上，速度是相等的，但到了射流主段，射流轴心速度则随着不断远离喷口而逐渐下降；在截面的横向上，在不同的边界范围内，射流速度在不同截面上分布不同，且均随着离开轴心逐渐减小；自然，边界层的厚度是一直增大的。

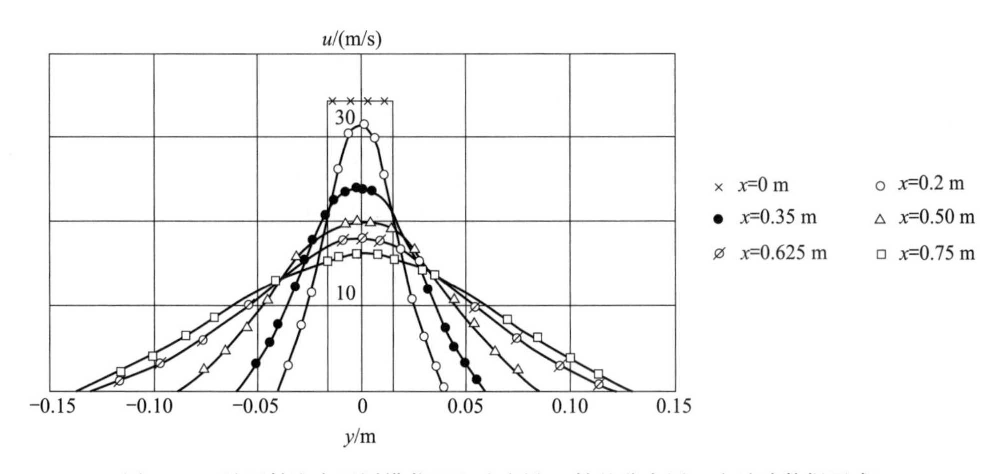

图 3－2　平面射流中不同横截面上速度沿 y 轴的分布图（由试验数据画成）

至此，需特别值得注意的是，如果将图 3－2 中射流主段的速度坐标（纵坐标）改写成某一相对速度（量纲为一的速度），而横坐标改用某一相对高度（量纲为一的高度），比如，相对速度用 u/u_m（u_m 为射流轴心速度），而相对高度用 y/y_c（y_c 为速度是该横截面中轴心速度的 1/2 处距轴心线的高度），然后把整理的结果用图表示出来，如图 3－3 所示。从图 3－3 可看出，原来的各速度剖面一旦量纲为一，就全部落在了同一条量纲为一的分布曲线上，而呈现出一种相似性，即出现一种与雷诺数无关的普遍的量纲为一的分布。射流的这种性质就是自由射流参数分布的自模性。

上面是针对平面射流主段展开论述的。试验表明，轴对称射流也有如此性质，而且在射流初始段的边界层内仍有此性质。

再者，除了存在普遍的量纲为一的速度剖面外，还存在普遍的量纲为一的剩余温度剖面、普遍的量纲为一的动压剖面、普遍的量纲为一的质量浓度剖面等。所谓量纲为一的剩余温度，是指 $\Delta T/\Delta T_m$，$\Delta T=T-T_a$，$\Delta T_m=T_m-T_a$，此处 T、T_m、T_a 分别表示讨论点的温度、讨论截面的轴心温度、周围介质温度；量纲为一的动压是指 q/q_m，而 $q=$

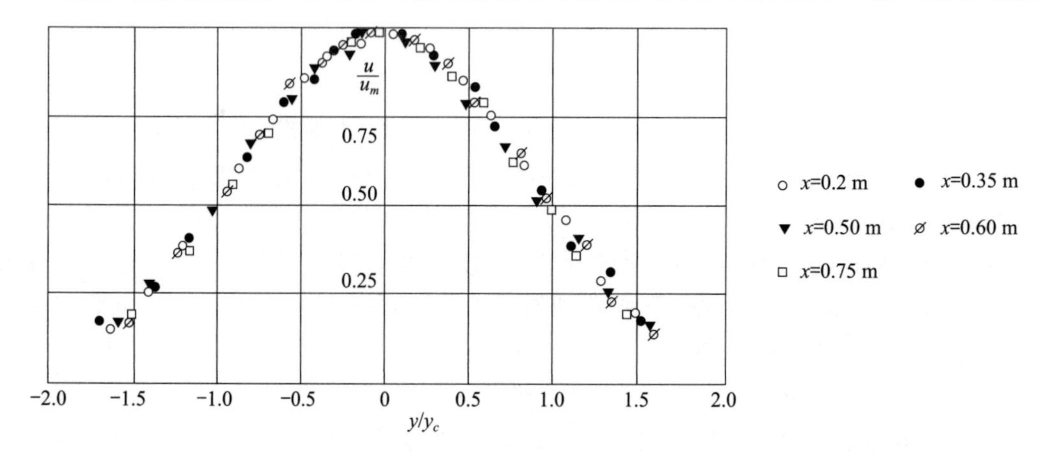

图 3-3 平面射流的量纲为一的速度剖面（由试验数据整理画成）

ρu^2，$q_m=(\rho u^2)_m$；量纲为一的质量浓度是指 K/K_m。

为了加深理解，给出这里所说的几种普遍的量纲为一的剖面图。针对轴对称射流，给出普遍的量纲为一的剩余温度剖面，即 $\Delta T/\Delta T_m=f(r/r_{0.5})$，如图 3-4 所示，图中，$r_{0.5}$ 与前面 y_c 的含义类同；针对平面对称射流，给出普遍的量纲为一的动压剖面，即 $q/q_m=f(r/r_{0.5})$，如图 3-5 所示；针对平面射流，给出普遍的量纲为一的质量浓度剖面，即 $K/K_m=f(y/y_c)$，如图 3-6 所示。

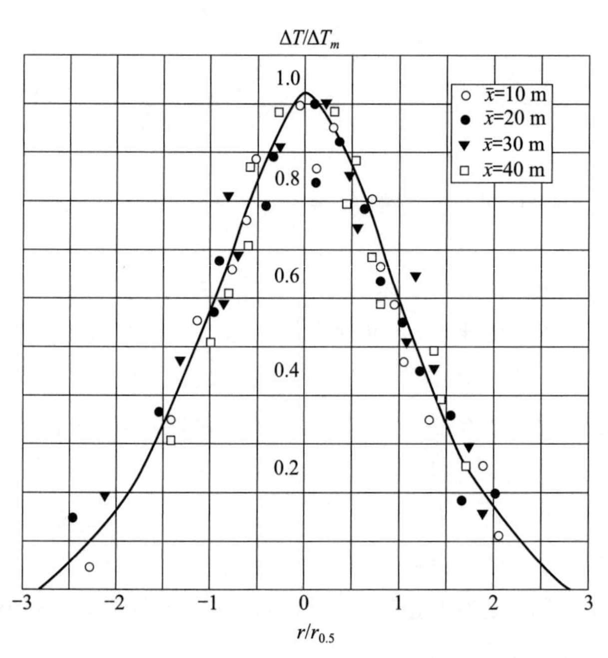

图 3-4 轴对称射流的量纲为一的剩余温度剖面（由试验数据整理画成）

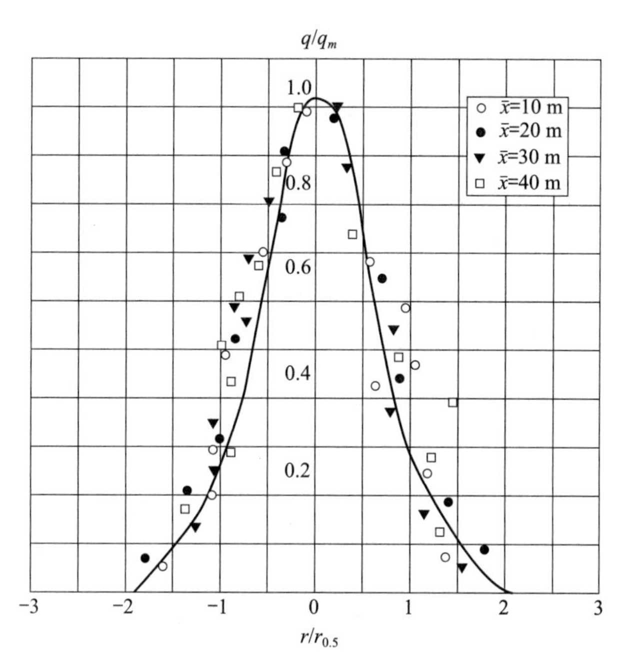

图 3-5　轴对称射流的量纲为一的动压剖面（由试验数据整理画成）

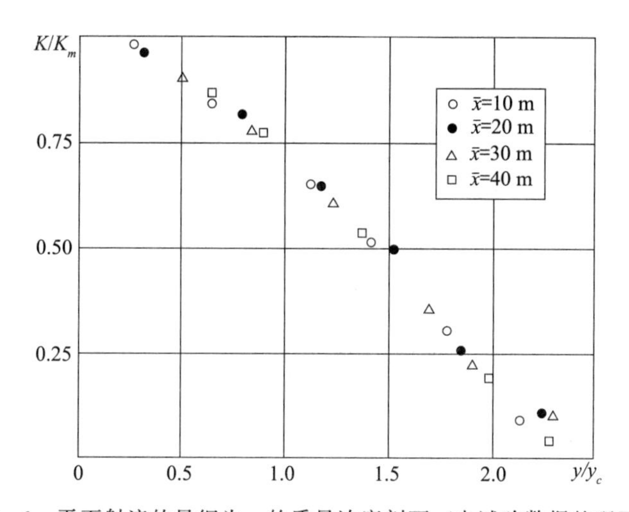

图 3-6　平面射流的量纲为一的质量浓度剖面（由试验数据整理画成）

第三节　超声速射流流动特征

本节以超声速自由射流为例，简单介绍超声速燃气射流的一些结构特点。超声速射流的流动结构取决于多方面的因素，主要有射流的非计算度 n（$n=p_e/p_a$，p_e 为喷管出口处的射流压力；p_a 为射流所流入的周围介质的压力）、喷管的扩张角、周围介质的状态（介质的运动速度、密度和温度等）以及喷管出口处射流本身参数等。由于影响射流流场结构的因素很多，所以很难给出一个具有普遍意义的流动图形，但在诸多因素中，非计算度 n 的影响是最大的，并且可以根据 n 的大小把射流进行分类。当 $n=1$ 时，一般称为发动机的设计状态，这时发动机的热效率最高，但实际使用的发动机一般不是这个状态。$n>1$ 的射流是欠膨胀射流，其中 $n>2$ 的射流为高度欠膨胀射流，$1<n<1.5$ 的射流为低度欠膨胀射流；$n<1$ 的射流是过膨胀射流，其中，$0.7<n<1$ 的射流为低度过膨胀射流，$n<0.7$ 的射流为高度过膨胀射流。下面就分别按非计算度 $n>1$ 和 $n<1$ 对流场结构做简单解释。

图 3－7 和图 3－8 分别是低度欠膨胀和低度过膨胀射流流场结构图。欠膨胀射流与过膨胀射流的区别是：欠膨胀射流要在喷口边缘处形成锥形膨胀波束进行进一步膨胀；而过膨胀射流要先产生两道锥形激波，以提高自身压力，使自身压力高于外界气压，之后的流场结构就与欠膨胀射流的类似了。

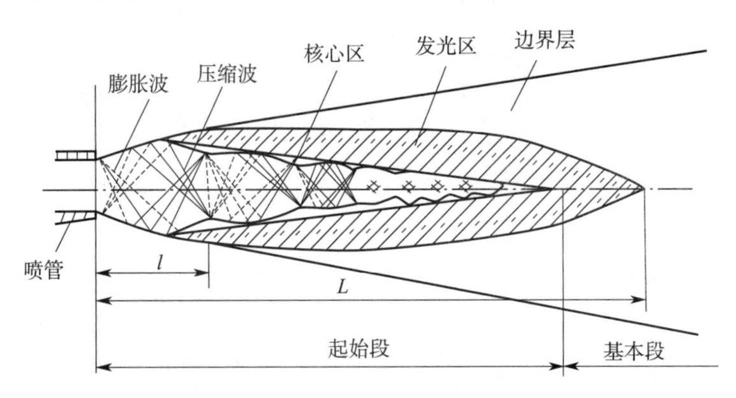

图 3－7　低度欠膨胀射流流场结构图

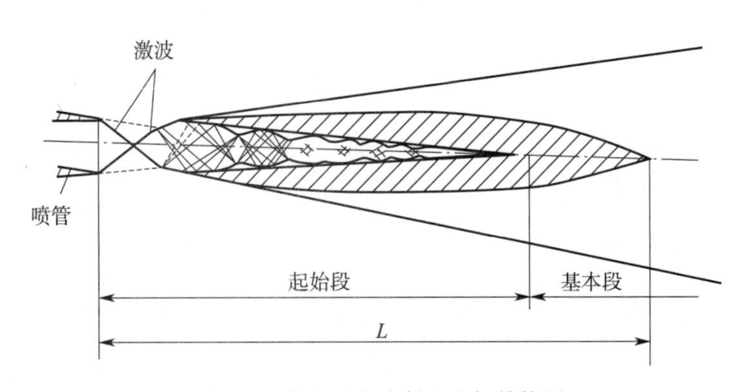

图 3－8　低度过膨胀射流流场结构图

高度欠膨胀射流和高度过膨胀射流的流场结构分别如图 3－9 和图 3－10 所示。对于欠膨胀射流，此时出现了拦截激波和马赫盘（图中近似直立的平面正激波）。对于过膨胀射流，也有类似的结构。从图 3－9 和图 3－10 中可以看出，无论是高度欠膨胀射流还是高度过膨胀射流，流场中各种波系结构要比 $n\approx1$ 时复杂得多。这种结构在下游经衰减后有可能再出现，也有可能不再出现，这由流场中多个影响因素决定。

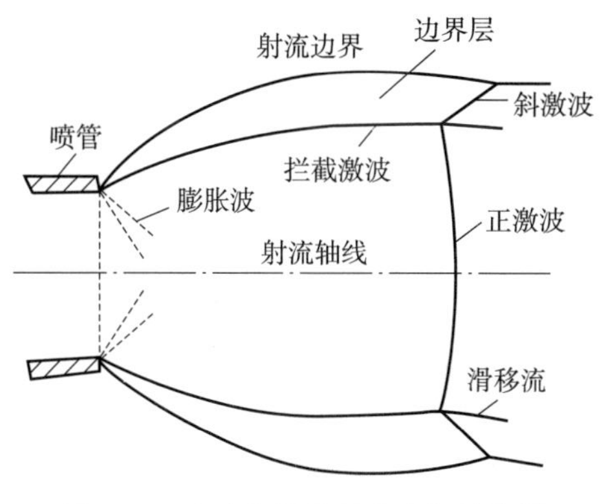

图 3-9　高度欠膨胀射流流场结构图

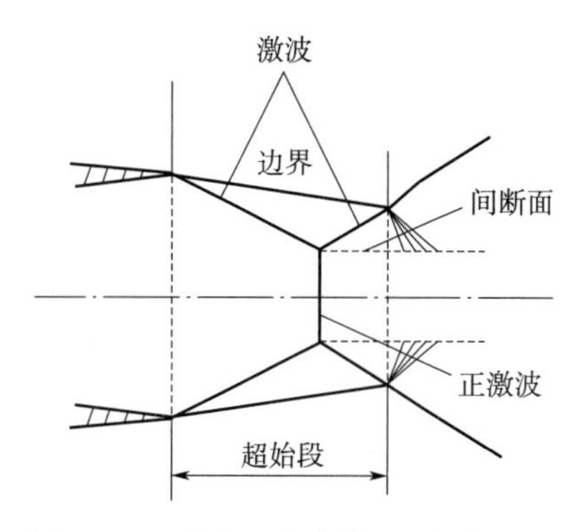

图 3-10　高度过膨胀射流流场结构图

实际上，射流流场除了波系结构复杂外，还有其他复杂的物理化学特征。首先，从喷管喷出的超声速射流不断地与周围介质进行质量交换、动量交换和能量交换，使射流与周围介质的混合由层流边界层发展为湍流边界层，同时，由于周围介质不断地被卷吸到射流主流中，使得湍流边界层变厚，最后发展成完全湍流运动。而且，从喷管喷出的射流含有凝相粒子以及未完全燃烧的固体颗粒，这样一方面会造成两相之间的热力和动力不平衡，另一方面会造成二次燃烧。同时，由于燃气射流是多组分的，各组分之间在高温条件下会发生化学反应。

第四节　燃气射流的研究方法

对燃气射流的研究主要属于流体力学的范畴，而对流体力学的研究方法主要有 3 种：单纯的试验测试、单纯的理论分析和计算流体力学（Computational Fluid Dynamics，CFD），如图 3-11 所示。

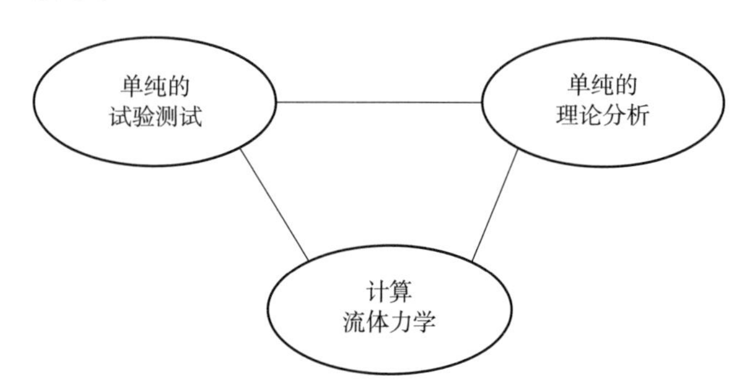

图 3-11　流体力学的 3 种研究方法

试验是自然科学的基础，理论如果没有试验的证明，是没有意义的。力学是以试验为基础的科学，流体力学中绝大多数重要的概念和原理都源于试验。但是，试验往往受到模型尺寸、流动扰动、人身安全和测量精度的限制，有时可能很难通过试验方法得到结果。

此外，试验还会遇到经费、人力和物力的巨大耗费及周期长等许多困难。

理论分析方法的优点在于所得结果具有普遍性，各种影响因素清晰可见，是指导试验研究和新的数值计算方法的理论基础。但是，它往往要求对计算对象逐项抽象和简化，才有可能得出理论解。对于自然界中普遍存在的非线性情况，只有极少数流动能给出解析结果。

CFD 方法有效地克服了前面两种方法的弱点。CFD 的长处是适应性强、应用面广，其不受物理模型和试验模型的限制，计算周期短，经费投入少，灵活性高，很容易模拟那些试验中只能接近而无法实现的理想条件，并得到满足工程需要的数值解。而 CFD 也存在一定的局限性，主要体现在对人员经验与技巧的依赖性和对计算机计算能力的高度依赖性上。但随着计算机计算能力的飞速发展，CFD 的计算精度和计算效率已经有了显著的提高。

20 世纪 70 年代后期，使用超级计算机求解空气动力问题的方法开始得到应用。一个早期的成功例子就是 NASA 设计的一种试验飞行器，叫作 HiMAT（高机动性飞行器技术），用于验证下一代战斗机中高机动性的概念。初步设计时的风洞试验表明，飞行器在速度接近声速时将产生令人无法接受的空气阻力。如果按照这一设计，该飞机将变得没有意义。若通过进一步的风洞试验重新设计 HiMAT，将耗费 150 000 美元左右，并且会大大拖延工期。与之相比，使用计算机重新设计机翼，仅花费 6 000 美元。

虽然 CFD 提供了一种新的方法，对试验和理论这两种方法做了有效的补充，但永远也不能取代这两种方法。试验和理论一直都是不可缺少的。三者各有各的使用场合，在实际工作中需要注意三者有机结合，互相验证，力争取长补短。

第五节　舰载导弹倾斜发射燃气流场分析与计算

在对指定问题进行 CFD 计算之前，首先要将计算区域离散化，即对空间上连续的计算区域进行划分，把它划分成许多个子区域，并确定每个区域中的节点，从而生成网格。然后将控制方程在网格上离散，即将偏微分格式的控制方程转化为各个节点上的代数方程组。此外，对于瞬态问题，还需要涉及时间域离散。

由于应变量在节点之间的分布假设及推导离散方程的方法不同，形成了有限差分法、有限元法和有限体积法等不同类型的离散化方法。

（1）有限差分法

有限差分法（Finite Difference Method，FDM）是数值解法中最经典的方法。它是将求解域划分为差分网格，用有限个网格节点代替连续的求解域，然后将偏微分方程（控制方程）的导数用差商代替，推导出含有离散点的有限个未知数的差分方程组。求差分方程组（代数方程组）的解，就是求微分方程定解问题的数值近似解，这是一种直接将微分问题变为代数问题的近似数值解法。

这种方法发展较早，比较成熟，较多地用于求解双曲型和抛物型问题。用它求解边界条件复杂，尤其是椭圆型问题，不如有限元法或有限体积法方便。

（2）有限元法

有限元法（Finite Element Method，FEM）是将一个连续的求解域任意分成适当形状的许多微小单元，并将各小单元分片构造插值函数，然后根据极值原理（变分或加权余量法）将问题的控制方法转化为所有单元上的有限元方程，把总体的极值作为各单元极值之和，即将局部单元总体合成，形成嵌入了指定边界条件的代数方程组，求解该方程组就得到各节点上待求的函数值。

有限元法因求解速度较有限差分法和有限体积法慢，因此，在商用 CFD 软件中应用得并不普遍。目前的商用 CFD 软件中，FIDAP 采用的是有限元法。而目前有限元法在固体力学分析中占绝对比例，几乎所有固体力学分析软件全部采用有限元法。

（3）有限体积法

有限体积法（Finite Volume Method，FVM）是近年发展非常迅速的一种离散化方法，其特点是计算效率高，目前在 CFD 领域得到了广泛应用，大多数商用 CFD 软件都采用这种方法。

本节采用有限体积法，并基于图 3-12 所示舰船模型，分析导弹发射装置在舰船侧弦布置工况下发射时对舰船甲板的冲击和烧蚀作用，并针对甲板受高温燃气射流作用进行传热分析，为舰面设备热防护提供燃气流温度分布数据，提出对舰船甲板及甲板上武器装置的优化配置。

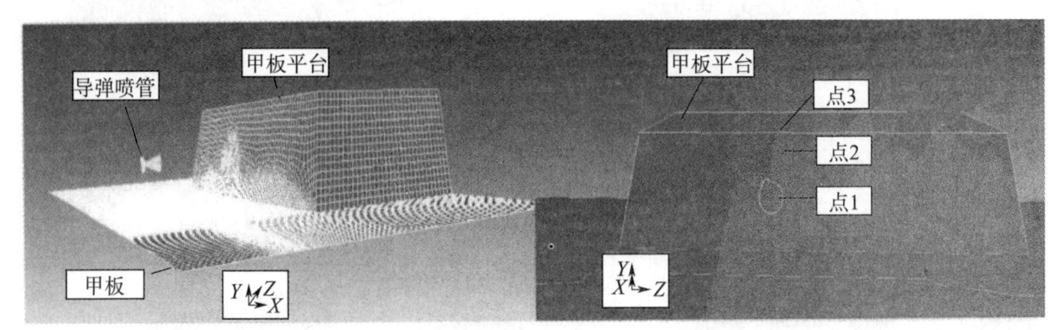

图 3-12　舰面物理模型（见彩插）

一、计算条件

监测点 1 设置在导弹喷焰流场中心在甲板平台上的投影位置，监测点 2 位于距 1 点 0.8 m 的位置，监测点 3 距 1 点 1.13 m。

燃气射流计算采用有限体积法、完全结构化网格求解 $k-\varepsilon$ 方程，计算网格总数为 120 万，导弹发动机喷管出口采用压力入口边界条件，设置总压为 1.8×10^{7} Pa，总温为 2 700 K；流场域出口采用压力出口边界条件，出口压力为环境压力 101 325 Pa。甲板及平台表面采用壁面边界条件，物面边界采用无滑移壁面和绝热壁面边界条件，近壁面湍流计算采用标准壁面函数法处理。

传热参数设置：射流与甲板面之间的作用设置为对流传热，甲板材料为不锈钢，设置甲板的传热、导热参数，材料厚度假定为 15 mm。燃气射流冲击到甲板上，取甲板表面的气流参数作为来流参数，并假定船体所处大气环境为常温下自然环境，温度为 300 K，环境压力值为 101 325 Pa。

二、计算结果分析

本节对导弹点火出筒并飞离甲板过程中所受燃气射流的冲击作用进行仿真，导弹初始位置距离甲板平台为 5 m，整个过程约为 90 ms，因此，设置仿真时间为 100 ms。

从图 3-13 可知，由于高速射流的冲击作用以及燃气流的积聚，导致核心区外形成一个高温激波环。随着气流的向外扩散以及能量损失，气流温度急剧下降。

由图 3-13（a）和图 3-13（b）对比可知，气流与固壁之间的热传递与气体的温度相关，气体温度越高，两者之间的能量传输越多，固壁温升越高，甲板升温云图基本形状与气流温度分布一致。

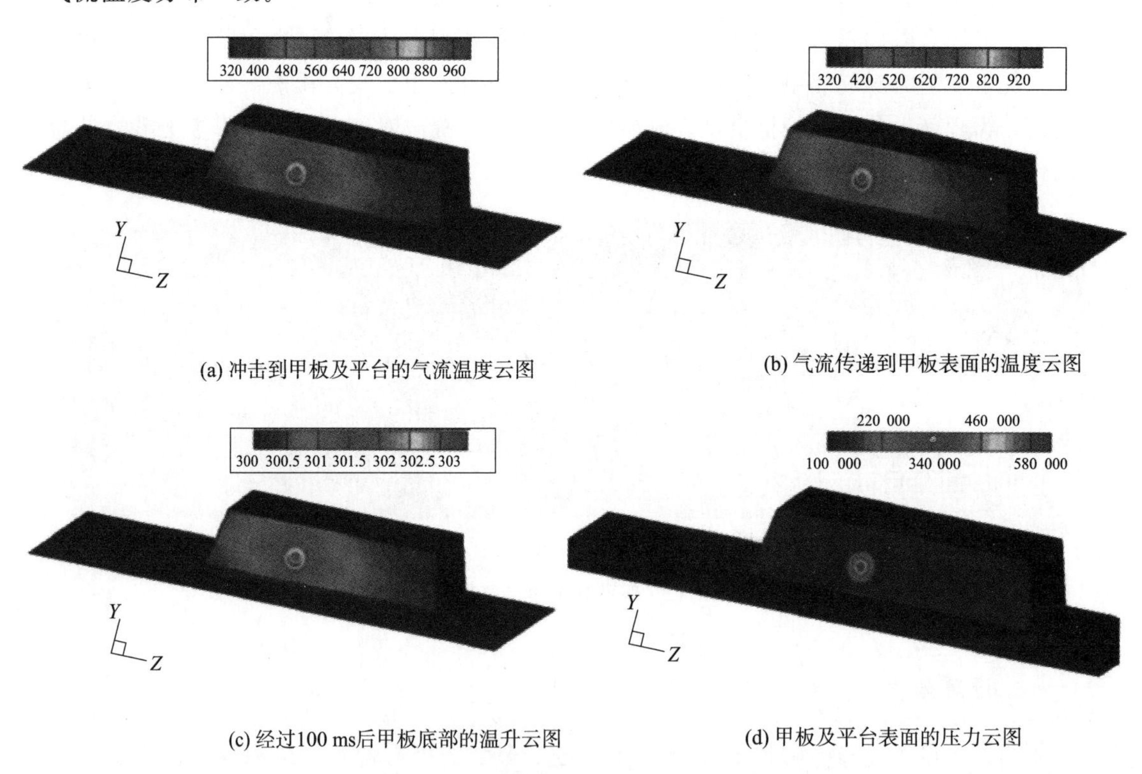

图 3-13　舰面燃气流特性云图（见彩插）

由图 3-13（c）可知热能传递到甲板底部的升温情况，基本变化与甲板的外表面温度分布相似，同时说明甲板材料的径向导热速度比横向速度快。最高温升约为 4 K。

图 3-13（d）所示为气流冲击到甲板及平台表面的压力云图。从图中可以看到燃气流

由超声速减弱到亚声速状态的气流压力变化，燃气压力主要影响区域为射流核心区。

从图 3－14（a）中可以得出燃气流冲击到甲板上的速度约为 $Ma=2.5$，而由于甲板的导流作用使燃气流速度方向改变，燃气流对平台上部的作用减弱，并且燃气流的速度急剧下降，其主要原因是燃气流与壁面之间的接触作用以及自身的能量损失。

图 3－14（b）所示为气流冲击甲板及平台后的速度矢量图。从图中可以得出气流冲击作用主要的影响范围为核心区位置，加速形成冲击波后气流速度急剧下降。同时可知气流对平台上表面的冲击作用非常弱。

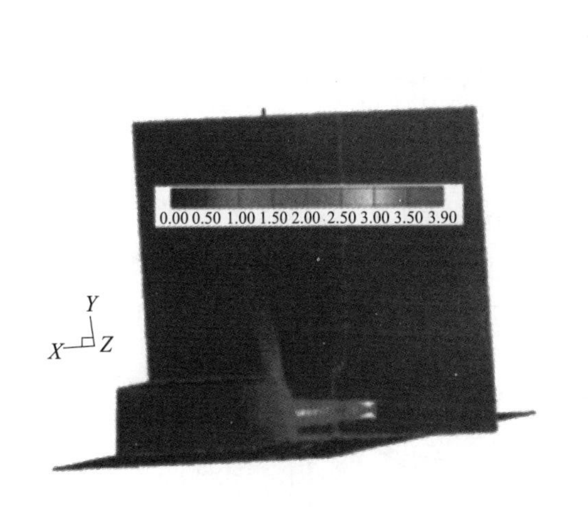

(a) 燃气流冲击作用速度等值线图

(b) 甲板及平台气流速度矢量图

图 3－14　燃气流冲击甲板表面速度分布（见彩插）

图 3－15～图 3－17 所示为燃气流以及甲板内外表面的温度变化曲线。燃气流冲击到甲板表面首先引起短时间振荡，随后变化区域平缓，甲板外表面主要是与燃气流进行换热，并通过材料导热向内传播。从图 3－15 可以得出冲击波前后燃气流温度的急剧变化，在射流核心位置燃气流参数接近喷管出口，到监测点 2 处气流温度急剧下降，从监测点 2

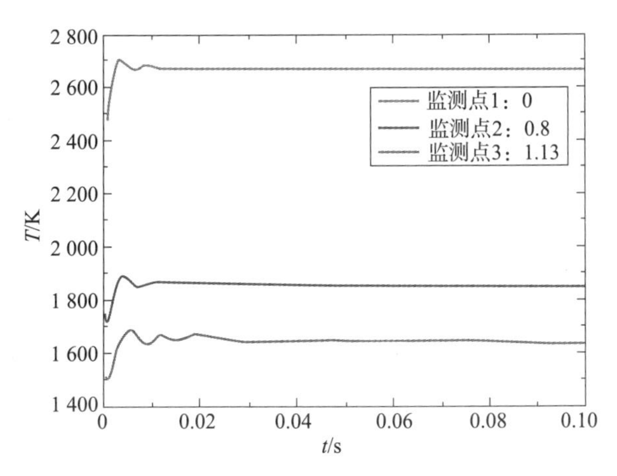

图 3－15　监测点位置气流温度变化曲线（见彩插）

到监测点 3 燃气流温度变化缓慢，主要原因是在点 1 和点 2 之间存在激波作用。同时，由于激波的存在，导致图 3-16 和图 3-17 中监测点 2 处气固传热效率低于监测点 3，甲板内外壁的温升也存在同样变化。

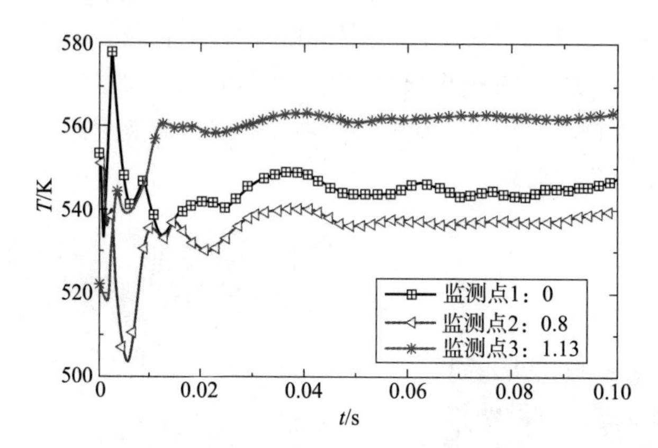

图 3-16　热交换引起的监测点处甲板表面温度变化曲线（见彩插）

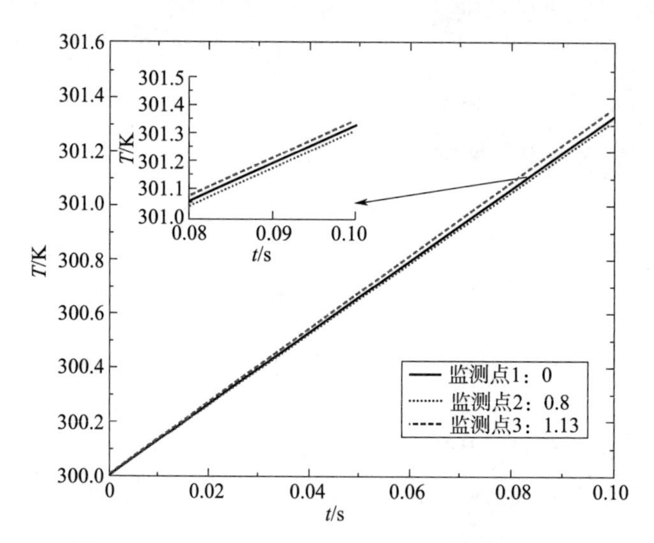

图 3-17　监测点处甲板内表面温升曲线（见彩插）

表 3-1 所示为燃气以及固体壁内外表面的温度变化数据。由于激波的出现，使得流场中边界层和激波的相互干扰导致流固换热更加复杂，燃气流正冲击到固体壁表面时的能量传递效率较低。

表 3-1　燃气以及固体壁内外表面的温度变化数据

（单位：K）

t /s	0.01	0.02	0.03	0.04	0.05	0.06	0.07	0.08	0.09	0.1
监测点 1 对应射流位置	2 674.00	2 663.59	2 666.81	2 664.49	2 667.50	2 666.75	2 667.68	2 665.85	2 667.06	2 666.55

续表

t /s	0.01	0.02	0.03	0.04	0.05	0.06	0.07	0.08	0.09	0.1
监测点 2 对应射流位置	1 864.62	1 860.29	1 852.12	1 848.93	1 853.76	1 851.32	1 853.19	1 852.72	1 881.02	1 849.13
监测点 3 对应射流位置	1 639.10	1 663.21	1 639.34	1 637.57	1 646.28	1 642.16	1 645.03	1 645.35	1 640.89	1 636.32
监测点 1 对应甲板外表面位置	540.94	541.45	546.32	548.53	543.35	545.55	543.23	543.19	544.79	547.57
监测点 2 对应甲板外表面位置	535.21	529.75	538.59	540.00	535.72	537.07	536.60	537.13	537.39	540.20
监测点 3 对应甲板外表面位置	554.29	558.45	561.32	563.03	560.88	561.55	562.41	562.09	561.86	563.51
监测点 1 对应甲板内表面位置	300.14	300.26	300.40	300.53	300.67	300.80	300.93	301.06	301.20	301.33
监测点 2 对应甲板内表面位置	300.12	300.25	300.38	300.52	300.65	300.78	300.91	301.05	301.18	301.31
监测点 3 对应甲板内表面位置	300.13	300.26	300.40	300.53	300.67	300.81	300.94	301.08	301.22	301.36

三、结论

本算例通过仿真模拟了导弹飞离甲板时，高温燃气射流对船体甲板的冲击和传热过程，主要结论如下：

1）高速燃气射流冲击到固体表面时出现激波，并且激波温度高于核心区温度。随着激波向外传播，燃气流速度、温度、能量急剧下降。

2）甲板受气流冲击效应，受影响区域主要集中在射流核心区，与燃气流之间的热交换形式复杂，主要有正冲击、激波和掠过平板的湍流、层流传热。其中，冲击作用引起的对流传热能量传递效率较低。

3）固体壁在导弹运动过程中升温变化平缓，热交换并不会导致甲板外表面急剧升温，导热作用将热交换的能量向内传递，使得 15 mm 钢板内表面存在升温现象，因此，在甲板的热防护设计中应对甲板厚度加以考虑，在关键位置应适当加厚。

4）甲板平台对燃气流的转向起到关键作用，平台高度选取应大于激波直径，以避免燃气流冲击到平台上表面，同时，仿真也可对平台上武器装备的布置提供一定参考。

思考题

1. 燃气射流的主要特征有哪些?
2. 亚声速射流的流动特点是怎样的?
3. 亚声速射流中速度分布的自模性指什么?
4. 超声速射流的流动特点是怎样的?
5. 燃气射流的一般研究方法有哪些?

第四章　导弹发射箱

第一节　概　述

一、箱式发射

早期的导弹，由于其发动机所使用的液体推进剂只有在发射前才能加注，加之导弹上的一些关键设备需经常检查、维护，因而必须贮存在具有特定条件的库房内，只有发射前才加注燃料并将其固定在发射架上。还有些导弹虽平时固定在发射架上，但因尺寸较大，平时的保护也只能用防护罩简单地遮盖。随着导弹技术的进步，现代导弹绝大部分可以带着燃料长期贮存，而不必在发射前临时加注燃料；弹上设备可靠性大大提高，其检查周期更长；导弹的小型化也日益明显。这些技术的不断进步，结合现代作战对导弹武器系统的要求，导弹的箱式发射技术应运而生。

所谓箱式发射，就是导弹从发射箱中发射。目前除机载导弹外，大多数导弹都采用箱式发射。箱式发射已成为当前导弹发射技术的主流。

最初，发射箱固连于发射装置上，只起护弹的作用，后来发展成兼有运输、贮存和发射 3 种功能。导弹在生产厂就装入发射箱中，出厂时箱和弹是一个整体，称为“一发弹”，发射箱成为“合格弹”的一部分。发射箱有时也称为箱式定向器。图 4－1 所示为一种典型的导弹发射箱示意图。发射箱可以重复使用，发射导弹后，在技术阵地重新装填导弹。发射箱停放在支承车上与装弹车对接，采用专用的装弹设备，装弹迅速、安装可靠。

二、发射箱的功能

(1) 贮存

为了长期（8～10 年）贮存导弹，保证导弹的寿命，发射箱是密封的，发射箱内充以氮气或干燥空气。平时要定期检查发射箱的湿度和压力，当湿度和压力不合格时，可以对发射箱充压和换气。有的发射箱还有调温装置，保证导弹在发射时有适合的温度。

(2) 运输

导弹生产完后，装入发射箱，发射箱和导弹成为一体。一般导弹通过吊挂或适配器固定在发射箱里。导弹在发射箱里的轴向位置是通过锁定装置锁定的。为了减小导弹在运输

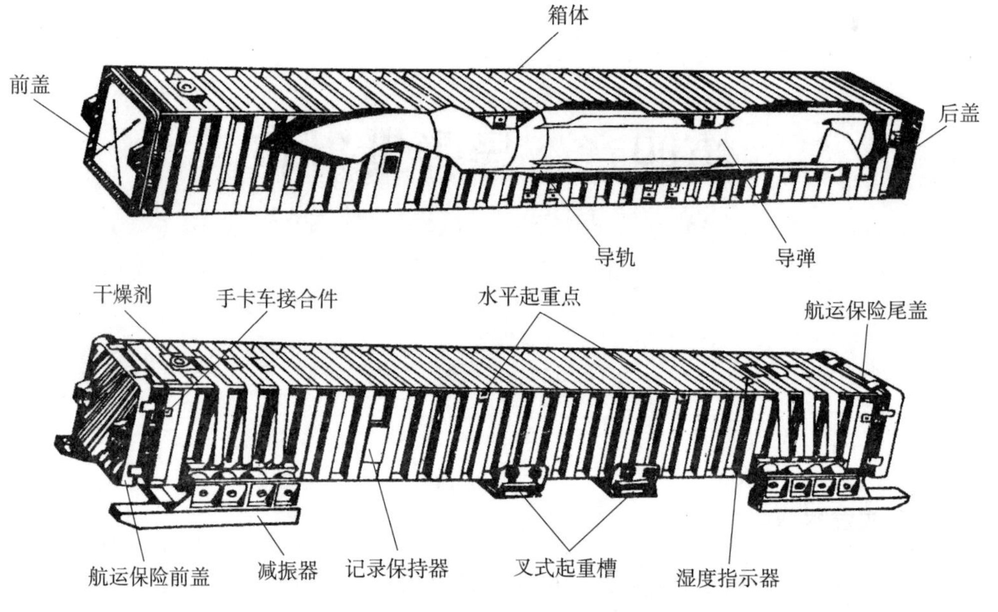

图 4-1 一种典型的导弹发射箱示意图

中的振动过载，尤其是对于较大的导弹，更加需要在发射箱里设缓冲装置；对于较小的导弹，如“响尾蛇”导弹，就不需要设缓冲装置。有的发射箱外部设搬运装置和减振装置，便于导弹的搬运和减振。

（3）发射

导弹在发射时，发射箱通过电缆传递发射控制系统和导弹之间的指令及信号，通过发射导轨或适配器的作用，保证导弹在箱内的稳定运动及出箱时的姿态。

三、发射箱发射导弹的优点

1）提高了导弹的可靠性。发射箱是密封的，里面充有保护性气体，形成了对导弹的环境保护；发射箱内的减振装置、缓冲装置形成了对弹的机械保护；发射箱的金属外壳（或金属层）形成了对弹的电磁保护，这些条件使得导弹在运输、贮存及战斗值班期间，能承受较为恶劣的自然环境条件和战场环境条件。

2）缩短发射间隔，提高了导弹的快速反应能力和导弹武器系统的火力强度。

导弹平时就装在发射箱中，总是处于待发状态，有情况即可发射，因此大大缩短了发射间隔，提高了导弹的快速反应能力，从而提高了导弹武器系统整体的火力强度，这点对防空导弹尤为重要。

3）延长了导弹的使用寿命，从而也提高了导弹武器系统的经济效益。

4）结构较紧凑，提高了载弹量。贮运发射箱可以保护其内部的导弹免受相邻贮运发射箱内的导弹发射时燃气流的冲击，使导弹的密集布置成为可能。应用模块化设计，既可将多个标准化的贮运发射箱组合成发射模块，也可将单个标准贮运发射箱直接装于贮运发射箱支架上构成多联装发射装置，以提高火力密度。

5）维护方便。弹箱为一体，贮存及战斗值班时，只须按要求检查发射箱的湿度和压力，通过发射箱的对外电缆利用设备对导弹进行测试，简单方便。

四、发射箱的一般组成

针对不同型号的导弹，发射箱的具体组成差别可能较大，但概括地说，发射箱主要由箱体、箱盖、箱内机械设备和电气设备组成。

箱体和箱盖形成了对导弹的保护；箱内机械设备主要包括发射导轨、电插头机构、固定机构、减振机构、开关盖机构等；箱内电气设备主要是导弹脱落插头、电缆及各种机电设备。脱落插头将发控系统与导弹连接，以实施导弹射前检查和发射。机电设备可以完成各种专用功能，如开关盖、刚弹转换等；电缆用于传输各种电气信号。

五、导弹在发射箱内的支承

导弹在发射箱内的支承形式一般有两种：导轨式和适配器式，两者也可以结合起来同时使用。相应地，发射箱按导弹在箱内的支承形式可以分为导轨式发射箱、适配器式发射箱和混合式发射箱。

（1）导轨式发射箱

导轨式发射箱内有发射导轨，导轨一般固定在发射梁上，通过滑块支承导弹，并起到导向的作用；导轨弹性悬挂或箱外设置减振器，以防止运输时的振动和冲击。典型的导轨式发射箱结构如图 4-2 所示。

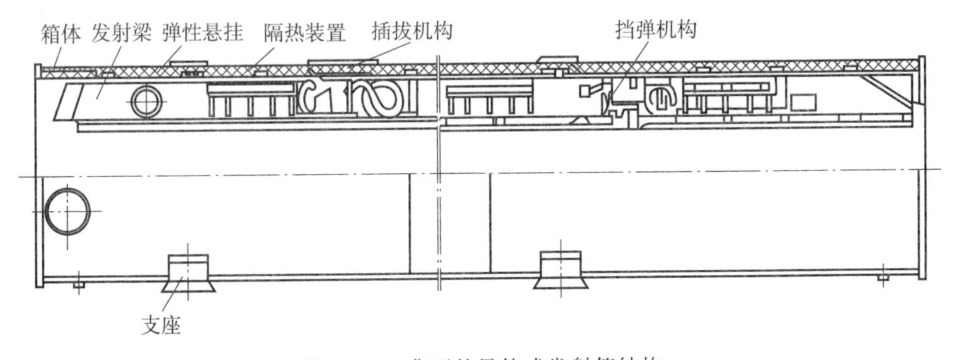

图 4-2　典型的导轨式发射箱结构

导轨式又分为下挂式和上托式两种。下挂式是指弹体处于定向器本体的下方，上托式是指弹体处于定向器本体的上方。如图 4-3 所示，图（a）为下挂式，导弹有前后 3 个滑块，同时离轨；图（b）为上托式，导弹不同时离轨。

（2）适配器式发射箱

适配器在导弹与发射筒之间提供一种界面，当导弹装筒后，适配器在贮存和运输过程中对导弹起支承和减振的作用；在发射过程中起导向作用；导弹出筒后，适配器迅速脱离弹体而不影响导弹的气动性能和正常飞行。适配器式发射箱的典型结构如图 4-4 所示。

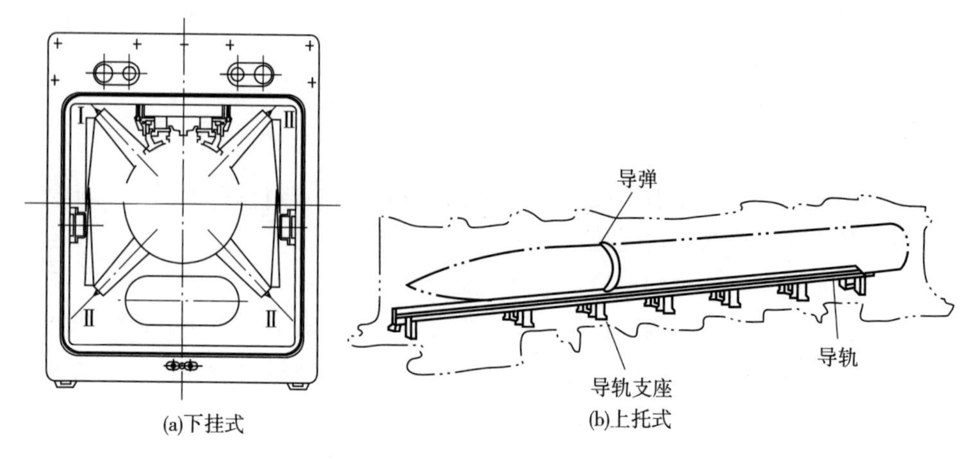

图 4－3　下挂式支承与上托式支承

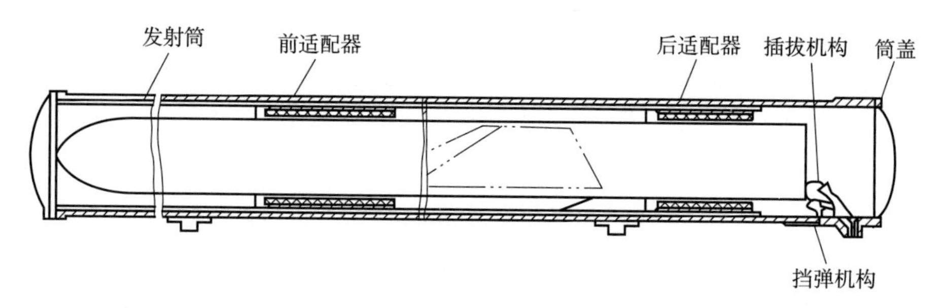

图 4－4　适配器式发射箱的典型结构

（3）混合式发射箱

导弹被适配器和导轨同时支承于发射箱，一般导弹前部使用适配器支承，导弹后部使用导轨支承；发射时适配器和弹上滑块同时滑离，可消除头部下沉的偏差。

一般而言，导轨的支承性与定向性好，可用于重型导弹发射；适配器本身有减振、缓冲和导向的作用，有利于发射箱结构的简化和改善导弹的气动外形，但导弹通常只能不同时离轨；混合式发射箱结构稍显复杂，但可以满足导弹的特殊要求。

六、发射箱的一般设计要求

1）箱体应具有一定的刚度、强度，满足运输和发射状态下各种载荷的作用。

2）保证导弹顺利离轨，悬挂式导弹箱体留有足够的下沉量空间；支承式导弹箱体留有足够的上升量空间，同时还应留有足够的侧偏量空间。

3）开盖迅速、方便、安全、可靠。

4）箱体具有防射频性能。

5）箱体应设有操作窗口、仪表安装接口及电气接口。

6）箱体具有密封性能，可以充干燥空气或惰性气体，保护弹体不受腐蚀。

7）箱体具有一定的隔热能力。

8）箱体应能适应多联装要求。

9）结构简单、紧凑、质量小。

10）工艺性、可维性、经济性好，美观。

第二节　导轨与定向件

在导轨式发射箱中，定向器导轨与导弹弹体上的定向件（也常称为滑块）相互配合，弹体的作用力通过定向件作用在导轨上，然后通过导轨传至定向件本体。发射时导轨用来引导弹体沿一定方向滑行，同时限制弹体跳起或滚动。

一、导轨和定向件的结构形式

导轨一般有 2 条、3 条或 4 条，定向件则有 4 个或 3 个，分别安装在弹体前后两处。具体导轨数量与定向件的数量相互匹配，导轨在定向件本体上的配置如图 4－5 所示。其中，图（a）与图（c）所示为不同时滑离定向件，图（b）与图（d）则为同时滑离定向件。它们分别为三点支承和四点支承。

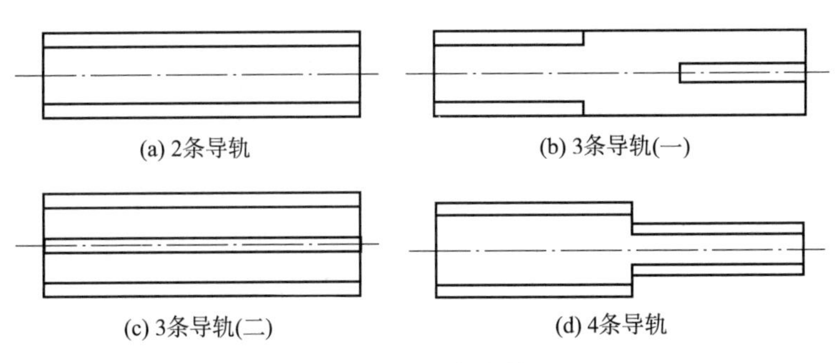

图 4－5　导轨在定向件本件上的配置

导轨与定向件相互配合，共同完成支承、防跳、防滚和导向作用。其装配结构如图 4－6 所示。

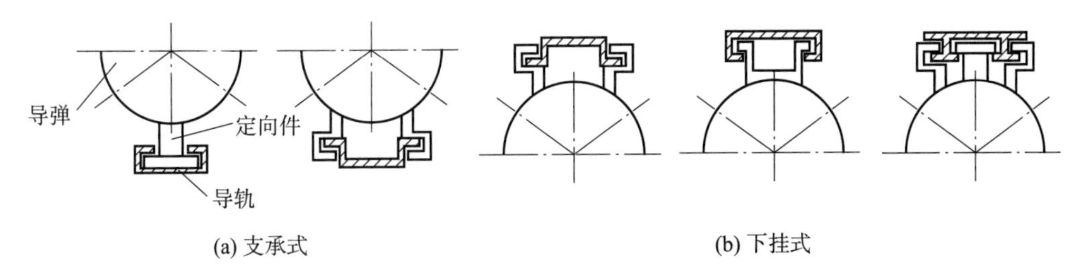

图 4－6　导轨与定向件装配结构简图

对于同时离轨方式，导轨与定向件的结构形式如图 4－7 所示。导轨左、中、右有 4

个滑行面，导弹上有3个定向件，前定向件位于导弹前部，与导轨内侧两个滑行面接触；后定向件为2个，左右对称安装于导弹后部，与导轨外侧两个滑行面接触。导轨呈阶梯状，中间的两个滑行面高于左右两侧的滑行面，贯穿整个发射梁；左右两个滑行面较短。因此，该导轨是不等宽阶梯式同时滑离导轨。

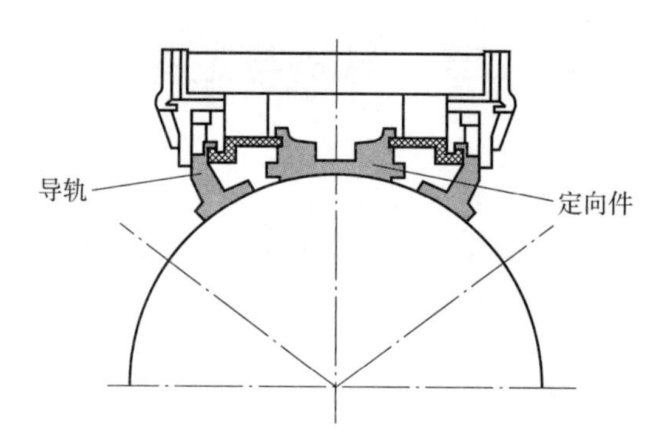

图4-7 同时离轨方式下导轨与定向件结构形式

对于不同时离轨方式，多采用两条导轨平行安装，导弹弹体上安装4个定向件，如图4-8所示。

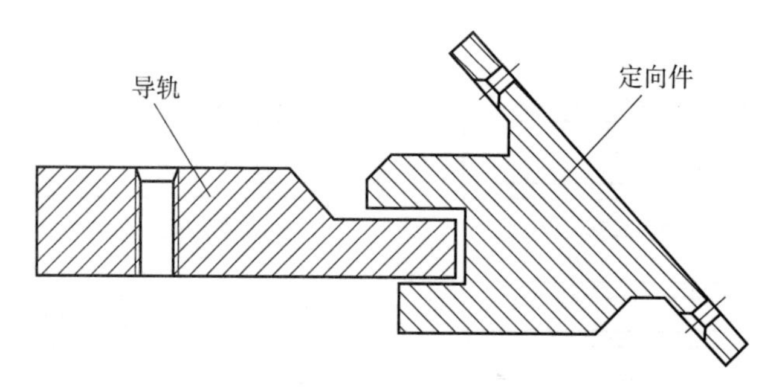

图4-8 不同时离轨方式下导轨与定向件结构形式

二、导轨和定向件的配合间隙

导轨和导弹定向件之间的运动副直接影响导弹在导轨上的运动，对导弹的离轨参数、导弹发射时的动载荷都有较大影响，导轨和定向件之间的配合间隙是运动副的一个重要参数。间隙过大，则影响导弹发射精度和导弹在导轨上的固定；间隙过小，则导弹装入发射箱困难，而且导弹在导轨上的运动可能出现卡滞，不利于导弹的飞行，甚至出现严重事故。因此，导轨与导弹定向件之间的配合间隙要综合考虑，精心设计。

导轨与定向件配合面分为支承面、限制面和导向面，其配合间隙如图4-9所示。支承面用以支承弹体重量，限制面用以防止弹体跳起或滚动，导向面用以限制导弹离轨时的方向误差角。方向误差角的大小可以用静态角误差来表示，包括静态高低角误差和静态方向角误差。

静态高低角误差的大小由下式确定

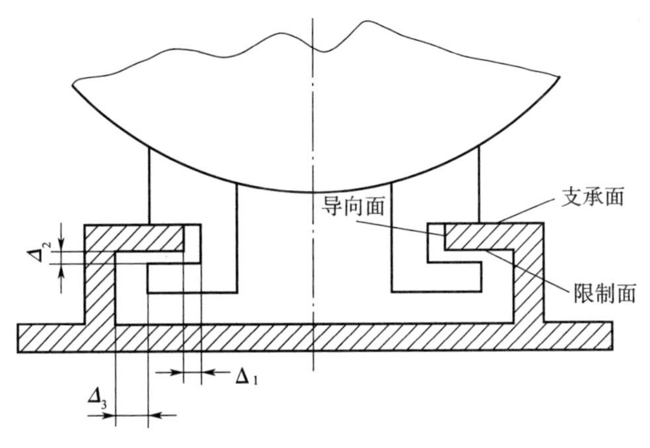

图 4－9　导轨与定向件的配合间隙

$$\Delta\varphi = \arctan\frac{\Delta_2}{S_2} \tag{4-1}$$

式中　$\Delta\varphi$ ——高低方向静态误差角；

Δ_2——上下配合间隙；

S_2——前后定向件之间距离，即支承段长度。

静态方向角误差由下式确定

$$\Delta\psi = \arctan\frac{2\Delta_1}{S_2} \tag{4-2}$$

式中　$\Delta\psi$ ——方向静态误差角；

Δ_1——侧向配合间隙。

在设计时，可取 $\Delta\varphi = 0.30 \sim 0.6$ 密位；$\Delta\psi = 0.3 \sim 0.5$ 密位。在保证弹体滑行时不发生卡滞的条件下尽可能取较小值，当定向件较长时，可取较大值。

三、导轨的一般技术要求

导轨支承面的表面粗糙度可取 Ra 3.2～1.6 μm。为了防止导轨生锈和增加耐磨性，可进行镀铬。定向件则是一次性使用件，为了防止损伤导轨表面，以定向件的支承面表面粗糙度比导轨支承面高一级为宜，但其硬度宜低一些。导轨的支承面和导向面都要平直，但实际中由于加工和安装等因素，导轨表面常存在一定的波纹。为了减少弹体滑行时在垂直导轨面方向的惯性载荷，导轨波纹度 h/λ 一般应小于 0.5/1 000，如图 4－10 所示。

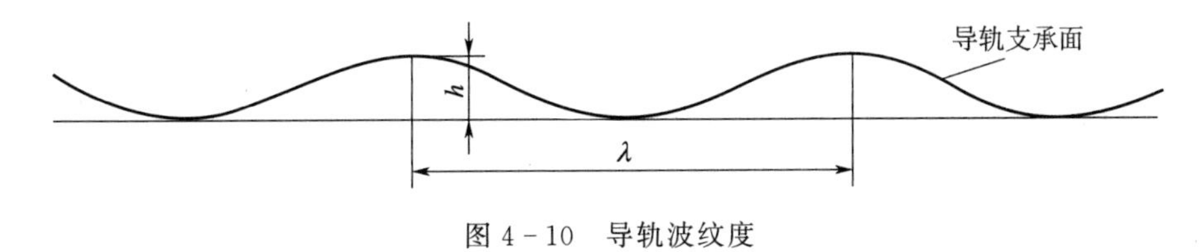

图 4－10　导轨波纹度

在工艺方面，可以先将导轨主坯焊在定向件本体上，然后加工，在加工前应对其进行校直或回火，以防加工后出现扭曲变形。也可先将导轨加工完毕，然后用螺钉等固定在定向件本体上。如导轨较长，可分段加工，然后对接在一起，注意对接处应平滑，不应出现凸凹，否则弹体滑行时将受到冲击产生振动。

第三节 适配器

一、适配器支承的形式与优点

随着飞航导弹结构小型化技术的发展，实现了弹翼、尾翼、舵均可折叠，出现了可伸缩式发动机进气道、易碎式（或抛掷式）密封端盖等项技术后，提出了“最小弹-筒匹配间隙”的技术需求，以进一步减小贮运筒的结构尺寸和质量，满足多联装、垂直发射和水下发射的要求。这样，适配器或适配衬垫的发射应用技术应运而生。图 4 - 11 所示为导弹在发射箱内的适配器支承示意图。

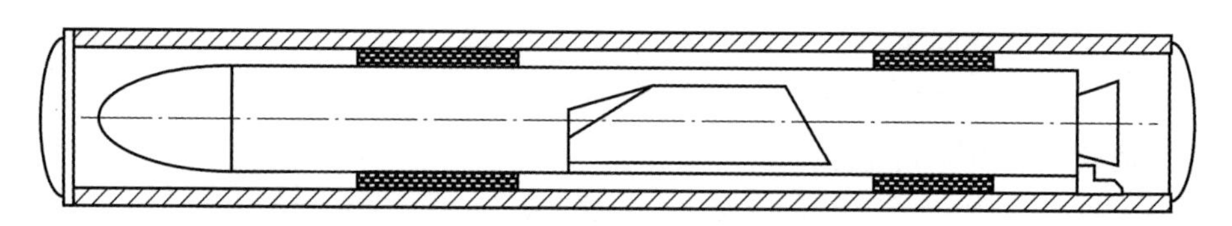

图 4 - 11 导弹在发射箱内的适配器支承示意图

适配器在贮存和运输过程中对导弹起支承和减振的作用；在发射过程中起导向作用；导弹出筒后，适配器迅速脱离弹体而不影响导弹的气动性能和正常飞行。适配器的优点如下：

1）在运输和发射过程中具有良好的减振和导向作用。

2）使发射筒结构紧凑、简单、质量小，并且改善筒体的工艺性。

3）减少了弹体外突出物，改善了导弹的气动外形。

4）防止燃气流倒流，提高发射安全性。

5）适配器加工容易，安装、使用维护方便。

适配器在当前应用非常广泛，大多数战术战略导弹在发射筒中采用适配器。

二、适配器的结构与材料

适配器一般以聚氨基甲酸酯泡沫塑料（聚氨酯）或合成橡胶做本体，本体可设计成有加强筋或蜂巢状的结构；以聚四氟乙烯和海绵板做衬料并与弹簧、定位销等组成复合构件。典型的适配器结构图及 V 形尾适配器如图 4 - 12 所示。

聚氨基甲酸酯泡沫塑料具有良好的抗冲击性，在形变过程中可以有效地阻止多个共振峰的产生，其内部阻尼可以有效吸收振动和冲击能量，而且容易加工成多种复杂形状的零件。聚四氟乙烯可以减小适配器与发射箱箱壁之间的滑动摩擦系数，弹簧为适配器出筒后与弹体的分离提供可靠动力。

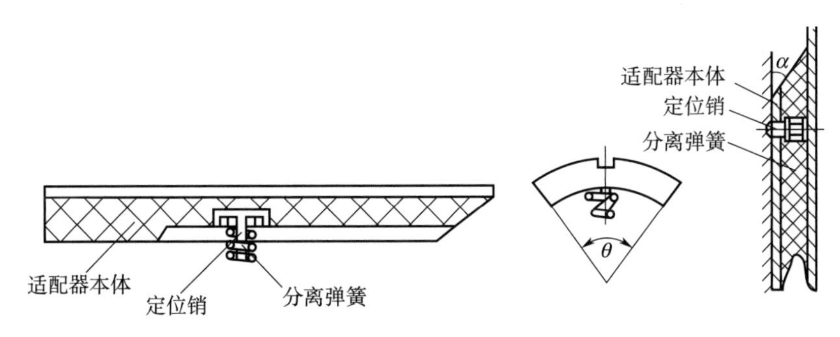

图 4-12　典型的适配器结构图及 V 形尾适配器

前适配器的端面通常倾斜一个角度，可以在分离时利用气动力辅助分离；对于弹射发射的导弹，其后适配器通常设计成 V 形，是为了有良好的密封燃气压力，使之不泄漏到上方，提高燃气的利用率并保护弹体，如图 4-12 所示。图 4-13 所示为导弹的适配器及安装简图。

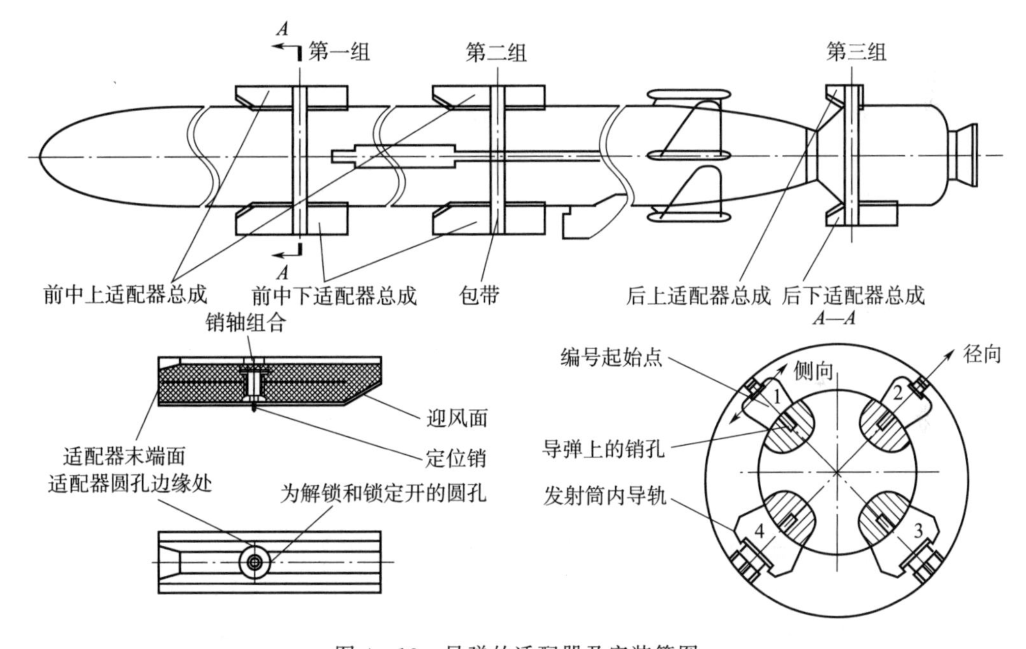

图 4-13　导弹的适配器及安装简图

三、适配器分离

导弹发射时，适配器与导弹一起在筒内运动。当适配器滑离发射筒后，适配器则在分离弹簧的弹力、气动力和自身重力的作用下与弹体分离，并在空中沿着预定的轨迹飞行，而导弹在发动机推力下沿着既定弹道飞行。适配器分离的基本要求是分离时适配器不与弹体、展开中的弹翼、舵等部位相碰撞，并保证有一定的安全距离。

影响适配器与弹体分离的主要因素如下：

1）气动外形和质量。当出口速度一定时，如果气动升力大、阻力系数小，适配器就能获得较大的分离距离；适配器质量小，分离后的飞行运动易受气流干扰。

2）分离弹簧的弹力和分离前贮存的势能。弹力大，适配器分离初始速度就大，分离前贮存的势能多，在分离过程中运动距离也就大。

3）弹簧力作用点与适配器质心的距离。弹簧力作用点的位置影响适配器分离时的运动姿态，应当选择适当。

4）风速与风向。

5）射角。一般来说，增大射角对适配器分离是有利的。

6）适配器出筒时的初始速度。初始速度增大，适配器分离速度加快，有利于分离。

第四节　发射箱箱体

一、箱体功能

箱体是贮运发射箱的主要组成之一，其主要功能如下：

1）为导弹提供机械保护，使导弹免受机械损伤。

2）为导弹提供环境保护，包括湿热、盐雾、霉菌、高温、严寒、雨雪、风沙等自然环境及火焰、冲击、电磁辐射等战场环境。

3）是安装其他机械设备、电气设备的本体。

二、箱体典型组成及结构

箱体由箱壁、法兰、加强筋、支脚、吊环、窗口和仪表座等组成。典型箱体外形结构如图 4－14 所示。

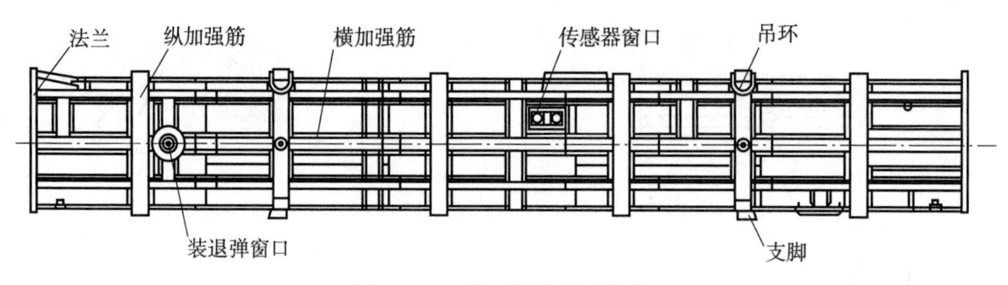

图 4－14　典型箱体外形结构

图 4－15 所示为一种典型双层箱体的剖面图，图 4－16 所示为典型箱体加强筋。对箱体的一般要求如下：

1）具有充分的强度、刚度，满足在运输和发射状态下各种载荷的作用要求；

2）保证导弹顺利离轨；

3）开盖迅速、方便、安全、可靠；

4）具有密封、防射频和隔热性能；

5）便于起吊和支承；

6）操作窗口便于工作；

7）便于安装仪表、电缆，适应多联装要求；

8）结构简单、紧凑、重量轻；

9）工艺性、可维性、经济性好，美观。

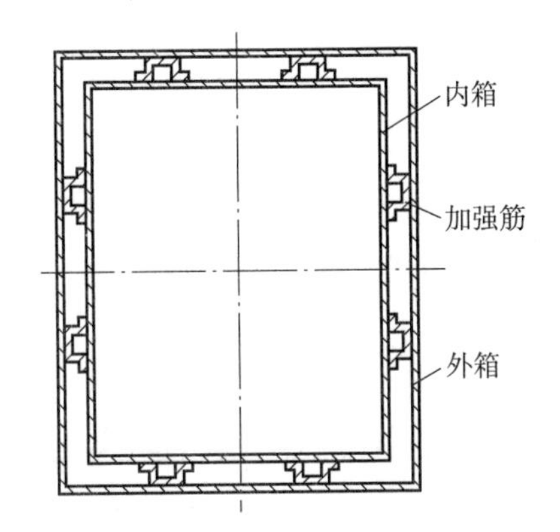

图 4－15　典型双层箱体的剖面图

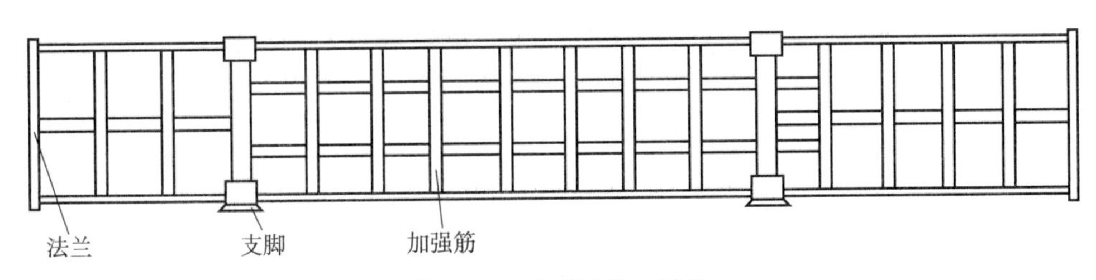

图 4－16　典型箱体加强筋

三、箱体的类型与特点

箱体结构一般来说都是根据导弹的外形特征和使用要求而设计的。其类型有以下几种划分方法：

1）按结构形式可分为长方形箱体、圆柱形箱体和方圆形箱体；

2）按弹翼状态可分为折叠弹翼箱体和非折叠弹翼箱体；

3）按承力方式可分为内筒承力箱体和外筒承力箱体；

4）按材料可分为铝合金箱体和玻璃钢箱体。

目前广泛使用的箱体结构形式多为圆柱形和长方形。圆柱形箱体重量轻，结构简单，箱体截面尺寸小；长方形箱体在多联装时，结构紧凑，占用空间小，便于联装。折叠弹翼箱体可以大大减小箱体截面尺寸和质量，从而成倍增加舰上载弹数量；但是，截面尺寸小，导弹的高温高速燃气流对箱体内壁作用力加大，冲刷、烧蚀严重，因此多采用内筒承力箱体。

发射箱箱体结构类型选择的主要依据如下：

1）导弹的外形、主发动机的类型等特征；

2）战术技术性能指标，包括在舰艇上联装的形式和数量；

3）焊接、装配工艺性好；

4）操作、维护方便。

此外，还要考虑标准化、模块化问题，这是当前发射箱设计的一个趋势。

四、箱体基本结构尺寸的确定

箱体基本结构尺寸包括箱体的外形尺寸，前、后法兰尺寸，窗口盖位置，加强筋的布置，支脚、吊环位置及仪表位置的确定。

(1) 外形尺寸

箱体外形尺寸主要根据导弹外形尺寸确定。应使导弹在发射箱内留有一定的间隙，如图 4－17 所示。间隙的大小与导弹的大小有关，导弹大，间隙相应也大一些，间隙一般在 100 mm 左右，如法国“响尾蛇”导弹，弹长 2.936 m，发射箱长 3.021 m。

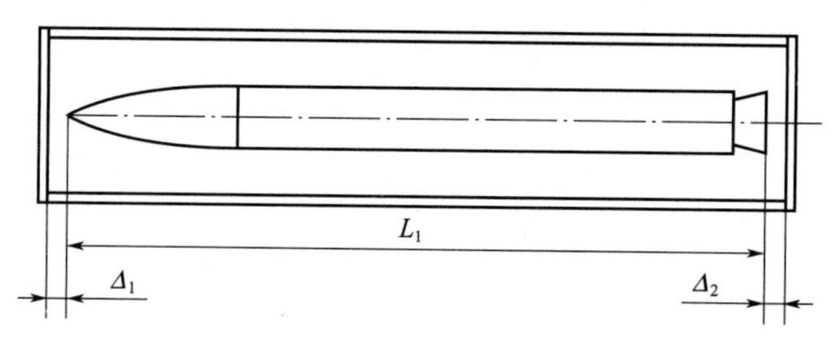

图 4－17 发射箱纵向长度

L_1— 弹长 Δ_1，Δ_2— 导弹与发射箱间隙

箱体内筒截面尺寸是由导弹发射离轨、安全顺利地通过发射箱而决定的。

箱体内筒截面尺寸确定的依据如下：

1）箱体内筒尺寸主要取决于导弹翼展尺寸，如图 4－18 所示。弹翼与发射箱内壁也应留有一定的间隙，防止导弹运动时，尤其导弹离轨瞬间，弹翼碰发射箱内壁。

2）导弹发射离轨时，悬挂式导弹要留出足够的下沉量空间，支承式导弹要留出足够的上升量空间。

3）导弹发射离轨时，留出足够的侧偏量空间。

4）发射梁断面尺寸。

一般情况下，下沉量、侧偏量空间为

$$H_z \geqslant (1.2 \sim 2.0)H$$

$$H_h \geqslant (1.2 \sim 2.0)H_0$$

式中 H_z ——下沉量空间；

H_h ——侧偏量空间；

H ——导弹离轨时的下沉量；

H_0——导弹离轨时的侧偏量。

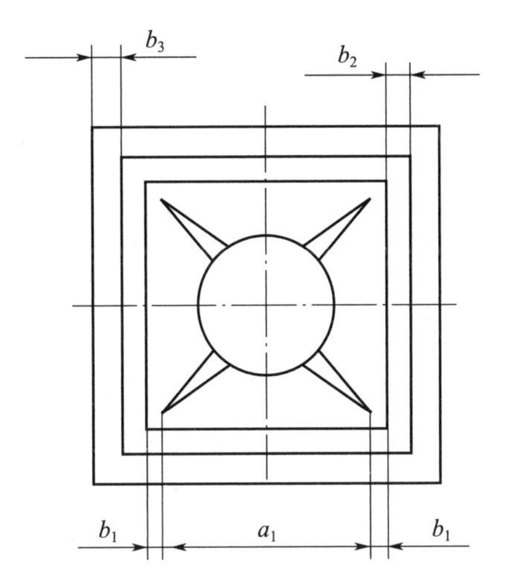

图 4-18　发射箱横截面尺寸

a_1—翼展距离　b_1—翼尖与发射箱内壁间隙　b_2—发射箱保温层厚　b_3—加强框高

箱体外截面尺寸是在内筒尺寸基础上扩展的，扩展的大小取决于舰艇安装空间尺寸的要求，特别是小艇为增加载弹数量，必须限制单箱外形尺寸，以满足总体布局的要求。

(2) 前、后法兰尺寸

箱体法兰与箱盖法兰靠螺栓锁紧保证箱体密封，法兰外形尺寸是在箱体外形尺寸的基础上外扩，以便钻孔，安装紧固螺栓，保证箱体与箱盖的连接。

(3) 窗口盖位置

窗口盖由导弹在发射箱内的位置决定，以便于操作和维护使用。

(4) 加强筋的布置

加强筋的位置及数量由箱体强度和刚度的要求决定。

(5) 支脚和吊环位置的确定

发射箱一般呈 10°～15°安装在发射箱支架上，当导弹点火后在发射箱导轨上滑行，弹、箱合成重心随导弹滑行而变化。前、后支脚的距离应保证在导弹离轨前，合成质心始终落在前、后支脚距离之内，以保证发射箱的稳定性。吊环与支脚在同一加强筋上，这两条加强筋是主要承力构件和传力构件，本身及周围都进行特殊加强，称为加强框。

(6) 仪表位置的确定

为了满足发射箱充气和密封贮存，箱体设置充气嘴、压力表、温度表和湿度指示器的安装接口。仪表安装位置选在箱体后法兰端面上方，在多联装及库房堆放贮存时便于观察和充气操作。

五、箱体材料

发射箱的质量是发射箱设计的主要指标之一。减小发射箱的质量，主要靠发射箱结构的优化设计和合理地选择发射箱的结构材料。

发射箱的材料可供选择的有钢、铝合金和非金属材料玻璃钢，目前多为铝合金。

可供发射箱选用的铝合金有防锈铝、硬铝、锻铝和铸铝等。防锈铝的牌号有5A05、5A06，硬铝的牌号有2B12、2A11、2A12，锻铝的牌号有6A02、2A14，铸铝的牌号有ZL101、ZL104、ZL106等。

防锈铝5A05和5A06是铝镁系合金中强度最高的一种合金材料，它具有高的工艺塑性，同时还有较高的抗拉强度和屈服强度。板材可在退火状态和冷作硬化状态出厂，焊接性好。防锈铝适于做焊接结构和冷模锻零件，如发射箱的蒙皮和蒙皮骨架等。

硬铝合金2B12、2A11和2A12在490～525 ℃淬火和室温（自然）或高温（人工）时效后，热处理强化效果非常显著。耐热性比铝镁系合金高，100 ℃以下硬铝合金低于超硬铝合金7A04，但在高温下，特别是在长期保温时却超过7A04。硬铝合金有形成结晶裂纹的倾向，因此属不可熔焊材料，故焊接性能差。硬铝适合做中等强度的构件和骨架，如发射箱的导轨和加强框等。

锻铝6A02用于制造要求具有中等强度，并在冷状态和热状态中都具有很高塑性的零件，可用于制造在50～－70 ℃范围内工作、形状复杂的零件，如发射箱的各种锻件。

锻铝2A14焊接时有较高的热裂纹倾向，热状态塑性合格，可制造复杂形状的锻件及模锻件，切削性良好，可用作承受高载荷的锻件及模锻件，如发射箱的主框架等。

铸铝ZL101的耐蚀性、力学性能和铸造工艺性能均好，线收缩小，变质处理和不变质处理的铸件均可使用，适于制造形状复杂的砂型、金属型和压力铸造零件。

铸铝ZL104的流动性好，无热裂倾向，气密性好，耐蚀性好，强度高，焊接性能和切削加工性良好，用于制造承受高负荷的大型砂型和金属型铸件，如发射箱的主框架接头等。

铝合金147是国内新研制的一种铝合金，优点是强度高，焊接性好，缺点是接头强度低。这种材料适用于制造大型厚蒙皮的发射箱，蒙皮可作为主要承力构件。

从以上铝合金的性能看，发射箱的蒙皮可以选择防锈铝5A05、5A06和锻铝6A02，发射箱的加强框、导轨、构件等可以选择硬铝2B12、2A11、2A12和锻铝2A14，发射箱承载力大的构件（如主框、支板和拉杆等）可以选择钢和合金钢。

发射箱的材料也可全部是钢材，钢材的发射箱对发射箱的质量要求不严。另外，发射箱采用钢材，成本也比铝合金低一些。因此，美国舰用发射箱就是采用钢材。发射箱的蒙皮是波纹钢板，波纹钢板有助于加强发射箱蒙皮的刚度。

发射箱的材料也可用非金属材料玻璃钢，玻璃钢比强度高，因此可以减小发射箱的重量。玻璃钢发射箱的形状一般是圆形，圆形容易施工。玻璃钢发射箱工艺性比较复杂，生产成本也比较高。国内已研制出了玻璃钢发射箱，并做了发射试验。

第五节　箱盖及开盖机构

（1）箱盖的重要性与设计要求

箱盖是贮运发射箱的重要部件，对导弹的贮存寿命、使用维修性能、发射时的反应时间和可靠性有着直接影响，所以人们非常重视箱盖的设计，在研制中往往作为关键部件专门研究。对箱盖的要求总体上可以归纳为以下两点：

1）关得住——箱盖关闭时，有一定的强度与刚度，防止导弹遭受机械撞击，有良好的气密性能和隔热性能；对电磁场有屏蔽作用。

2）打得开——开盖方便、可靠，不能给导弹的发射带来不利的影响。

（2）箱盖的结构形式

目前在导弹发射箱中应用的箱盖有下列各种形式：

- 盖体材料
  - 金属（钢或铝材）
  - 非金属
    - 玻璃钢
    - 工程塑料
  - 金属和非金属复合材料
- 开盖方式
  - 机械式
    - 电动机构
    - 液压机构
  - 爆破式
    - 爆破索（破碎或整体抛掷）
    - 爆炸螺栓（整体抛掷）
  - 易碎式
    - 弹头冲破
    - 气流冲破
- 屏蔽方式
  - 铝箔
  - 铜网
- 密封方式
  - 充气胶囊
  - 橡胶圈
- 法兰材料
  - 钢材或铝材
  - 玻璃钢

①机械式箱盖

前、后盖一般用金属材料制成，用电动机或液压机构开关盖。优点是开关盖可靠，可多次使用；缺点是机构复杂，需要把液压缸或电动机安装于发射箱中，占用空间较大，质量大。

②抛掷式箱盖

用外力把整个盖子抛出，抛出的力有两种：

1）箱内气体压力。箱盖用爆炸螺栓与箱体法兰相连，发射时电点火器点燃爆炸螺栓中的火药将螺栓炸断，在箱内气体压力的作用下箱盖被抛出。

2）火药气体压力。在箱盖法兰处装有炸药索，发射时引爆电爆管，从而点燃炸药索，在盖体与法兰间产生火药气体，使箱盖沿法兰破裂整体抛出。

③易碎式箱盖

易碎式箱盖在发射时要靠外力作用破裂成块。有的碎成几大块（4 块或更多一些），有的破成小碎块，这由发射要求而定。破裂外力有的是火箭头部撞击的结果，有的则由埋于箱盖中的炸药索爆炸产生，撞击形式最简单。这种方案的优点如下：

1）易碎式箱盖的前盖由火箭头部冲开，后盖由发动机的燃气流吹开，既简化了发射程序，又省去了一套开盖机构，结构简单，质量较小，可靠性也提高了。

2）箱盖打开或关闭对相邻弹都无影响。

3）具有防潮、隔热和自熄等性能。

4）制造方便，成本低，适于批量生产。

一、机械式箱盖

盖体一般由本体、耳轴座及密封件组成。箱盖上有密封沟槽，以安装密封件。密封件通常选用密封橡胶圈或密封充气胶囊。在贮运过程中，盖与本体用普通螺栓固定，压紧密封件，从而保证气密。

在战斗值班状态，用爆炸螺栓固定，爆炸螺栓保证待发射的箱盖去掉紧固螺栓后仍然关闭，并压紧密封件保持密封。爆炸螺栓可选用定型产品。

机械式开盖可以采用液压缸、电动机等作为动力。图 4－19 所示的开盖机构由电动机、顶杆、铰接销、耳轴座及紧固螺栓等组成。电动机直接输出直线运动，推动顶杆伸出或回缩，使箱盖打开或关闭。

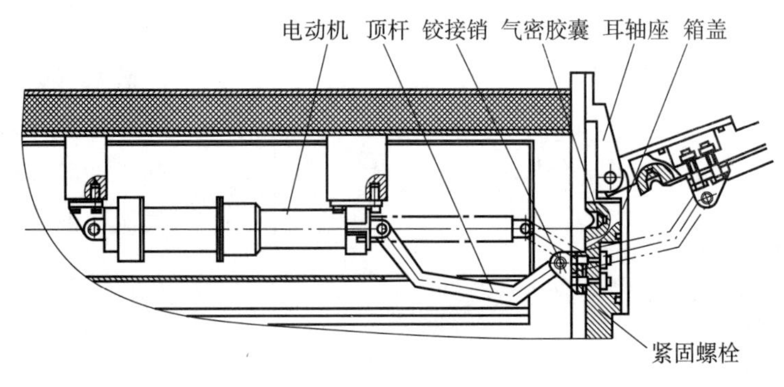

图 4－19　机械式开盖机构

开盖动作：待机发射时，接到点火指令后，发控系统使爆炸螺栓炸断，随后起动电动机，使推杆向前移动，将箱盖迅速打开，直至箱盖到位，电动机自动断电。箱盖打开速度即推杆移动速度，由于开盖的阻力不大于电动机的额定载荷，所以开盖速度不小于额定速度。

关盖动作：用电动机自动将箱盖抬起。电动机构推杆收回到位，箱盖也关到位，电动机自动断电，随后用爆炸螺栓固定。若进入贮运状态，应拧上全部紧固螺栓，使发射箱保持完好的长期贮存的气密状态。

二、易碎式箱盖

（1）设计要求

1）导弹头部冲碎，不损伤导弹；

2）密封，不透气性好；

3）有足够的强度，能承受运输中的冲击振动，能在 50 kPa 相对气压的作用下正常工作；

4）能承受邻近发射箱导弹发射时燃气流的作用；

5）具有电磁屏蔽性能；

6）具有耐腐蚀、耐老化、耐高温和自熄性能。

（2）结构形式

易碎式箱盖的结构形式较多，有平面形、圆锥形、半球形和半椭圆形等。易碎式箱盖的结构形式是其研制的关键内容之一，不同的结构形式，对振动、耐气压以及冲碎性能的要求不同。尽管有不同的结构形式，但为了保护导弹头部，尽量减少导弹头部与易碎式箱盖的撞击力，在易碎式箱盖顶部内壁有一个环形沟槽。

①单层结构易碎盖

单层结构易碎盖可选用一种适当强度的聚氨酯泡沫塑料，模压成适于镶嵌在发射箱口上的前盖，并通过一个金属框架固定在发射箱上，金属框架是由轻金属材料制成的。例如铝合金制成方框，形状与盖相同，但尺寸稍大，框架四边内侧有角形构件，正好同盖的外缘直角相配合；箱盖框架凸耳上有孔，螺钉通过此孔将箱盖固定在发射箱上。此时盖外表面突出的铝膜与铝角形构件密切配合，构成一个光滑封闭的平面，保护导弹免受电磁辐射的影响。对这样一种形式的易碎盖，为了使盖易于破裂，还可在盖上做出适当形状的沟槽，沟槽的截面形状一般为等腰直角三角形或者等边三角形，如图 4－20 所示。

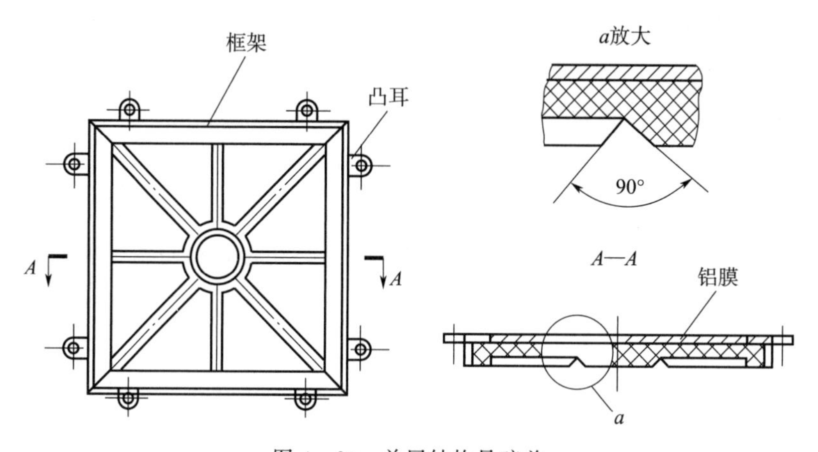

图 4－20　单层结构易碎盖

②带有加强筋的易碎盖

单层聚氨酯泡沫塑料易碎盖在强度上差一些，不适用在较高压差的发射箱上，因此提出用易碎玻璃钢加强筋加强易碎盖的方法，将聚氨酯泡沫塑料安装在玻璃钢加强筋上，如图 4－21 所示。在塑料盖的外表面装有爆炸索，该爆炸索按 S 形走向绕盖一周，如图 4－22 所示。当爆炸索爆炸时，把盖分成两个半圆部分，同时玻璃钢加强筋炸成很小的粒状。这样在导弹出箱时，就不会受到塑料盖和玻璃钢加强筋的阻挡。不过，对于爆炸索来说，炸药威力必须达到足以将塑料盖和玻璃钢加强筋炸碎，而又不损坏导弹。

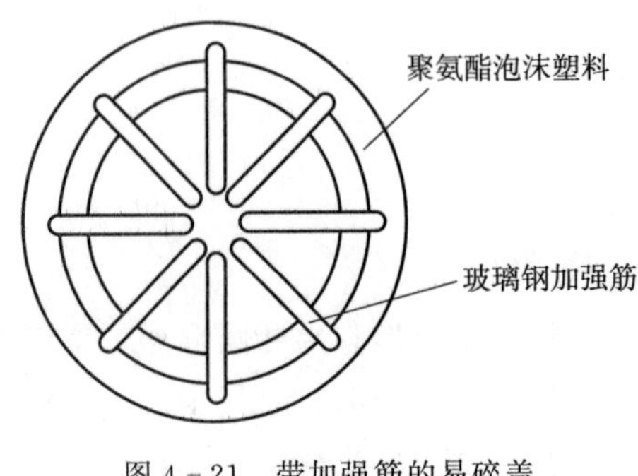

图 4-21　带加强筋的易碎盖

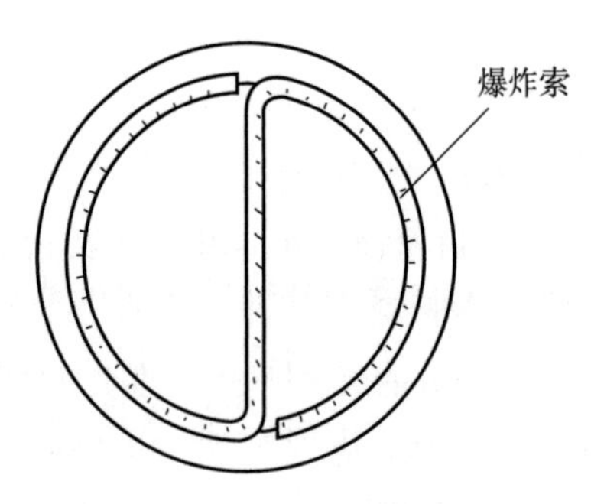

图 4-22　爆炸索易碎盖

有加强筋的易碎盖虽比单层易碎盖能承受大的压差，但是结构复杂，制造难度大，价格也高。为了避免用爆炸索炸碎易碎盖，出现了一种多层易碎盖。

③多层易碎盖

多层易碎盖制造简单，密封性好，能承受箱内外大的压差。同时导弹发射时，只需弹头加给集中于盖上中心点的少许压力，就可将其撕破，而且会产生连环的碎片，对导弹的阻力很小，因此导弹通过十分安全。

多层结构易碎盖最简单的一种是双层易碎盖，每层是一块浸渍环氧树脂的玻璃纤维布，环氧树脂用来把两层玻璃纤维布黏结在一起，加工成盖。玻璃纤维布在互为垂直的经线和纬线两个方向易于撕裂，而在其他方向不易撕裂。利用玻璃纤维布的这种特性，再加上每层上的刻痕设计，人们可以做到，当两层叠加起来时，可使一层上的刻痕与另一层的撕裂方向相重合，从而达到易碎盖撕裂线的控制。图 4-23 给出了双层易碎盖的两个层，虚线表示易于撕裂的经线和纬线，实线表示刻痕，两层叠加起来，一层上易于撕裂的经线和纬线便同另一层上的刻痕相重合。当导弹发射时，盖的中心处受到导弹头锥的碰撞，撕裂便从这一点开始，沿径向向外发展到每个三线交点，然后分别向两个相互垂直的方向发展，到盖的边缘。

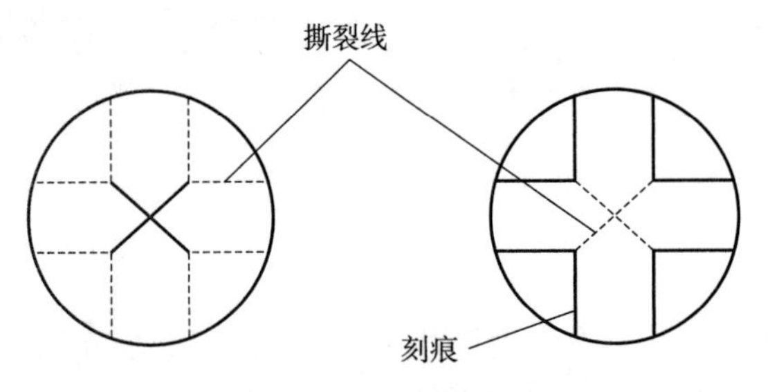

图 4-23　双层易碎盖

为了保护箱内导弹免受外部高温燃气流的影响，可在盖的外表面上加上一层厚度为 0.254 cm 的泡沫橡胶薄膜，这层薄膜应由多层拼合而成，使得拼合线同双层易碎盖的撕裂线和刻度线相重合，以便不影响盖的撕裂。此外，为了防止箱内导弹受外界电磁辐射的影响，还可在盖的内表面加一层厚度为 0.007 62 cm 的铝薄膜，使其与双层盖的内表面相贴合。

由两个玻璃纤维编织层、一个泡沫橡胶防热保护层和一个铝薄膜电磁辐射保护层组成的上述易碎盖，通过一个安装框架就可以安装到导弹发射箱的箱口上，而且报废后，拆卸和更换也相当容易。

上述由两层玻璃纤维层构成的易碎盖只是一个最简单的例子，当然多层也未尝不可。美国“爱国者”发射箱的前盖就是冲破式，其结构和工艺比较复杂。前盖是多层玻璃纤维经固化后黏结到正方形框架上，框架由 1 010～1 020 号低碳钢（相当于 10～20 钢）焊接而成。前盖外表面硫化一层硅橡胶薄膜，以免受外界环境的热影响和邻近导弹发动机燃气流所产生的碎片的冲击。前盖框架后面覆盖有橡胶层，以保证完善的防潮密封。前盖内表面贴一层隔离电磁辐射的铝箔，再贴层柔软的聚氨酯泡沫塑料隔热层。前盖用螺栓固定在箱体的前框架上。

三、抛掷式箱盖

法国“响尾蛇”发射箱前盖采用的是抛掷式箱盖。发射箱前盖为高 655 mm 的锥形铝合金旋压件，壁厚为 1.2 mm，形状与导弹的头部相适应，以减小前盖的尺寸和质量，如图 4 - 24 所示。前盖用爆炸螺栓连接在发射箱上，爆炸螺栓的结构如图 4 - 25 所示。在发射时，点火电路接通，内部炸药点燃爆炸，剪断了剪切销，使螺栓分成两部分，在爆炸力和箱内压力的作用下将前盖抛出，以让开导弹的飞行弹道。

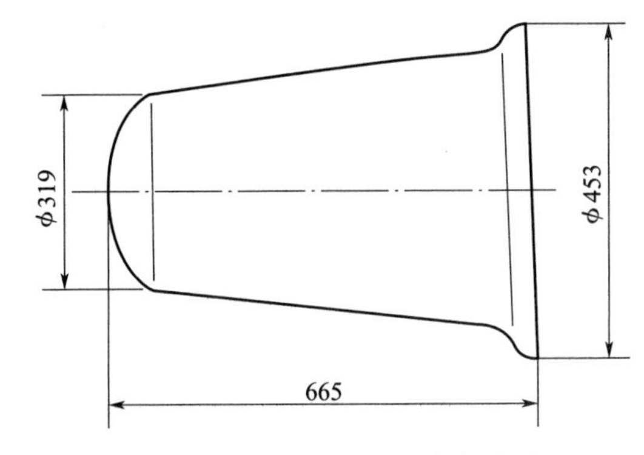

图 4 - 24　“响尾蛇”发射箱前盖

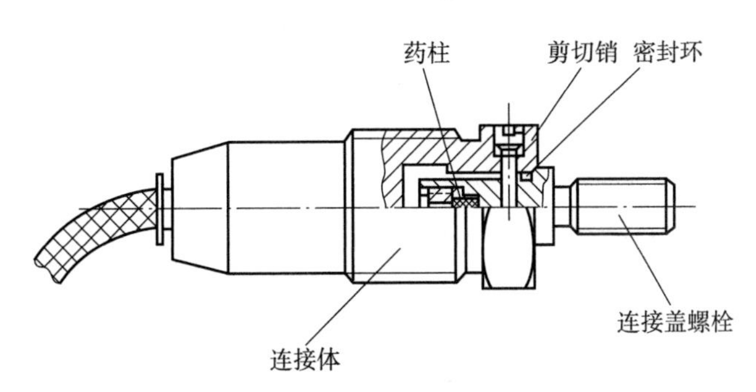

图 4 - 25　爆炸螺栓的结构

前盖开关结构如图 4－26 所示。它安装在发射箱侧板的前部，在常态下，前盖安装好，开关控制机构的拉绳与前盖相连，同时插销到位，压板由斜柱销和滚珠固定，如图 4－26 中实线位置，微动开关断开，发动机点火线路不通。发射时，前盖抛出，插销拔出，斜柱销释放压板，压板在弹簧的作用下转到图 4－26 中双点画线位置。压板压住微动开关，使其接通导弹发动机点火电路。如出现故障，前盖未抛出，电路不会接通，前盖开关起保险作用。

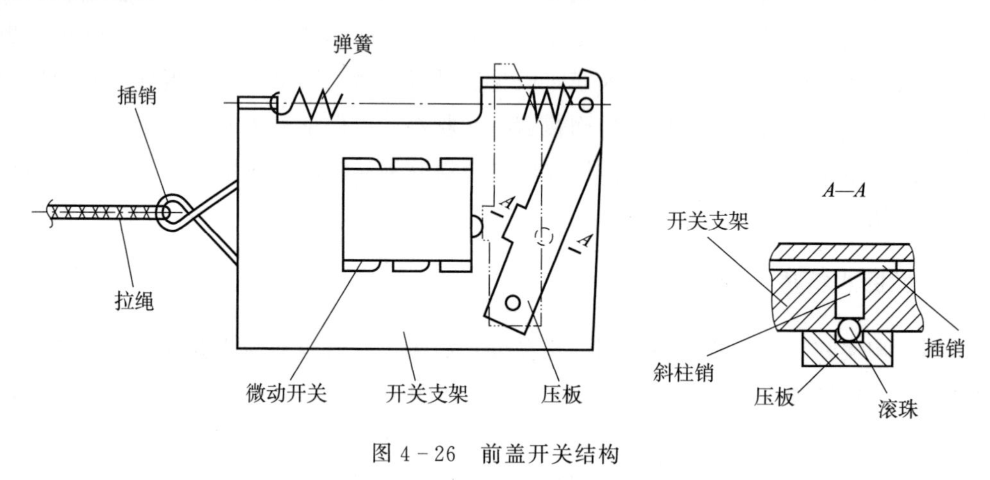

图 4－26　前盖开关结构

前盖设计中一定要注意连接部位的密封，密封不好，达不到发射箱密封要求。“响尾蛇”发射箱前盖与箱体的密封如图 4－27 所示。发射箱与箱体之间是通过 O 形密封圈来密封的。爆炸螺栓与前盖的连接处有橡胶垫和垫圈，以便密封。爆炸螺栓的螺母是特制的，在装前盖时，螺母的拧紧力要适当，最好用限力扳手，因为拧紧力过大，可能会把橡胶垫压坏，并使前盖变形，发射箱就不能密封。通过拧紧螺母，使发射箱前盖与箱体压紧 O 形密封圈，发射箱与前盖密封。

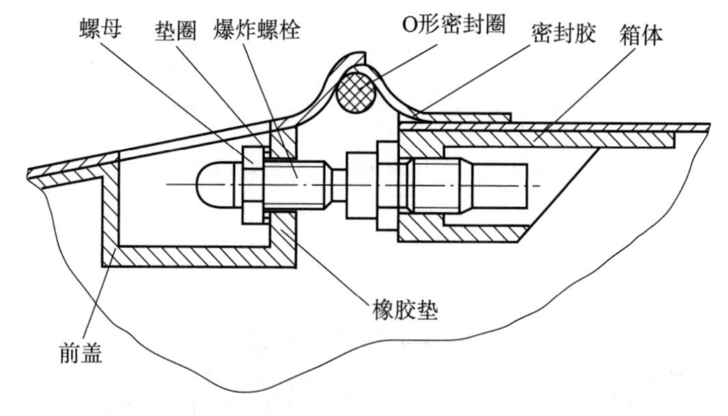

图 4－27　“响尾蛇”发射箱前盖与箱体的密封

第六节　闭锁挡弹器与减振器

一、闭锁挡弹器

闭锁挡弹器用于在发射前和行驶时将导弹锁定在导向梁上，保证导弹处于所要求的位置，避免在外力的作用下产生移动，并保证插头机构可靠工作。

闭锁挡弹器的工作要确实可靠，闭锁力的大小应保持在所要求的范围内，确保弹体在发射时处于所要求的位置，以便使电分离插头能顺利接通电路，在发射时能自动开锁，不允许对弹体产生不良影响。另外，还应使装填和退弹操作方便。

闭锁挡弹器的结构形式较多，需要根据导弹和导向梁的结构特点、使用条件以及导弹发射离轨的要求来综合考虑。按其结构特点可分为固定阻铁式、活动阻铁式（单向或双向）、抗剪销式和摩擦式等，按其开锁动力可分为自力开锁式和外力开锁式两种。自力开锁是指由火箭或导弹发动机的推力作用而开锁；外力开锁是指由弹体外部专用装置提供的气压、电爆管、机械力等作用力而开锁。

（1）活动阻铁式闭锁挡弹器

活动阻铁式闭锁挡弹器在实际中应用较多，有单向、双向独立式和双向组合式 3 种。它们的特点一般是在弹簧力的作用下用阻铁将弹体挡住，限制弹体处于发射前所要求的位置。

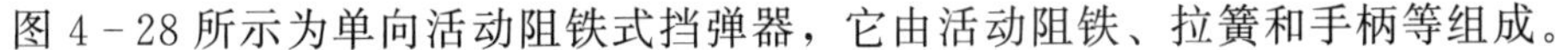

图 4 - 28 所示为单向活动阻铁式挡弹器，它由活动阻铁、拉簧和手柄等组成。

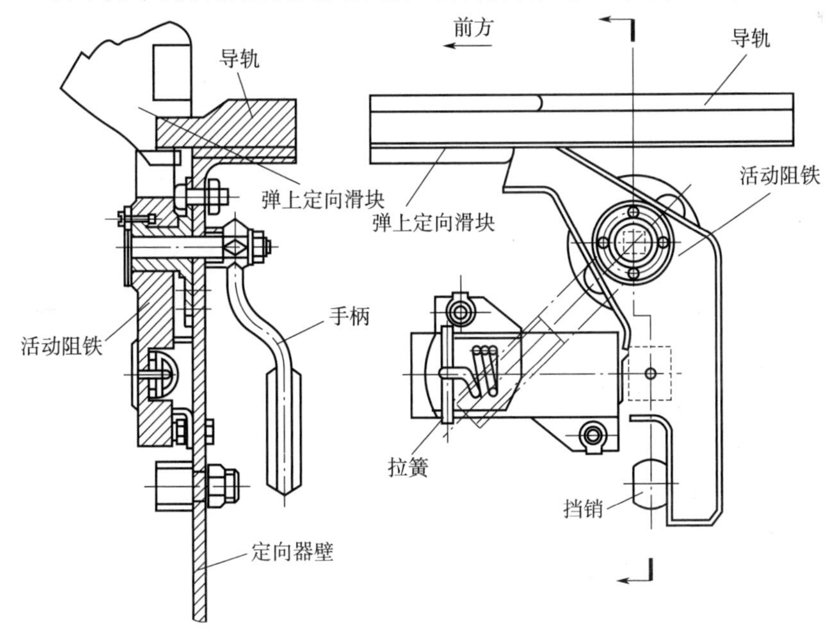

图 4 - 28　单向活动阻铁式挡弹器

导弹从定向器后方装填，在装填时弹体上的定向滑块首先推动活动阻铁向下方转动，这时弹簧被拉伸。当定向滑块通过阻铁后，在拉簧的作用下，活动阻铁立即返回原位，并将弹体挡住，不允许弹体向后滑动，即起到闭锁挡弹的作用。

发射时，弹体在发动机的推力作用下向前运动，这时阻铁不起作用；退弹时，以人力使阻铁向下转动，使它处于解脱状态，弹体向定向器后方退下。图 4－28 所示结构较简单，且只能单向挡弹。

图 4－29 所示为独立式双向闭锁挡弹器简图。其特点是采用前后两个独立阻铁，分别限制导弹的向前和向后运动，闭锁力由弹簧提供。

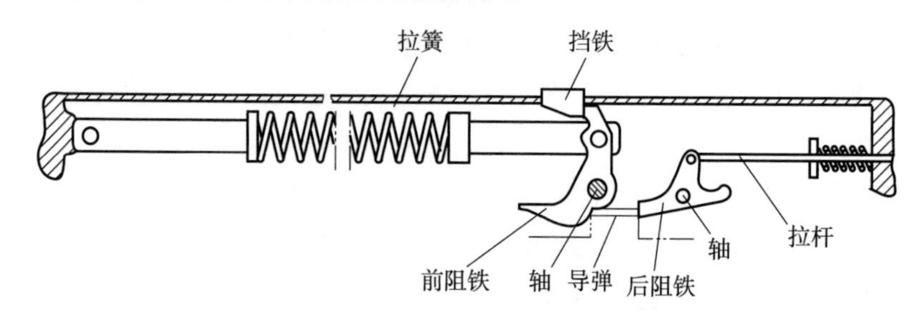

图 4－29　独立式双向闭锁挡弹器简图

图 4－30 所示为双向组合式闭锁挡弹器简图。其特点是采用一个双向活动阻铁同时限制导弹的向前和向后运动，闭锁力由弹簧提供。

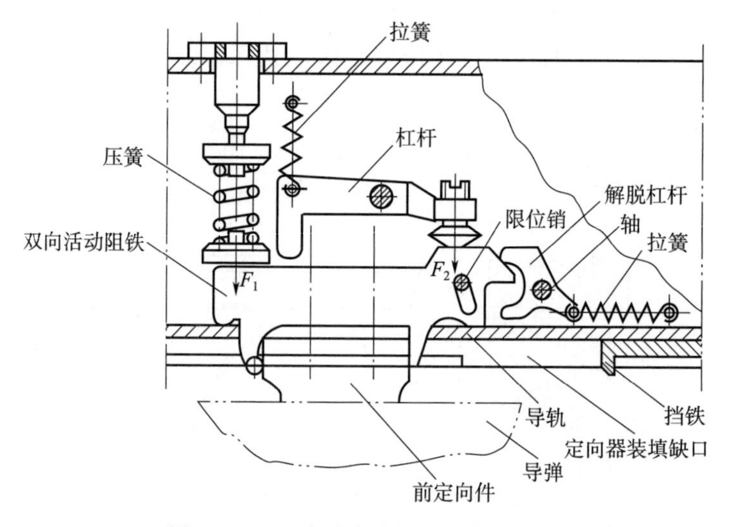

图 4－30　双向组合式闭锁挡弹器简图

(2) 抗剪销式闭锁挡弹器

抗剪销式闭锁挡弹器用抗剪销锁住导弹，当发动机或助推器推力达到一定值时，将抗剪销剪断，导弹开始运动，如图 4－31 所示。

抗剪销所受的剪切应力、压应力为

$$\tau=\frac{2T}{\pi d^2},\sigma=\frac{T}{db} \tag{4-3}$$

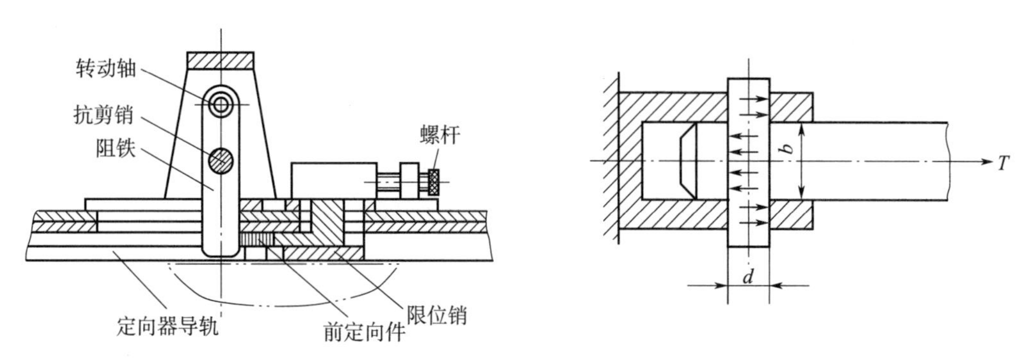

图 4-31　抗剪销式闭锁挡弹器及抗剪销受力简图

式中　T——闭锁力；

σ——压应力；

τ——剪切应力；

d——抗剪销直径；

b——抗剪销的有效长度。

$$d=\sqrt{\frac{2T}{\pi\tau_b}}\ ,b=\frac{T}{[\sigma]d} \tag{4-4}$$

式中　τ_b——抗剪极限；

$[\sigma]$——挤压许用应力。

与抗剪销闭锁挡弹器相类似的是拉断式挡弹器，将拉杆一端固定在导弹上，另一端固定在导向梁上。导弹点火移动时，克服拉杆的拉力，把拉杆拉断而发射，所克服的拉力为闭锁力，如图 4-32 所示。

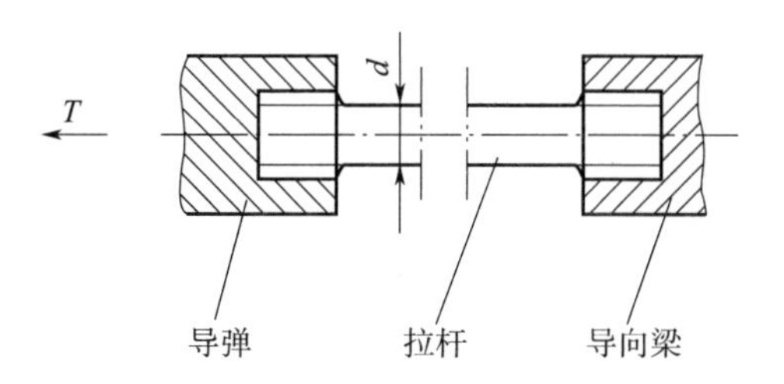

图 4-32　拉杆的受力

拉杆所受的拉应力为

$$\sigma=\frac{4T}{\pi d^2}\ ,d=\sqrt{\frac{4T}{\pi R_m}} \tag{4-5}$$

式中　d——拉杆直径；

R_m——抗拉强度极限。

（3）外力开锁式闭锁挡弹器

外力开锁是指导弹自身的动力不能安全提供解锁力来解除闭锁挡弹器对导弹的锁定，必须由外部装置提供专门的解锁力来解除锁定。常用的外部解锁力由高压气体、电爆管、电动机和燃气作动筒等提供。

图 4－33 所示为外力开锁挡弹器示意图。挡铁垂直状态挡住导弹前定向件，此时拉杆插入支架，挡铁被固定住；发射时，电动机起动，将拉杆回缩，挡铁在导弹前进推力的作用下可绕转动轴转动，从而让开了导弹的前行。

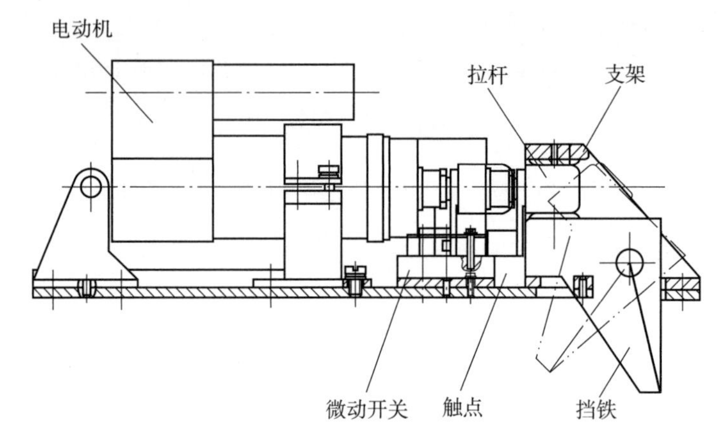

图 4－33　外力开锁挡弹器示意图

(4) 闭锁力的确定原则

对不同的导弹和不同的发射方式，闭锁力的确定原则是不同的，一般有以下几种情况：

1) 车载导弹发射装置带弹行军时，闭锁力的大小应保证导弹可靠地固定在定向器的一定位置上，以防在载车起动（加速)、制动（减速)、急转弯（离心力)、振动和摇摆等情况下导弹产生移动或跳动。

2) 对舰载导弹发射装置来说，通常是在航行时载弹，在确定闭锁力时应保证在舰艇摇摆、加速或减速行驶时导弹固定不动，即在最不利的航行条件下导弹在定向器上不产生移动和跳动。

3) 对机载导弹发射装置来说，闭锁力的大小应保证在载机起飞、机动飞行和拦截着陆时导弹要可靠地固定在定向器的一定位置上。

4) 对主发动机推力较小的导弹，发射时要求主发动机首先点火，工作正常时再点燃助推器，以保证导弹正常起飞。此时，闭锁力的值应大于主发动机的最大推力，而应小于助推器的低温推力。

5) 在发射时，闭锁挡弹器必须能够承受在最大射角下导弹的下滑力。当导弹较重时，其重量分力（下滑力）常常是较大的。

6) 对联装发射装置来说，闭锁力的大小还应能保证在相邻导弹燃气流作用下不使导弹移动和跳动。

7) 在一般情况下，发射时的闭锁力既限制导弹起动的闭锁力不宜过大，以防止开锁时产生较大的激振影响发射精度；同时，又为了保证导弹在发动机点火后燃烧处于正常的条件下，即保证推力达到一定值时再起动（开锁），一般取闭锁力为推力的 1/3 左右。但在定向器导轨较长时或者射角很大等特殊条件下，闭锁力可取小一些，有的甚至不设置限制导弹向前滑的闭锁挡弹器，而只有防止向后滑动的挡弹器。

闭锁力一般取使用条件中的最大值，并取一个安全系数 n，一般 $n=1\sim1.5$。应当指出，单纯采用提高闭锁力的方法来增加导弹的滑离速度是不适宜的。

二、减振器

减振器在发射箱带弹运输过程中，缓冲并吸收导弹受到的振动和冲击，确保导弹的安全。发射装置中的减振装置通常采用消极隔振原理，在发射梁和导弹支承结构间，设置减振器，减小发射箱振动对导弹的影响。

（1）隔振形式的选择

在减振装置设计中，首先根据导弹与发射箱外形、质量和结构的特点，选择消极隔振的形式，一般分为以下 3 种类型：

①支承式消极隔振（图 4-34）

支承式消极隔振的结构形式简单，是普遍采用的一种形式。

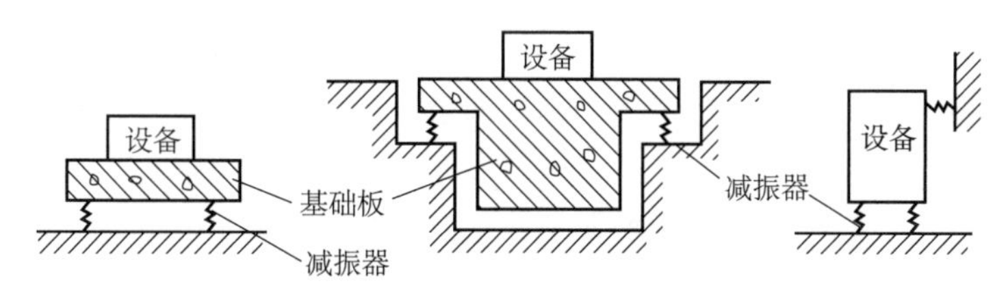

图 4-34　支承式消极隔振

②悬挂式消极隔振（图 4-35）

悬挂式消极隔振的形式应用于各方向水平刚度小、振动频率低的设备。

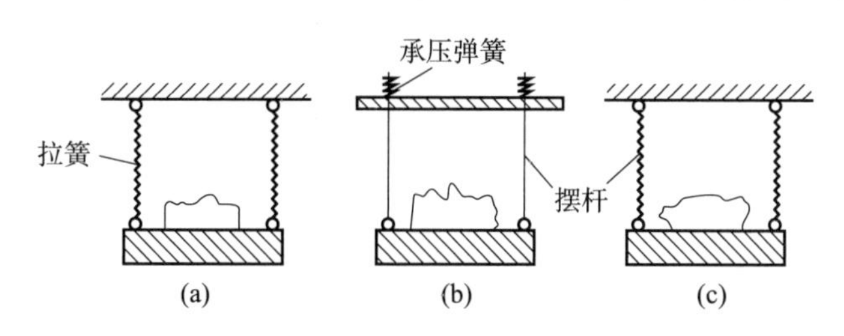

图 4-35　悬挂式消极隔振

③振子式消极隔振（图 4-36）

（2）减振装置设计布置原则

1）确定减振器位置时，各支承点的布置应对称于设备质心，使各减振器受力匀称，防止耦合振动的现象出现。

2）安装在同一设备上的减振器必须平衡，使各减振器的变形一致。

3）安装基准面要水平，减振器与设备（或机架）下表面连接高度要一致，其水平误差要符合各种型号减振器的要求，保证每个减振器的承载（变形）和自振频率一致。

4）对质心过高的设备，除防止耦合振动外，还要保证设备的稳定，防止晃动。必要

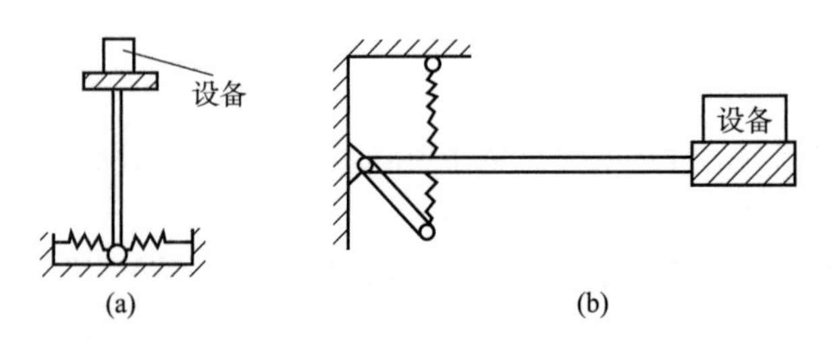

图 4-36 振子式消极隔振

时，应加大机架质量，使体系质心下降；对立柜式设备，在其侧背设置铰接连接形式。

5）保证隔振体系具有足够的阻尼。在消极隔振的设计中，为了获得良好的隔振效果，往往将隔振体系的自振效率设计得较低。这时，偶然激发的隔振体系的自由振动衰减很慢，因此，低频自由振动不易消失。为了加快低频自由振动的衰减，必须保证隔振体系具有足够的阻尼。为此，除了合理选择减振器外，必要时，要采用阻尼器。

（3）减振器数量的确定

在满足减振装置设计布置的原则上，根据设备的质量来确定减振器的数量，但必须保证所选用的每个减振器的实际承载值小于额定的最大静载值，实际使用时的压缩量小于允许压缩量。

在实际工程设计中，所选择的减振器参数不能满足隔振设计要求时，空间较大适宜布置，可以增加其数量；空间紧张，不宜增加数量，只有选择不同型号、不同规格的减振器，或采用不同组合形式来满足要求。

（4）减振器的选择

选择减振器时，应根据隔振体系总质量、振源的特点及参数、减振指标、安装空间和布置数量，结合使用环境条件和寿命要求，选取不同材料的减振器。一般橡胶减振器的工作温度范围为−5～50 ℃，寿命在正确使用和维护条件下为 3～5 年；相比而言，金属减振器使用环境更广泛，寿命更长。

第七节 发射箱的隔热和气密

一、发射箱隔热

（1）隔热设计必要性及基本要求

由于发射箱和外界环境存在温度差，它们之间必然发生热传递，并表现为箱内温度的升降。夏天，高温日照会使箱内温度升高；冬天，箱内温度又变得太低。为了保证导弹电子设备及发动机正常工作，一些导弹要求发射箱在外界温度变化时，箱内温度仍能保持在一定范围内。为此，发射箱中需要设计隔热结构，以减少温差引起的热量传递，保证箱内温度变化尽量小。有的还需要设计专门的调温装置，以补偿内外交换的能量。

隔热设计的基本要求如下：

1）隔热性能满足总体要求。

如规定环境温度为 40 ℃时，制冷装置在停止工作 1 h 后，发射箱内的温升不大于 2～3 ℃；或规定环境温度为－40～50 ℃时，箱内温度为－25～40 ℃。前者要求在一段时间内有良好的隔热效果，而后者要求长期保持一定的温度。

2）应具有较高的强度。

3）应具有一定的使用寿命。

4）不影响发射箱的操作使用，不过多增大重量与成本。

（2）隔热层和隔热材料

热量传递是一个复杂过程，有 3 种基本方式：热传导、热对流、热辐射。热传导是相互接触而温度不同的物体之间的热传递现象；热对流是温度不同的流体各部分之间流动时的热传递现象；热辐射是温度高于绝对零度的物体将自身热能转化为辐射能的热传递现象。处于高温日照下工作的导弹发射箱，是热辐射、热传导、热对流三者的综合传热过程。在隔热设计时，选用单一的隔热材料和隔热层往往难以达到满意的隔热效果，可设计成复合隔热结构，利用不同材料组合达到设计要求。图 4－37 所示为典型的复合隔热结构：在外筒外表面涂隔热性能好的隔热胶，随后再选用高反射率、低吸收率涂料涂在最外面，形成防辐射层；在外筒和内筒之间灌注发泡的泡沫塑料，形成隔热层。这样的结构对高温日照有很好的隔热效果。

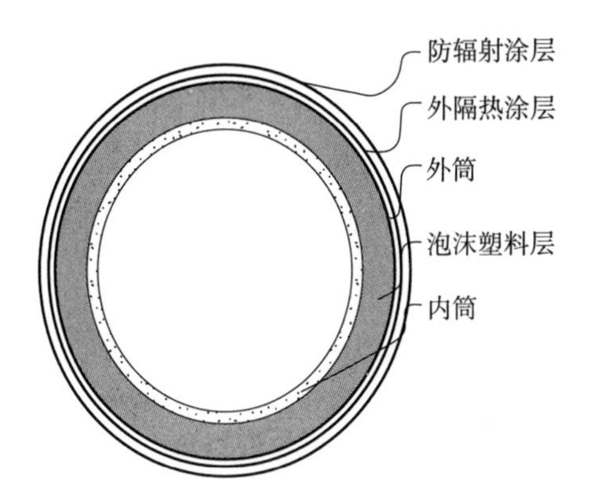

图 4－37　典型的复合隔热结构

在内外温差的作用下，传热区域内将形成热流相对密集、内表面温度较低的区域。这些部位成为传热较多的桥梁，称为热桥，有时又可称为冷桥。进行隔热结构设计时，要重点分析传热路线，采用适当措施减少热桥的传热量，或切断热桥。

1）对从内部承力构件外伸的支承部件，可采用强度高、导热系数小的非金属材料，例如玻璃钢结构。

2）对金属结构的箱体，要避免金属构件的直接搭接，必须搭接的地方可用非金属减弱热交换的程度。

3）箱盖、窗口盖是防止热量传递的薄弱环节，应采取相应的隔热保温措施。避免用金属螺栓将窗盖直接固定在与箱体内壁相连的凸缘上。

设计隔热层时，首先选择不同的隔热材料、辅料、隔热体结构组合成多种隔热层，然后进行热力计算，从中选择最佳方案，结合试验确定最佳隔热层厚度。

隔热层施工工艺通常有以下方法：

1）填充法：将超细玻璃棉填充在内外箱体之间，构成隔热体。

2）粘贴法：把泡沫塑料板加工成所需形状，用黏结剂粘贴于加工好的金属结构上，构成隔热体。

以上两种方法施工容易、经济，但隔热效果不够理想。

3）灌注法：将硬质聚氨酯泡沫塑料在现场发泡并直接灌注在内外箱体之间，构成隔热体。这种方法保温性能好，结构紧凑，也容易施工。

4）喷涂法：用喷涂方法将保温材料（如隔热涂料等）喷涂在结构上，构成隔热体。这种方法有一定的隔热保温效果，但多与前述方法构成复合结构，以达到较好效果。

隔热层中的隔热材料对隔热效果影响很大。理想隔热材料的性能要求主要有：导热系数小、抗湿性及耐火性强、不易霉烂、机械强度高、经久耐用、加工容易。

发射箱常用的隔热材料有泡沫塑料和玻璃棉。表 4－1 给出了它们的基本特性。

表 4－1 隔热材料特性

材料名称	密度/（kg/m³）	导热系数/[W/(m·℃)]	吸水率(%)	适用温度/℃
聚苯乙烯泡沫塑料	20～50	0.0～0.046	＜3	－3～130
硬质聚氯乙烯泡沫塑料	40～50	0.03～0.043	＜3	－3～130
软质聚氨酯泡沫塑料	24～40	0.04～0.046	＜3	－3～130
硬质聚氨酯泡沫塑料	＜65	0.027 9	＜3	－3～130
超细玻璃棉	18～22	0.033	～2	＜100

（3）主要隔热措施

箱体结构主要采用金属，金属是热的良导体，传热是不可避免的，实践中改善箱体隔热性能的主要措施如下：

1）箱体材料尽可能选用传热系数小的非金属材料和复合材料；

2）金属结构的箱体，尽可能减少内外两层筒体之间的金属搭接，必须搭接的地方至少有非金属垫片，或在内外筒体之间填充隔热材料，如超细玻璃棉等；

3）箱盖和窗口盖在结构设计时应考虑适用金属-非金属材料复合结构。

二、发射箱气密

发射箱的箱体一般充有一定压力的干燥空气或惰性气体，保存一段时间后再补充充气，始终保持箱内压力大于箱外压力，以便为长期贮存导弹提供良好的保护条件。空气或多或少含有水蒸气，含量的多少随季节和地区不同，空气通过烘干过程除去了水蒸气变成干燥气体，可用作保护气；惰性气体无色、无味，化学性能稳定，一般不能与其他物质反应，常用作保护气体；氮气虽不属于惰性气体，但化学性能也不活泼，无色无味，可用作易挥发、易氧化物质的保护气。

发射箱气密设计的两个基本依据如下：

1）箱内正常的工作压力和瞬时最大压力值；

2）箱体允许的最低工作压力值和需要保压的时间，如发射箱内充入 0.01 MPa 的干燥空气后，一般在 30 天后箱内气体压力不低于 0.002～0.005 MPa。

保证箱体气密性的措施主要有：

1）箱体焊接结构便于气密检查，焊接中不能焊漏；

2）箱盖和窗口盖结构设计应满足气密性要求，结构要简单、可靠和便于检查；

3）选择电气接插件时应考虑其漏率满足使用要求；

4）箱盖和窗口盖适用螺栓锁紧密封时，要考虑螺栓的间距和数量，螺栓锁紧时用力均匀。

（1）箱盖气密结构

箱盖气密结构要考虑以下几个因素：

1）箱体法兰结构；

2）箱盖开启方式；

3）箱盖内气体工作压力和保压要求；

4）密封材料应满足并高于环境温度的要求；

5）加工工艺性好。

常用的密封件有橡胶平垫和充气胶囊，如图 4－38 所示。

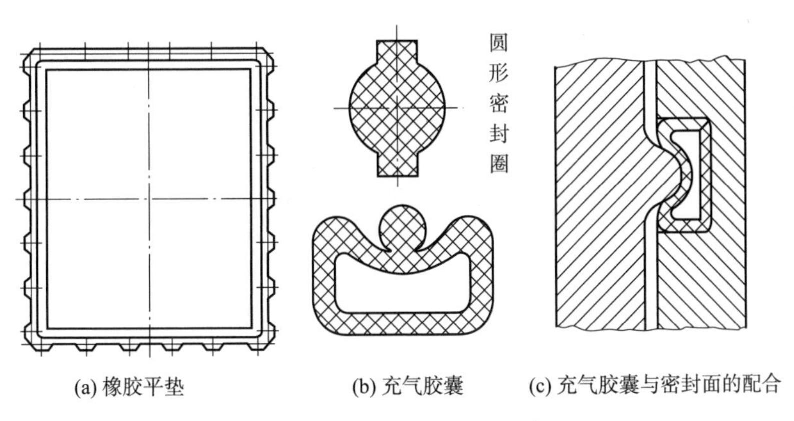

(a) 橡胶平垫　(b) 充气胶囊　(c) 充气胶囊与密封面的配合

图 4－38　密封件及密封配合

爆轰抛掷式开盖可采用橡胶平垫局部凸起线性密封结构，用螺栓紧固。这种密封方式的好处在于：橡胶平垫的弹性模量较大，爆轰开盖瞬间的冲击力可以被橡胶平垫缓冲。

对于机电式开盖而言，可采用充气胶囊密封。充气胶囊内的气体可将密封压力均匀地传递到整个密封面上，密封件各处变形一致，与密封面的贴合更紧密，因而具有较好的密封性能。发射箱长期气密贮存时，使用普通螺栓锁紧箱盖，战斗状态使用爆炸螺栓锁紧。

（2）窗口盖气密结构

窗口盖的气密结构设计要同时兼顾隔热设计，如图 4－39 所示。窗口本体焊接在箱体内筒上，连接座为非金属材料，起隔热作用，窗口与窗口本体之间用平垫密封，靠螺栓锁紧。

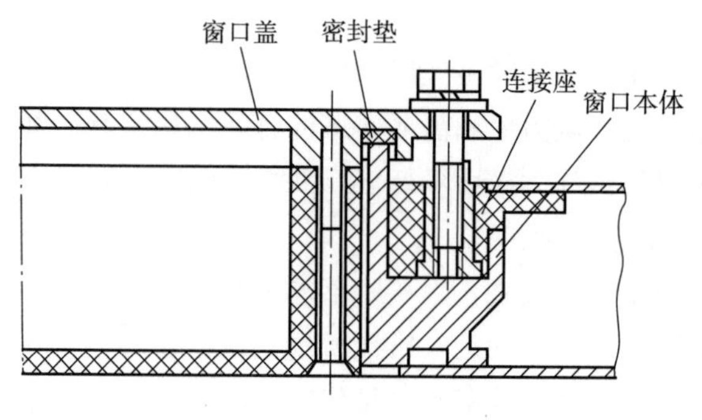

图 4－39　窗口盖结构

无论箱盖还是窗口盖，压力必须连续而且均匀分布在密封面上，紧固螺栓中心线连线所包容的面积大于密封垫圈所包容的面积。温度对密封材料的性能也有很大影响，高温会引起密封材料的变形，紧固件的蠕变、松弛而导致泄漏。低温会引起密封件变脆，塑性降低，甚至失效，故在密封材料选择时应予以重视。

(3) 充气压力的选择

箱内充气的目的是保证箱内设备不受外界潮湿和盐雾等气体的侵蚀，只要保证箱内气体压力略大于大气压力即可。一般充气后稳定压力为 0.01 MPa 左右，最大瞬时压力为 0.03 MPa 左右。

箱体不可能绝对气密，每隔一段时间补充充气也是允许的。补充充气的时间取决于箱体气密性能和环境温度的温差，一般给定箱体保压 30 天后箱内气体压力不低于 0.002～0.005 MPa。

第八节　电插头机构

导弹起飞前，电源、控制导弹的电信号等都必须通过发射装置传递到导弹上，对导弹进行供电和控制，导弹发射时又要及时而可靠地断开电路，发射装置中完成这些功能的机构就是电插头机构。电插头机构中的插头与导弹插座插接时不可靠，会造成导弹不能正常发射，贻误战机；插头与插座分离时不可靠，可能造成弹上插座被损坏，电路短路，严重时造成导弹发射失败。因此电插头机构是发射装置中的重要组成部分。在各类发射装置中都把电插头机构作为关键部件或重要部件进行研究与设计。

电插头机构主要由两部分组成：一是电插头，即电连接器，它实现电路连接；二是插拔机构，它实现电插头与导弹上插座的插接和导弹发射时可靠地拔离。

一、电插头机构的类型

电插头机构就插头而言有钮式、裂离式和直式等类型，与这些插头相配套的插拔机构也有多种类型。

钮式插头是在弹簧力的作用下使装于发射装置的半体与发射装置导弹上的半体相接通，实现电路连通。

裂离式插头实际结构是插头与插座做成一体，电插头机构没有插拔机构部分，只是在发射装置的适当部位设置切刀，在导弹发射时借助导弹的冲力，切刀将裂离式插头分成两半，实现电路断开。

直式插头是目前采用较广泛的插头，利用直式插头组成的电插头机构也有多种形式，其主要区别是插拔机构部分。一种是平行四连杆机构和模板举升机构，实现插头的插接、分离动作；另一种是以移动架、分离弹簧和模板等组成的直插式插拔机构，完成插头插接、分离动作；还有以弹簧为回位动力，以滑板限制插头运动轨迹的方式组成插拔机构等。

插拔机构的结构形式还与插座在导弹上的安装方向有关，如插座轴线与导弹轴线平行，插头与插座的插接和分离动作较易实现，插拔机构的组成相应也简单些，一般只考虑装填导弹时的让开、防止燃气流烧蚀插头等问题，如插座轴线与导弹轴线垂直，插头沿导弹的径向插入。插拔机构分以下两种情况来考虑：

（1）插头提前拔离

这种电插头机构是在导弹发射前接收指令将插头先行拔出，断开电路。由于插头先行拔出后导弹再启动，插拔机构的运动与导弹运动无关，机构的设计与插座轴线和导弹轴线平行的机构类似。

但也有所区别，如轴线相平行的插拔机构，靠导弹向前移动实现插头与插座的分离，而轴线相垂直的插拔机构必须设置专门的插头解锁、分离机构。

（2）插头随导弹起飞拔离

这种电插头机构是在导弹启动后插头在导弹运动中逐渐拔离，插头运动是一复合运动。由于导弹启动后有较大的加速度，弹的运动速度增大很快，这就要求插拔机构必须具有使插头迅速、安全、可靠拔出的性能。

二、电插头机构的技术要求

在武器系统中，发射装置的电插头机构主要是用于和导弹上的插座相插接或分离，但是有的电插头还要和导弹模拟器等配合、做模拟检查，因此电插头的选择要与系统协调一致，电插头机构的使用环境条件要满足武器系统的要求。除此之外还应满足以下具体要求：

1）保证电插头与导弹上插座准确可靠地插接，确保地面（舰面）电路与导弹电路可靠地接通；

2）保证导弹发射时，插头与弹上插座安全可靠地分离，切断电路；

3）保证导弹发射时，电插头或其他组成部分不与导弹发生干涉；

4）对多次使用的电插头应设有防燃气流烧蚀与冲刷的措施；

5）电插头机构的操作应简单、安全，维护方便。

三、电插头机构的结构及原理

(1) 平行四连杆电插头机构

平行四连杆电插头机构利用平行四连杆四边可移动原理，带动插头对准弹上插座完成插接动作，并在导弹发射时靠导弹的运动自动将插头从弹体拔出，分离弹簧将插头迅速拉离弹体，不影响导弹运动，如图 4-40 所示。

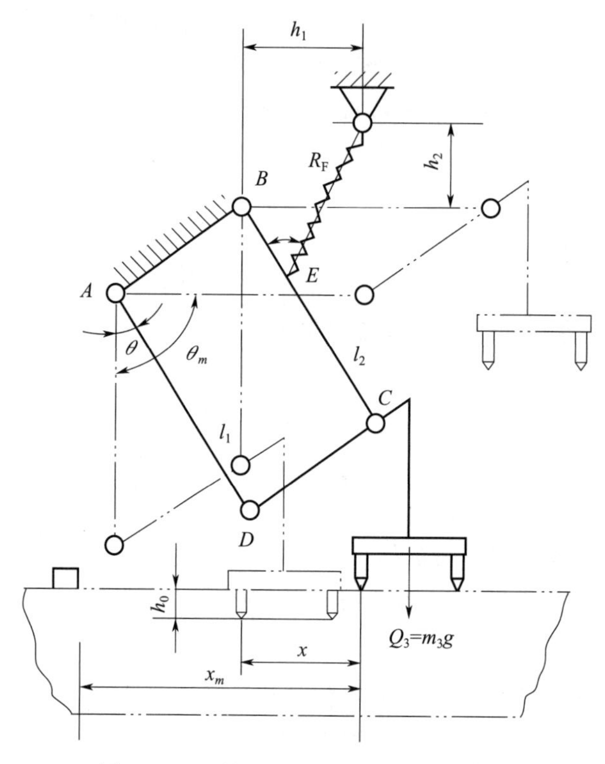

图 4-40　平行四连杆电插头机构原理图

图 4-41 所示为一种平行四连杆电插头机构工作过程简图。

机构的工作过程是：将手柄插入手柄座 13 中，顺时针转动模板 14，因滚轮 15 固定在本体上，只能转动，故模板上的弧形槽沿滚轮做弧形移动。当手柄顺时针转 90°时，弧形槽的 E 点移动到 O 点，如图 4-41 (b) 所示。结构设计中 $AO > AE$，AB 是套筒 2 的组成部分，因此 E 点移至 O 点时，A 点由原来的位置上升了一段距离($AO-AE$)，也就是在模板的转动下，带动套筒 2，平行四连杆机构 5、6、11、AB 杆及连接杆 6 上的插头 8 等一起向上移动，这就是举升机构的工作原理。在模板转动实现举升的同时，还带动平行四连杆机构中的主动杆 11、从动杆 5 分别以 A、B 点为轴顺时针转动，与此同时和主动杆、从动杆相连的连接杆 6 以及上面的插头都一起转动。由于平行四连杆的特性所定，插头 8 随连接杆转动时，始终在做平行移动。当模板 14 转动 90° 时，主动杆 11、从动杆 5 由原来水平位置转至垂直位置，主动杆上的锁钩 10 被锁销 12 卡住，保持平行四连杆转动后的位置，此时插头处在导弹插座的正上方，形成插头的待插状态，如图 4-41 (b) 所示。

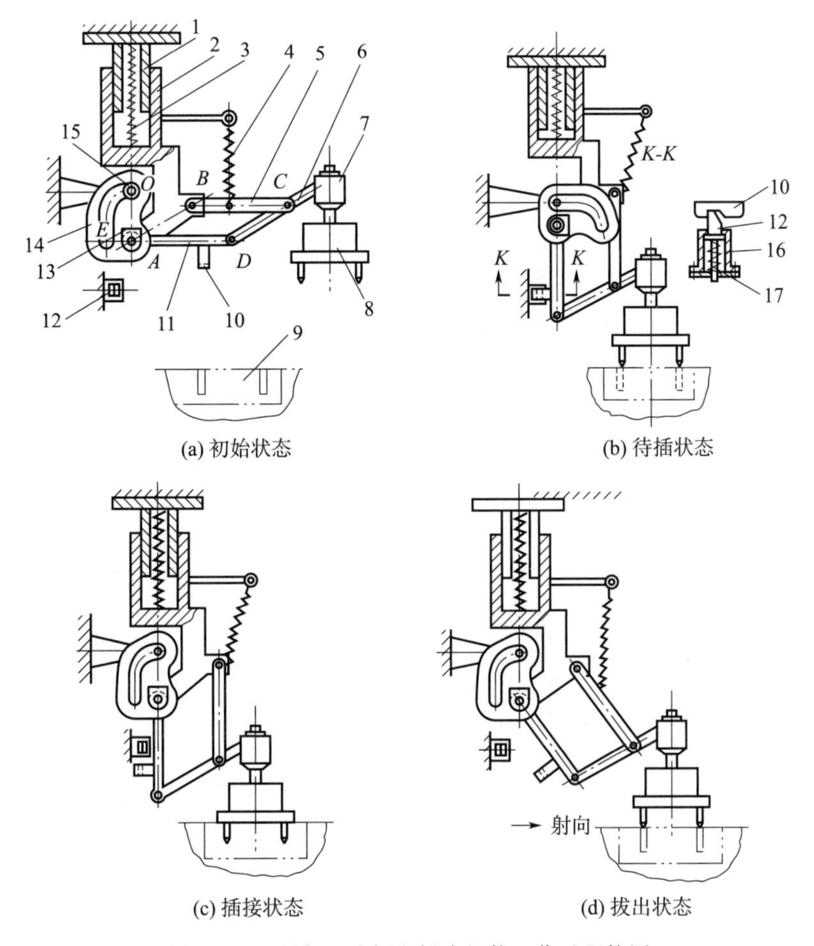

(a) 初始状态　(b) 待插状态

(c) 插接状态　(d) 拔出状态

图 4-41 平行四连杆电插头机构工作过程简图

1—套座 2—套筒 3—弹簧 4—回位弹簧 5—从动杆 6—连接杆 7—找正机构 8—插头 9—弹上插座 10—锁钩 11—主动杆 12—锁销 13—手柄座 14—模板 15—滚轮 16—锁销套 17—弹簧

插头机构完成待插状态后，再逆时针转动模板 14，弧形槽又将逐渐恢复到初始状态的位置，机构由原被举升的位置逐渐下降，使插头插入导弹插座中。在套筒 2 中弹簧 3 的弹力下，保持住插头的插接状态。在模板逆时针转动带动机构下降的同时，因锁销 12 与本体相连，位置不随机构而动，故锁钩 10 在随机构下降时逐渐与锁销脱开，解除了平行四连杆机构逆时针转动的约束。此时，平行四连杆机构虽然有回位弹簧 4 的拉力作用，但由于插头已插入导弹插座，受到约束不能转动，形成了插接状态，如图 4-41（c）所示。

当导弹发射时，导弹带动插头前移，平行四连杆机构在插头带动和回位弹簧的拉力作用下做逆时针转动，插头边前移边向上平移拔起，直至插头导向销全部拔出插座导孔，如图 4-41（d）所示。插头拔出插座后，平行四连杆机构已获得了初角速度，在回位弹簧的继续作用下使机构恢复到初始状态，如图 4-41（a）所示。

（2）直插式电插头机构

直插式电插头机构如图 4-42 所示。图 4-43 所示为直插式电插头机构工作过程示意图。

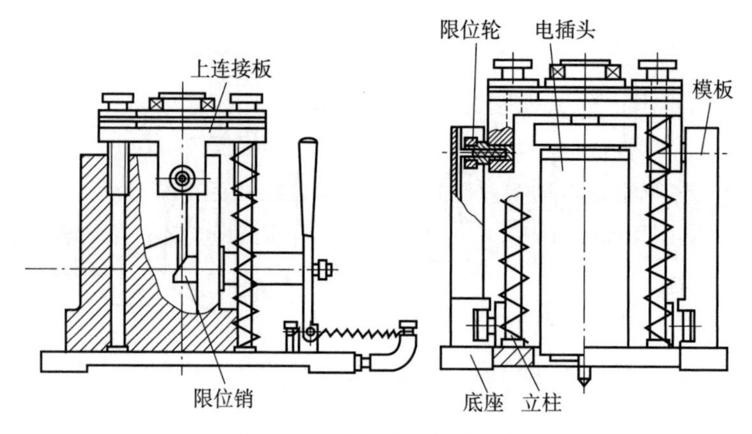

图 4-42　直插式电插头机构

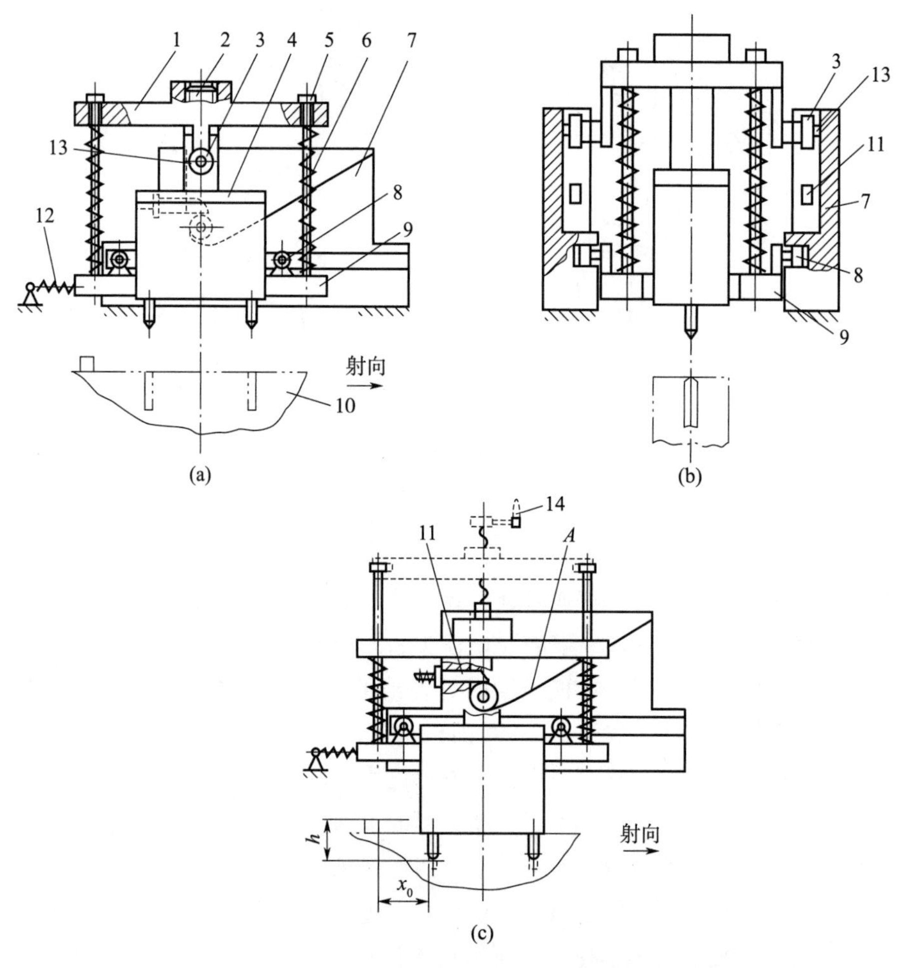

图 4-43　直插式电插头机构工作过程示意图

1—上连接板　2—螺柱　3—限位轮　4—电插头　5—立柱　6—立柱弹簧　7—模板　8—滚轮　9—底座；10—弹上插座　11—限位销　12—回位弹簧　13—导向销　14—插接螺杆

机构上的电插头与导弹插接时，首先将插接螺杆件装好，顺时针旋下螺杆，压住上连接板 1 带动螺柱 2、电插头 4 等向下移动，使电插头插入弹上插座 10。当插接到位时，限位轮 3 被限位销 11 卡住，保持插接位置，与此同时，立柱 5 上的立柱弹簧 6 被压缩，贮存下使电插头拔起的弹性势能，取下插接螺杆即完成了插接动作，如图 4－43（c）所示。

导弹发射时，导弹带动电插头及与它连接的移动架一起前移，使限位轮脱开限位销的约束，在立柱弹簧弹力的作用下，上连接板带动电插头迅速上升，实现插头与插座的分离。

直插式电插头机构的插头升起主要靠立柱弹簧的弹力，弹力小，插头拔起速度慢，有可能与导弹上定向件或其他凸起物相干涉，致使插头损坏，因此设计中要对插头升起高度所需时间进行计算。

直插式电插头机构较平行四连杆电插头机构有以下不同点：

1）直插式电插头机构与导弹插接时，没有向上提升插头的动作，利用插接螺杆直接进行插接。

2）导弹发射时，插头与插座的分离时间不完全受导弹前移的制约，平行四连杆机构插头的分离则要随同导弹前移逐步拔出。

思考题

1. 导弹发射箱的功能体现在哪些方面？箱式发射的优点是什么？介绍导弹发射箱的一般组成。

2. 导轨与定向件的功能是什么？其常见的结构形式有哪些？导轨与定向件的配合面有哪几个？各配合面的功能是什么？

3. 导弹适配器支承的优点是什么？适配器的材料、结构和安装是怎样的？

4. 发射箱箱体主要功能是什么？结构形式如何？箱体尺寸如何确定？

5. 发射箱箱盖有哪几种类型？机械式箱盖和易碎式箱盖各有什么缺点？

6. 使用抗剪销式闭锁挡弹器的主要原因是什么？

7. 实践中对发射箱的气密和隔热主要采取哪些措施？

8. 悬挂消极隔振的工作原理是怎样的？

9. 直插式电插头机构的工作原理是怎样的？

第五章 舰载导弹发射系统

目前常见的水面舰艇导弹发射系统主要有：舰载倾斜发射系统（定角式、回转随动式）、舰载垂直发射系统，以及可兼容发射多类型导弹的舰载通用垂直发射系统。

第一节 舰载倾斜发射系统

在舰载导弹发射中，倾斜发射是最早应用的一种发射方式，分为回转随动倾斜发射和定角倾斜发射。

回转随动倾斜发射在舰空导弹发射中应用最为广泛，发射装置的高低角和方位角均可大范围快速变化，以便跟踪和瞄准目标。早期的舰舰导弹，由于受技术的限制不具备扇面发射能力，需要依靠发射装置在方位方向变角度对运动目标进行跟踪和瞄准，因而，这类发射装置都配有随动系统，用于高低角和方位角的控制。

随着导弹技术的发展，导弹的机动性、射程和攻击扇面角的增大，在中、远程舰空导弹和舰舰导弹的发射中已不需要对目标进行随动跟踪和瞄准，因而，基本取消了随动系统，从而使整个发射系统的结构大大简化。但对于近程防空作战而言，由于空中来袭目标来自不同的方位和高度，机动性较大，近距离作战的反应时间很短，采用倾斜发射可在导弹发射之前将发射架快速调转至射击方向，并对目标进行跟踪和瞄准。导弹发射后能迅速满足初始制导和弹道要求并进入所射击的空域，对提高近界拦截能力十分有利。因此，舰载近程防空导弹武器系统目前仍普遍采用倾斜发射技术和随动系统，以提高导弹命中率。

定角倾斜发射的高低角和方向角都是固定不变的，是目前舰舰导弹广泛应用的发射方式。由于导弹具备扇面发射的性能，当攻击不同方向的目标时，只需要舰艇做适当的运动，使发射装置的发射方向进入射击扇面之内即可进行导弹发射。定角发射装置结构简单，安装空间小，适合安装在大、中、小等各类型的舰艇上。

图 5－1 给出了几种典型的舰载导弹倾斜发射装置。

一、定角发射装置

（1）概述

舰载发射装置采用倾斜发射形式，以便导弹发射后，顺利进入预定弹道，其俯仰角取决于导弹的发射要求，常为定角。并且，随着弹上扇面发射技术的发展，目标又处于海面

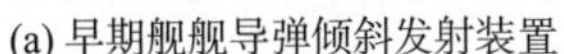

(a) 早期舰舰导弹倾斜发射装置　(b) 舰空导弹倾斜发射装置　(c) 舰舰导弹定角倾斜发射装置

图 5－1　舰载导弹倾斜发射装置（见彩插）

上，通过舰上发射装置的配置和舰艇发射前的机动，可以覆盖攻击海域，所以发射方位角一般也是固定的。定角发射装置主要应用于美国的“捕鲸叉”、法国的“飞鱼”、俄罗斯的“日炙”等。

（2）组成和工作原理

舰载倾斜式定角导弹发射装置一般由贮运发射箱（筒）、发射装置支架、电气设备和燃气流排导装置等组成。有些发射装置还包括液压装置，用于发射箱（筒）开关盖控制。

①贮运发射箱（筒）

贮运发射箱（筒）一般由箱（筒）体、发射梁及其悬挂装置（或适配器及其滑轨）、插头机构、开关盖机构、导弹限位锁定机构、剪切机构、箱（筒）内环境参数检测装置、充气装置、干燥剂及存放装置等组成。贮运发射箱（筒）使导弹与外界环境隔离，在导弹的贮存、运输和发射状态为导弹提供保持其完好的有利内部环境；可以作为从外部检查导弹，导弹与外部传递信号、电力与指令的中介；也是直接发射导弹的作战单元，在导弹发射中起导向和定位的作用。

②发射装置支架

发射装置支架一般由本体（金属焊接件）、发射箱定位及锁定装置组成。

③电气设备

电气设备包括发射箱（筒）电气设备、舰面电气设备及舱内电气设备 3 部分。发射箱（筒）电气设备一般包括插头插座、电加热装置、限位开关和导线电缆束等；舰面电气设备一般包括导弹接线箱、电动机控制箱、插头插座、导线电缆束等；舱内电气设备一般包括温度控制箱、液压控制箱、温度显示箱、环境参数测量仪和导线电缆束等。

④燃气流排导装置

燃气流排导装置一般由板材焊接而成，其作用是根据舰面的布局情况，对需防护的设备进行燃气流防护。

液压装置由泵站、油缸、控制阀组、压力表及管路等组成。在舰载倾斜式定角导弹发射装置中，液压装置一般仅用于大型发射箱（筒）的开关盖机构，如俄罗斯的“马斯基特”发射筒。

（3）发射装置的战术要求和技术要求

①发射装置的战术要求

1）发射方式。根据导弹总体性能、舰艇总体布置情况等选择发射时的姿态、导弹在发射梁上的贮存方式（贮运发射箱式）等。

2）发射装置的形式。由作战时的火力要求和系统总体布置确定联装数、装填与补给的方式、发射率等。

3）发射时导弹离轨姿态和速度（或发射导轨长度）。

4）适应的环境条件。发射装置在发射、运输、航行状态下适应的力学环境、自然环境、电磁环境。

5）操作使用要求的方便性、安全性。

6）最大尺寸和最大质量。

②发射装置的技术要求

技术要求是导弹武器系统、舰艇总体提出的结构、电气协调要求，主要有：

1）导弹和发射装置间的配合与协调。

2）导弹在发射装置上支承、贮存、检查以及发射的环境条件要求。

3）发射装置和装填、转运设备以及其他地面设备的操作配合与协调要求。

4）发射装置在舰艇面上配置与安装调整精度。

5）发射时燃气流排导与防护要求。

（4）发射装置支架

①支架的用途

发射装置支架（简称支架）是飞航导弹发射装置的一个重要承力组件。它的功能是：支承和固定贮运发射箱（筒），保证发射箱与舰面的联系，并赋予导弹规定的发射仰角和用于固定发射装置的部分电气设备、液压设备。

②支架的基本要求

就支架的功能而言，其设计都应有一定的要求，主要要求如下：

一是满足导弹武器系统提出的战术技术要求。

a）具备支承、固定贮运发射箱（筒）并赋予一定射向的功能；

b）满足发射装置所分配的技术精度指标，包括纵倾角、横倾角、质量、外形尺寸等要求；

c）满足使用环境条件的要求，即在相应的高温、高湿、高海情的条件下，支架必须保证有足够的强度和刚度，能可靠地工作。

二是满足合理的结构设计要求。

a）结构应便于支承和固定贮运发射箱，操作轻便，迅速可靠；

b）在满足功能和结构条件下，结构紧凑，尺寸最小，质量最小；

c）便于安装、操作和保护支架上的电气设备、液压设备等；

d）便于维护保养；

e）设置供起重、装卸用的吊环（钩）及运输中的固定位置；

f）具有良好的加工工艺性，考虑产品的经济性；

g）选用的金属材料及涂、镀覆层材料应满足“三防”要求；

h）结构应与舰总体布局相协调。

三是满足安全使用要求。

支架的外形及操作部位不应危及操作人员的安全。

③支架的结构

支架的结构主要由两部分组成：一是支架本体，二是锁定机构。

支架本体一般采用管材或型材（槽钢、角钢、工字钢等）焊接成能赋予规定射向，具有足够强度、刚度，并能与运载体安装、固定的结构框架。

锁定机构分为前锁定机构和后锁定机构两种形式。每个贮运发射箱支承在一组锁定机构上。每组锁定机构包括两个前锁定机构和两个后锁定机构，由于上本体有带V形槽面和平面两种，因此，一组锁定机构有4种结构形式。

前锁定机构（图5－2）起锁定贮运发射箱前支脚的作用。从图中可看出，它是由本体和装在箱体内的零、部件组成。图示中的本体为带V形槽的一种，其结构如图5－3所示。当转动螺杆的方头时，通过叉形体带动钩子沿托架上的导向销向前（或向后）运动，从而实现松开（或锁紧）发射箱前支脚的目的。

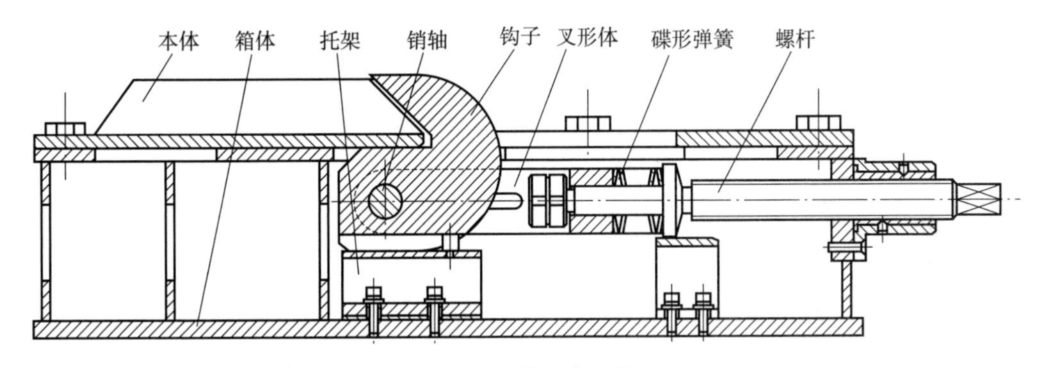

图5－2　前锁定机构

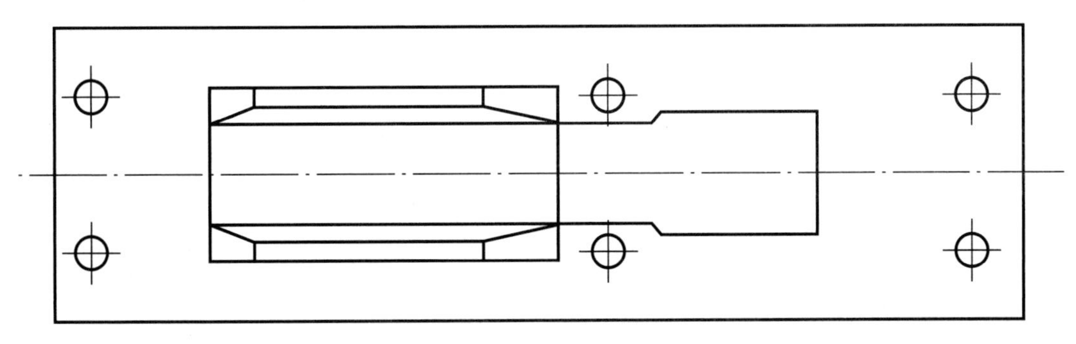

图5－3　带V形槽的本体结构

箱体底平面上布有 8 个螺栓孔，锁定机构通过 8 个螺栓固定在支架本体上。

碟形弹簧既能防止螺杆转动，同时也是贮运发射箱热胀冷缩的自动补偿环节。

后锁定机构（图 5-4）起锁紧贮运发射箱后支脚的作用。其结构和工作原理与前锁定机构基本相同。

后锁定机构上的卡爪与前、后锁定机构上的钩子配合，共同锁紧发射箱的 4 个支脚。

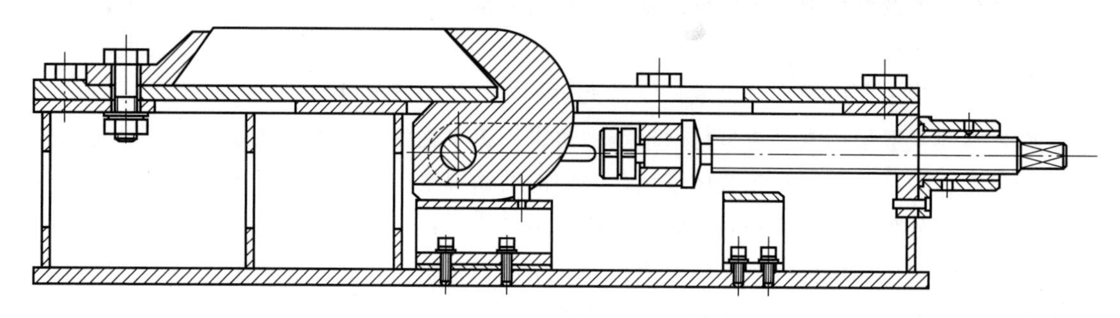

图 5-4 后锁定机构

目前，装舰艇的飞航导弹发射装置大多是俯仰角、方位角固定的箱式发射装置。这种结构形式决定了支架应可靠地支承和固定贮运发射箱。但是，发射装置支架吊装上带弹的发射箱后，无论是发射状态还是航行状态，支架受到的工作载荷和环境载荷非常复杂，在这些随机载荷的作用下，支架同时产生振动、冲击、颠簸、摇摆；另外，支架安装在舰艇平台的不同位置给支脚造成的动力学环境也不同，而支架的动力学响应也随着力学环境和自身结构的不同而不同。支架在这些复杂而综合的作用下将会产生变形、结构变位。因此，支架的结构设计必须通过计算分析，优选方案，最终得到结构简单、质量最小，又能满足最恶劣外载荷时的强度、刚度要求的结构。

支架的计算步骤如下：

1）建立结构模型。可根据经验，选择或设计最优支架结构方案，运用三维设计软件，建立支架的结构模型。

2）建立计算模型。针对结构模型，根据有限元计算的需要，对其进行必要的处理，并准备必要的数据。

3）确定约束条件。根据支架在舰上安装的情况，在计算模型上施加合适的约束条件。

4）确定外载荷。一般按支架所受最恶劣（舰艇在高海情下航行时）的外载荷选取。

5）计算获得结构的应力、应变等结果。

6）分析计算结果，验证受力主杆件的安全系数。

7）修正方案，求得优化方案。

发射装置支架是低合金钢管材、板材或普通碳素型材的焊接结构。由于焊缝多，焊接时易产生较大变形。支架的发射仰角直接影响导弹的初始飞行轨迹，为了保证导弹具有一定的初始发射角及与舰面的联系，在支架设计时采取了一些活动调节环节。例如，为了保证锁定机构支承发射箱支脚的4个平面处于同一平面内，在锁定机构与支架本体之间设置调整垫板，板厚为6～8 mm，以弥补支架本体的焊接变形。此时，发射箱的4个支脚同时坐落在锁定机构的平面上，当钩子锁紧支脚时，不会对发射箱箱体产生预应力。

支架的支承底板与舰面之间采用8～10 mm的调整垫板，弥补支架在运输过程中的变形及舰面平台变形造成的安装误差，以保证支架的纵倾角和横倾角。

安装在支架上的一组锁定机构中，带V形槽的锁定机构布置在中心线的同一侧，并要求保证前、后V形槽对中心线的平行度和对称度；反之，另一侧的锁定机构支承面是平面，因此，吊装发射箱时支脚很容易进入V形槽内，操作十分方便。

锁定机构的卡爪、钩子的结构强度及锁定机构连接螺栓的连接强度是在外载荷分析的基础上用最恶劣状态的最大外载荷进行设计的，可利用机械设计的方法计算，同时也考虑到结构的外观及相互尺寸协调等方面的需要。

一般情况下，支架在发射装置中所占的体积和质量都较大。设计时，在满足使用功能的条件下，应尽量减小质量，使结构紧凑。而管式桁架结构就具有自重较小、整体刚度大的优点，因此，不少支架的结构形式采用钢管桁架结构。但是，这种结构形式的缺点是制造工作量大，焊接工作条件差，外形尺寸也稍大些，电气设备布置困难。

另外，型材焊接结构虽然制造容易，便于安装各种设备，但是自重比管结构的大。

支架采用加强筋板的方式来提高支架焊接半体杆与杆之间的连接强度和刚度，筋板的厚度为3～4 mm，加强筋板一定要布置合理，否则一是不起作用，二是增大了结构的质量。

支架的变形是由焊接热应力引起的，因此，设计支架时要合理选用焊缝的形式、尺寸、位置，以减小热应力及焊接变形。焊接时使用多种类工装、工艺架等强制性方法限制支架的自由变形。支架利用断续焊、对称焊等来减小变形，焊后采用人工振动时效、自然时效或热处理等方法去除残余应力对结构的影响。

支架安装在舰艇上，环境条件恶劣，构件很容易锈蚀，为了保证支架有足够的工作寿命，选择的材料要好，不能存在潜在的锈迹或锈斑。选择具有很好的附着性能和“三防”性能的涂料涂覆在清理干净的支架外表面。机加表面要进行表面处理，涂层厚度要求在7～12 μm。目前支架的机加件都采用镀镉、镀铬、镀锌等表面处理方法防止锈蚀。活动部位采用涂润滑油脂进行保护。

目前国外舰载导弹发射装置的支架多采用数量少的大构件焊接而成，既保证构件强度和刚度，外形还美观。

二、回转发射装置

在舰艇导弹发射装置中，有一种要求在较大范围内自动跟踪瞄准目标进行攻击的类型，因此发射装置设置了回转部分。以下就回转发射装置与定角发射装置的不同之处进行介绍。

(1) 回转支承参数的选择概述

为了支承回转部分并与发射装置瞄准机构中的方向机配合，赋予发射架回转部分在水平面内的角度转动，实现预定方向射角的要求，在回转部分和基座之间装有回转支承装置。

发射装置的回转部分固定在回转座圈上，而回转支承的固定座圈与基座固接。在回转时借助滚动摩擦传递力矩，从而可减小方向瞄准的载荷。

回转支承装置的作用载荷是由回转台以上的转动部分的自重及所承受的各种外力施加给回转支承装置的载荷。

舰艇型回转支承作用载荷如图 5 - 5 所示。在相对静止状态，回转支承装置上的作用载荷由以下几种因素形成：包括带弹的贮运发射箱在内的回转部分的自重及运载体运动和瞄准运动引起的 X、Y、Z 三方向的惯性载荷；风力作用在发射箱上的载荷；导弹发射时，导弹在推力作用下相对发射箱运动所产生的发动机推力、剪切销的剪断力及燃气流的动载荷 T 等。也就是说，回转支承装置上面要承受回转部分传来的动、静载荷，而下面承受运载体传来的动载荷，这些复杂的载荷在回转支承上可以简化为沿回转轴方向作用的轴向力 Q、垂直回转轴方向作用的径向力 F 和翻倒力矩 M。

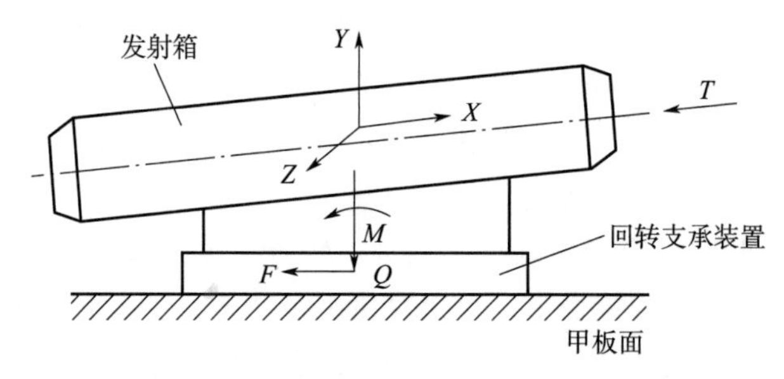

图 5 - 5 舰艇型回转支承作用载荷

(2) 回转支承装置的结构形式

在要求跟踪瞄准的发射装置中，回转支承装置的结构形式多采用滚动支承座形式，根据承受轴向力 Q、径向力 F、翻倒力矩 M 的能力不同，回转支承装置的结构可分为以下 3 种形式：

①简单支承装置

如图 5 - 6 所示，简单支承装置由推力轴承、径向轴承和立轴等组成，其工作特点是受力单纯。径向力 F 由立轴和径向轴承承受，推力轴承承受轴向力 Q 和翻倒力矩 M。防撬板和基座之间留有间隙 Δ，当翻倒力矩 M 增大时，间隙 Δ 消除，防撬板起防止回转部分翻倒的作用。

简单支承装置的优点是，承载能力大，便于制造，但是结构复杂，各方向受翻倒力矩的能力不同。

②半通用型支承装置

图 5 - 7 所示为导弹发射装置所采用的半通用型支承装置，其主要由上、中、下三座

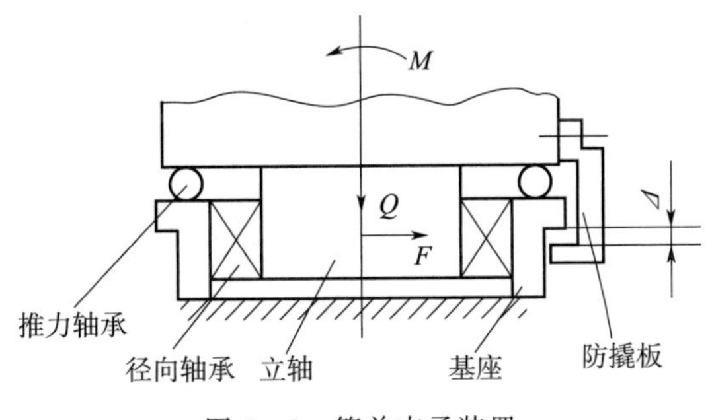

图 5-6　简单支承装置

圈组成。上、下两座圈固定在回转把架上，中座圈固定在基座上。中座圈上的齿圈与瞄准机构方向机的小齿轮配合，实现发射装置回转部分相对固定部分的回转。中座圈上的短立柱和滚柱轴承承受径向力 F，双排轴承和上、下座圈承受轴向力 Q 和翻倒力矩 M。

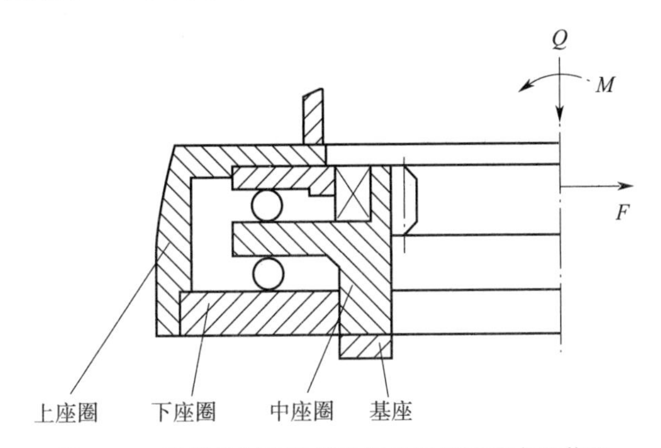

图 5-7　导弹发射装置所采用的半通用型支承装置

半通用型支承装置的特点是承载能力大，摩擦力小，方向跟踪瞄准轻便，但是结构复杂。

③通用型支承装置

图 5-8 所示的通用型支承装置内外圈滚道是两个对称的圆弧曲面。滚珠的接触压力角一般为 60°～70°，它具有结构简单、承载能力大、高度尺寸小的优点，但是受力复杂，摩擦阻力矩大，工艺要求高。其工作特点是，一排滚珠（或滚柱）同时承受轴向力 Q、径向力 F 和翻倒力矩 M 3 种载荷。

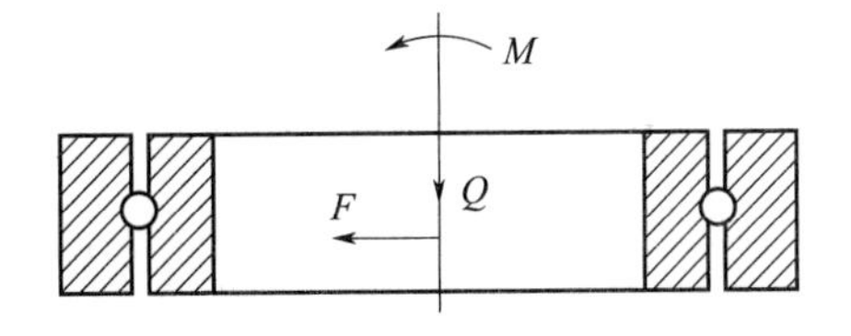

图 5-8　通用型支承装置

三、发射装置的瞄准运动

导弹发射装置的定向器需要以必要的速度和加速度转向并跟踪目标，赋予导弹一定射向，这个动作称为发射装置的瞄准运动。

发射装置的瞄准运动包括两个阶段：一是快速调转阶段，二是跟踪瞄准阶段。

瞄准运动的3种结构形式：双轴瞄准、三轴瞄准、有稳定平台的瞄准。

发射装置瞄准运动的要求包括范围、速度、加速度和精度指标等。

发射装置的瞄准方法有直接瞄准法和间接瞄准法。

(1) 静平台发射装置的瞄准运动

不考虑舰艇摇摆时，发射装置的瞄准运动需考虑3点要求：火力转移需求、目标的运动规律和瞄准机功率。下面对调转运动和跟踪瞄准运动两个阶段分别进行研究。

①调转运动

此时，调转运动的需求和瞄准机能力的矛盾主要表现在：为了快速追上目标，提高火力机动性，调转过程的时间要短；同时，调转速度与加速度不宜过大，以免引起过大的惯性力，增大瞄准机的载荷。

如图5-9所示，调转时间为

$$T = t_{ac} + t_c + t_{dc} \tag{5-1}$$

加速调转时间为

$$t_{ac} = \frac{\omega_r}{\varepsilon_{ac}} \tag{5-2}$$

式中 ω_r ——调转速度；

ε_{ac} ——调转加速度。

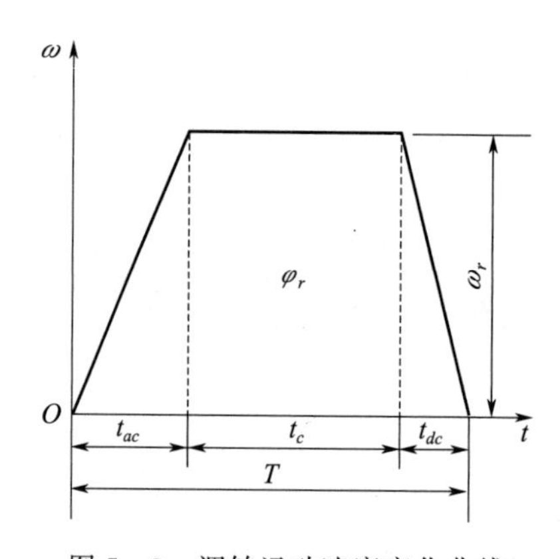

图5-9 调转运动速度变化曲线

减速调转时间为

$$t_{dc} = \frac{\omega_r}{\varepsilon_{dc}} \tag{5-3}$$

式中 ε_{dc} ——减速调转时的加速度。

实际传动系统中

$$\varepsilon_{dc}=(1.5\sim 2)\varepsilon_{ac} \tag{5-4}$$

$$\varepsilon_{ac}=\frac{\omega_r}{(0.6\sim 0.67)(T-t_c)} \tag{5-5}$$

②跟踪瞄准运动

1）方向角的表达式为

$$\cot\beta=\frac{\xi}{\rho} \tag{5-6}$$

方向跟踪速度为

$$\omega_\beta=\dot{\beta}=-\frac{\dot{\xi}}{\rho}\sin^2\beta=\frac{v}{\rho}\frac{\rho^2}{\rho^2+\xi^2} \tag{5-7}$$

式中　v 为目标速度，$v=-\dot{\xi}$ 。

可以看出，当目标水平距离等于航路捷径时，即 $\beta=90°$ 时，方向跟踪速度达最大值，即

$$\omega_\beta=\dot{\beta}_{\max}=\frac{v}{\rho} \tag{5-8}$$

方向跟踪加速度为

$$\varepsilon_\beta=\ddot{\beta}=\frac{v}{\rho}\dot{\beta}\sin2\beta=\frac{v^2}{\rho^2}\sin2\beta\ \sin^2\beta \tag{5-9}$$

当 $\beta=60°$ 时，方向跟踪加速度最大。

2）高低角的表达式为

$$\cot\varphi=\frac{\sqrt{\xi^2+\rho^2}}{H} \tag{5-10}$$

高低跟踪速度为

$$\omega_\varphi=\dot{\varphi}=\frac{v}{H}\sin^2\varphi\cos\beta \tag{5-11}$$

由式（5-11）可知，当 $\beta=0°$ 时，即当目标航向通过发射装置时，对高低跟踪最不利。这种情况叫作迎击，其跟踪速度为

$$\omega_\varphi=\frac{v}{H}\sin^2\varphi=\frac{v}{H}\frac{H^2}{H^2+\xi^2} \tag{5-12}$$

当 $\varphi=90°$ 时，高低跟踪速度达到最大值，即

$$\omega_{\varphi\max}=\frac{v}{H} \tag{5-13}$$

$$\omega_\varphi=\dot{\varphi}_{\max}\frac{H^2}{H^2+\xi^2} \tag{5-14}$$

高低跟踪加速度为

$$\varepsilon_\varphi=\ddot{\varphi}=\frac{v}{H}\dot{\varphi}\sin2\varphi=\frac{v^2}{H^2}\sin2\varphi\ \sin^2\varphi \tag{5-15}$$

当 $\varphi=60°$ 时，高低跟踪加速度最大为

$$\varepsilon_{\varphi\max}=0.65\frac{v^2}{H^2} \tag{5-16}$$

综合跟踪瞄准和调转运动对瞄准性能提出的要求，一般根据调转运动确定瞄准机的角速度和角加速度最大值，根据瞄准运动研究并确定动态性能和精度。

(2) 舰载发射装置的瞄准运动

舰载发射装置对目标跟踪瞄准的规律更加复杂，还应考虑舰艇摇摆的影响。

实现跟踪瞄准的条件：发射装置上导弹的发射方向始终指向目标或目标前的特定位置，也就是使发射时导弹的速度矢量（轴）始终指向预定方位（Ox_t 轴），即既要"能瞄到"，也要"跟得上"。

θ_t、ψ_t 是发射方向(弹道)相对地面的高低角和方向角，它们确定了 Ox_t 轴的方向，如图 5-10 所示。瞄准机赋予的 Ox 轴的位置是相对舰艇甲板平面的 φ，β，γ 决定的，在舰艇有摇摆(θ，γ)的情况下，要保持 Ox 轴平行于 Ox_t 轴，φ，β，γ 必须同时考虑弥补 θ，γ 带来的影响。

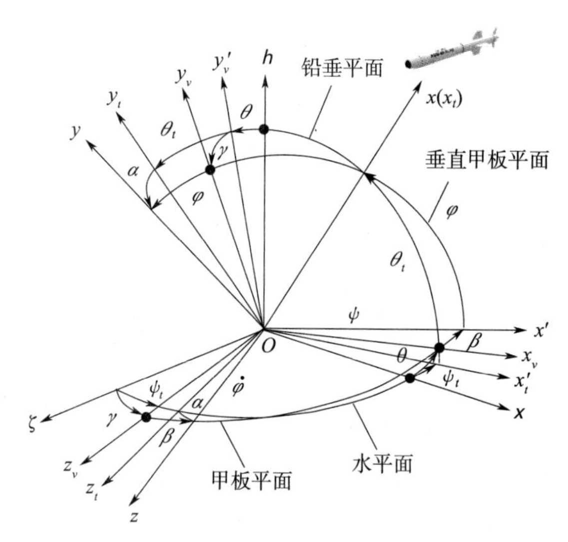

图 5-10　舰艇摇摆时的瞄准角度分析

① "能瞄到"的问题

两矢量在空间内平行的条件：两矢量对任一相同的参考坐标系的方向余弦相等。这里主要讨论应用较多的二轴瞄准系统。

忽略偏摇 ψ 的影响，取舰艇坐标系 $Ox_vy_vz_v$ 为参考坐标系。由于是二轴瞄准系统，耳轴相对舰艇 $\delta=0$。

Ox 轴在其中的方向余弦为

$$\tau'^{\mathrm{T}}(1\quad 0\quad 0)^{\mathrm{T}}=(\tau'_{11}\quad \tau'_{12}\quad \tau'_{13})^{\mathrm{T}} \tag{5-17}$$

Ox_t 轴在其中的方向余弦为

$$U'^{\mathrm{T}}(1\quad 0\quad 0)^{\mathrm{T}}=(U'_{11}\quad U'_{12}\quad U'_{13})^{\mathrm{T}} \tag{5-18}$$

所以，实现跟踪瞄准的角度关系方程组为

$$\left.\begin{aligned}\tau'_{11}&=U'_{11}\\ \tau'_{12}&=U'_{12}\\ \tau'_{13}&=U'_{13}\end{aligned}\right\} \tag{5-19}$$

整理后，得

$$\left.\begin{aligned}\tan\beta&=\frac{\cos\theta_t(\sin\psi_t\cos\gamma-\cos\psi_t\sin\gamma\sin\theta)+\sin\theta_t\cos\theta\sin\gamma}{\cos\theta_t\cos\psi_t\cos\theta+\sin\theta_t\sin\theta}\\ \sin\varphi&=\sin\theta_t\cos\theta\cos\gamma-\cos\theta_t(\cos\psi_t\cos\gamma\sin\theta+\sin\psi_t\sin\gamma)\end{aligned}\right\} \tag{5-20}$$

在前面讨论的静平台瞄准规律中，可认为是 $\gamma=0$，$\theta=0$，即可得 θ_t，ψ_t 分别与 φ，β 相同。

式（5-20）说明，已知发射方向在某瞬时的角度 θ_t，ψ_t，并已知舰艇的摇摆角 γ，θ，就可用式（5-20）求瞄准机所应赋予的高低角及方向角。也就是说，可以由高低机及方向机赋予 φ 及 β 角来补偿舰艇摇摆运动的影响。

②解决“跟得上”的问题

在舰艇摇摆的情况下，要实现跟踪瞄准，除了瞄准角度必须满足要求外，瞄准速度也必须根据目标运动规律和舰艇摇摆参数来确定，以保证任何瞬间的瞄准角在需要的位置。

要决定瞄准参数的关系式，可以将瞄准角公式对时间求导而得。但对活动目标，由于式中 θ_t，ψ_t，θ，γ 均为时间的变量，推导十分烦琐，不宜采用。利用速度矢量的投影关系可以较简单地求得需要的公式。

根据角速度矢量可叠加原理

$$\vec{\omega}_t=\vec{\omega}_v+\vec{\omega}_{tv}\text{，或}\ \vec{\omega}_{tv}=\vec{\omega}_t-\vec{\omega}_v \tag{5-21}$$

式中　$\vec{\omega}_t$ ——跟踪瞄准时 Ox_t 轴对地面的绝对角速度矢量；

$\vec{\omega}_v$ ——舰艇摇摆角速度矢量；

$\vec{\omega}_{tv}$ ——跟踪瞄准时 Ox_t 轴相对舰艇的角速度矢量。

要实现跟踪瞄准，必须通过瞄准系统的工作使 Ox_t 轴的角速度矢量与 $\vec{\omega}_{tv}$ 一致。下面具体研究实现此条件时的高低瞄准速度和方向瞄准速度（$\vec{\dot{\varphi}}$，$\vec{\dot{\beta}}$，$\vec{\dot{\delta}}$）。

对于二轴瞄准系统：利用图 5-11 来建立二轴瞄准系统瞄准参数的关系，将 $\vec{\omega}_{tv}$ 用在 x'，y_v，z 3 个轴（构成一个笛卡儿坐标系）上的分量来表示，即

$$\vec{\omega}_{tv}=\omega_{tv\cdot x'}\vec{x}'^{0}+\omega_{tv\cdot yv}\vec{y}_v^{0}+\omega_{tv\cdot z}\vec{z}^{0} \tag{5-22}$$

式中　$\omega_{tv\cdot x'}$，$\omega_{tv\cdot y_v}$，$\omega_{tv\cdot z}$ —— $\vec{\omega}_{tv}$ 在 x'，y_v，z 3 个轴上的投影；

$\vec{x}'^{0}$，$\vec{y}_v^{0}$，$\vec{z}^{0}$—— x'，y_v，z 各轴的单位矢量。

由图可看出：x' 轴与 y_v 轴及 x_t 轴在同一平面内，故可将式（5-22）中的第一项再分解成沿 y_v 及 x_t 轴的两个矢量，即

$$\omega_{tv\cdot x'}\vec{x}'^{0}=\frac{\omega_{tv\cdot x'}}{\cos\varphi}\vec{x}_t^{0}-\omega_{tv\cdot x'}\tan\varphi\vec{y}_v^{0} \tag{5-23}$$

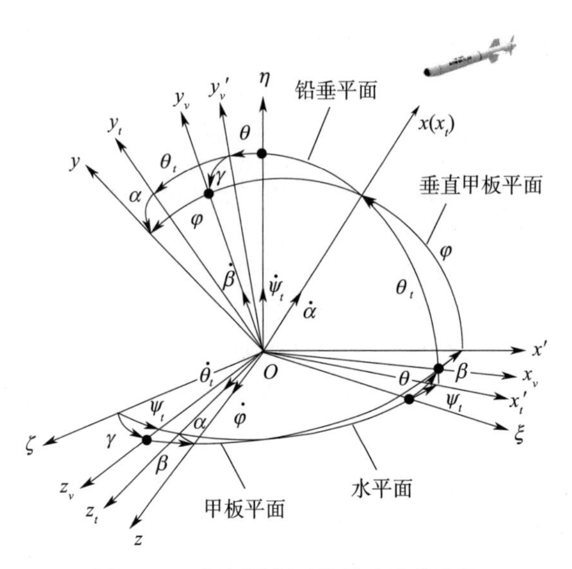

图 5-11　舰艇摇摆时的瞄准速度分析

式中　$\vec{x}_t^0$ —— x_t 轴的单位矢量。

得

$$\vec{\omega}_{tv} = \frac{\omega_{tv\cdot x'}}{\cos\varphi}\vec{x}_t^0 + (\omega_{tv\cdot y_v} - \omega_{tv\cdot x'}\tan\varphi)\vec{y}_v^0 + \omega_{tv\cdot z}\vec{z}^0 \tag{5-24}$$

由式（5-24）可以看出：为了跟踪活动目标，补偿舰艇摇摆的影响，式中第二项可由方向机来实现，第三项可由高低机来实现，即

$$\left.\begin{aligned}\dot{\varphi} &= \omega_{tv\cdot z}\\ \dot{\beta} &= \omega_{tv\cdot y_v} - \omega_{tv\cdot x'}\tan\varphi\end{aligned}\right\} \tag{5-25}$$

但式中第一项，对二轴瞄准系统来说无法消除，发射装置总是有一侧倾角，导弹也因之产生滚转。其速度为

$$\dot{\alpha} = \frac{\omega_{tv\cdot x'}}{\cos\varphi} \tag{5-26}$$

利用矢量的数量积计算公式，可将 $\omega_{tv\cdot x'}$ 变换到 $x_v y_v z_v$ 坐标系，即

$$\omega_{tv\cdot x'} = \vec{\omega}_{tv}\cdot\vec{x}'^0 = \omega_{tv\cdot x_v}x'^0_{x_v} + \omega_{tv\cdot y_v}x'^0_{y_v} + \omega_{tv\cdot z_v}x'^0_{z_v} \tag{5-27}$$

式中　$x'^0_{x_v}$，$x'^0_{y_v}$，$x'^0_{z_v}$ ——单位矢量 $\vec{x}'^0$ 在 x_v，y_v，z_v 轴上的投影，是 $\vec{x}'^0$ 到各轴的方向余弦，即

$$\left.\begin{aligned}x'^0_{x_v} &= \cos\beta\\ x'^0_{y_v} &= 0\\ x'^0_{z_v} &= -\sin\beta\end{aligned}\right\} \tag{5-28}$$

式中　$\omega_{tv\cdot x_v}$，$\omega_{tv\cdot y_v}$，$\omega_{tv\cdot z_v}$ ——矢量 $\vec{\omega}_{tv}$ 在 x_v，y_v，z_v 轴上的投影。

$$\left.\begin{aligned}\omega_{tv\cdot x_v}&=\omega_{t\cdot x_v}-\omega_{v\cdot x_v}\\\omega_{tv\cdot y_v}&=\omega_{t\cdot y_v}-\omega_{v\cdot y_v}\\\omega_{tv\cdot z_v}&=\omega_{t\cdot z_v}-\omega_{v\cdot z_v}\end{aligned}\right\}\tag{5-29}$$

得

$$\omega_{tv\cdot x'}=(\omega_{t\cdot x_v}-\omega_{v\cdot x_v})\cos\beta-(\omega_{t\cdot z_v}-\omega_{v\cdot z_v})\sin\beta\tag{5-30}$$

同理，可将 $\omega_{tv\cdot z}$ 变换到 x_v，y_v，z_v 轴上，即

$$\omega_{tv\cdot z}=\omega_{tv\cdot x_v}z^0_{x_v}+\omega_{tv\cdot y_v}z^0_{y_v}+\omega_{tv\cdot z_v}z^0_{z_v}\tag{5-31}$$

式中　$z^0_{x_v}$，$z^0_{y_v}$，$z^0_{z_v}$——单位矢量 $\vec{z}^0$ 在 x_v，y_v，z_v 轴上的投影，是 $\vec{z}^0$ 到各轴的方向余弦，即

$$\left.\begin{aligned}z^0_{x_v}&=\sin\beta\\z^0_{y_v}&=0\\z^0_{z_v}&=\cos\beta\end{aligned}\right\}\tag{5-32}$$

得

$$\omega_{tv\cdot z}=(\omega_{t\cdot x_v}-\omega_{v\cdot x_v})\sin\beta+(\omega_{t\cdot z_v}-\omega_{v\cdot z_v})\cos\beta\tag{5-33}$$

得

$$\left.\begin{aligned}\dot{\varphi}&=(\omega_{t\cdot x_v}-\omega_{v\cdot x_v})\sin\beta+(\omega_{t\cdot z_v}-\omega_{v\cdot z_v})\cos\beta\\\dot{\beta}&=\omega_{t\cdot y_v}-\omega_{v\cdot y_v}-\tan\varphi[(\omega_{t\cdot x_v}-\omega_{v\cdot x_v})\cos\beta-(\omega_{t\cdot z_v}-\omega_{v\cdot z_v})\sin\beta]\\\dot{\alpha}&=\frac{1}{\cos\varphi}[(\omega_{t\cdot x_v}-\omega_{v\cdot x_v})\cos\beta-(\omega_{t\cdot z_v}-\omega_{v\cdot z_v})\sin\beta]\end{aligned}\right\}\tag{5-34}$$

忽略舰艇偏摇，只考虑横摇及纵摇时，可知 ω_t 在 $x_vy_vz_v$ 与 $\xi\eta\zeta$ 坐标系中的关系为

$$\begin{bmatrix}\omega_{t\cdot x_v}\\\omega_{t\cdot y_v}\\\omega_{t\cdot z_v}\end{bmatrix}=\begin{bmatrix}\cos\theta&\sin\theta&0\\-\cos\gamma\sin\theta&\cos\gamma\cos\theta&\sin\gamma\\\sin\gamma\sin\theta&-\sin\gamma\cos\theta&\cos\gamma\end{bmatrix}\begin{bmatrix}\omega_{t\cdot\xi}\\\omega_{t\cdot\eta}\\\omega_{t\cdot\zeta}\end{bmatrix}\tag{5-35}$$

展开后，得

$$\left.\begin{aligned}\omega_{t\cdot x_v}&=\omega_{t\cdot\xi}\cos\theta+\omega_{t\cdot\eta}\sin\theta\\\omega_{t\cdot y_v}&=-\omega_{t\cdot\xi}\cos\gamma\sin\theta+\omega_{t\cdot\eta}\cos\gamma\cos\theta+\omega_{t\cdot\zeta}\sin\gamma\\\omega_{t\cdot z_v}&=\omega_{t\cdot\xi}\sin\gamma\sin\theta-\omega_{t\cdot\eta}\sin\gamma\cos\theta+\omega_{t\cdot\zeta}\cos\gamma\end{aligned}\right\}\tag{5-36}$$

$\omega_{v\cdot x_v}$，$\omega_{v\cdot y_v}$，$\omega_{v\cdot z_v}$ 与摇摆参数的关系为

$$\left.\begin{aligned}\omega_{t\cdot\xi}&=\dot{\theta}_t\sin\psi_t\\\omega_{t\cdot\eta}&=\dot{\psi}_t\\\omega_{t\cdot\zeta}&=\dot{\theta}_t\cos\psi_t\end{aligned}\right\}\tag{5-37}$$

整理得

$$\left.\begin{aligned}
\dot{\varphi} &= (\cos\theta\sin\beta + \sin\theta\sin\gamma\cos\beta)\dot{\theta}_t\sin\psi_t + (\sin\theta\sin\beta - \cos\theta\sin\gamma\cos\beta)\dot{\psi}_t + \\
&\quad \dot{\theta}_t\cos\psi_t\cos\gamma\cos\beta - \dot{\gamma}\sin\beta - \dot{\theta}\cos\gamma\cos\beta \\
\dot{\beta} &= (\sin\theta\sin\gamma\sin\beta\tan\varphi - \cos\theta\cos\beta\tan\varphi - \sin\theta\cos\gamma)\dot{\theta}_t\sin\psi_t - \\
&\quad (\cos\theta\sin\gamma\sin\beta\tan\varphi + \sin\theta\cos\beta\tan\varphi - \cos\theta\cos\gamma)\dot{\psi}_t + \\
&\quad (\sin\gamma + \cos\gamma\sin\beta\tan\varphi)\dot{\theta}_t\cos\psi_t - (\sin\gamma + \cos\gamma\sin\beta\tan\varphi)\dot{\theta} + \dot{\gamma}\cos\beta\tan\varphi \\
\dot{\alpha} &= \frac{1}{\cos\varphi}[(\cos\theta\cos\beta - \sin\gamma\sin\theta\sin\beta)\dot{\theta}_t\sin\psi_t + (\sin\theta\cos\beta + \sin\gamma\cos\theta\sin\beta)\dot{\psi}_t - \\
&\quad \dot{\theta}_t\cos\psi_t\cos\gamma\sin\beta - \dot{\gamma}\cos\beta + \dot{\theta}\cos\gamma\sin\beta]
\end{aligned}\right\} \tag{5-38}$$

式中　$\dot{\theta}$，$\dot{\psi}_t$——舰艇在静水中根据目标运动规律而确定的瞄准角速度。知道$\dot{\theta}$，$\dot{\psi}_t$及摇摆参数后，可由此式求得高低机和方向机为补偿摇摆所必需的跟踪速度。

工程上，忽略舰艇偏摇及纵摇，只考虑横摇时，以$\theta=\dot{\theta}=0$代入，得

$$\left.\begin{aligned}
\dot{\varphi} &= \dot{\theta}_t\sin\psi_t\sin\beta - \dot{\psi}_t\sin\gamma\cos\beta + \dot{\theta}_t\cos\psi_t\cos\gamma\cos\beta - \dot{\gamma}\sin\beta \\
\dot{\beta} &= -\dot{\theta}_t\sin\psi_t\cos\beta\tan\varphi + (\cos\gamma - \sin\gamma\sin\beta\tan\varphi)\dot{\psi}_t + \\
&\quad (\sin\gamma + \cos\gamma\sin\beta\tan\varphi)\dot{\theta}_t\cos\psi_t + \dot{\gamma}\cos\beta\tan\varphi \\
\dot{\alpha} &= \frac{1}{\cos\varphi}[\dot{\theta}_t\sin\psi_t\cos\beta + \dot{\psi}_t\sin\gamma\sin\beta - \dot{\theta}_t\cos\psi_t\cos\gamma\sin\beta - \dot{\gamma}\cos\beta]
\end{aligned}\right\} \tag{5-39}$$

当舰艇摇摆到甲板平面处于水平位置，即$\gamma=0$，$\dot{\gamma}=\dot{\gamma}_{max}$时，$\varphi=\theta_t$，$\beta=\psi_t$，得

$$\left.\begin{aligned}
\dot{\varphi}_{max} &= \dot{\theta}_t - \dot{\gamma}_{max}\sin\psi_t \\
\dot{\beta}_{max} &= \dot{\psi}_t + \dot{\gamma}_{max}\cos\psi_t\tan\theta_t \\
\dot{\alpha}_{max} &= \frac{1}{\cos\theta_t}(\dot{\psi}_t\sin\psi_t - \dot{\gamma}_{max}\cos\psi_t)
\end{aligned}\right\} \tag{5-40}$$

舰艇通过水平面向下（顺时针）摇时速度为负值，所以向下摇时高低瞄准角速度最大，向上摇（逆时针）时方向瞄准角速度最大。

四、瞄准机与随动系统

发射装置的起落架、回转装置以必要的速度和加速度跟踪或转向目标，赋予导弹一定射向的转动机构称为瞄准机。

（1）瞄准机的结构原理及分类

瞄准机主要包括高低机与方向机两部分。高低机赋予发射装置起落部分高低角，方向机赋予回转部分方位角，使导弹按预定的方向发射或以必要的速度、加速度转向并跟踪目标。

典型瞄准机的结构组成如图5-12所示。高低机、方向机的结构如图5-13和图5-14所示。

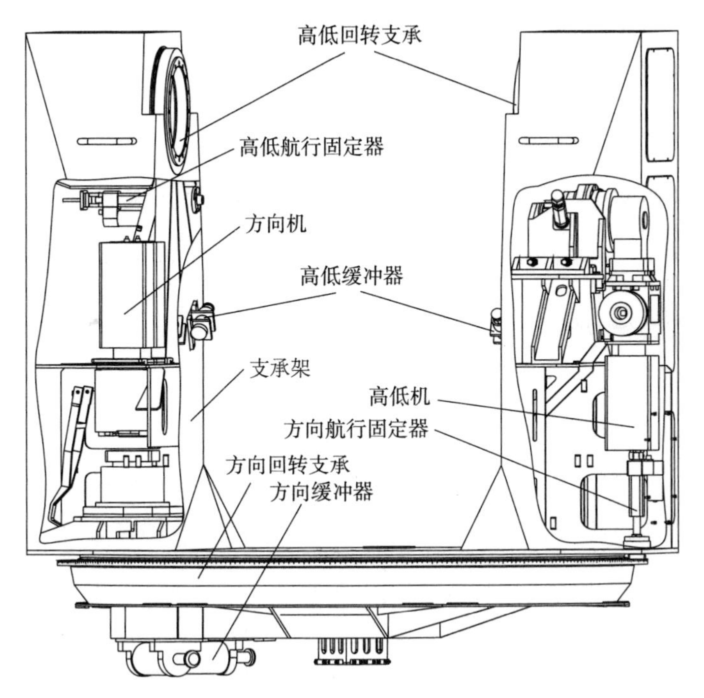

图 5－12　典型瞄准机的结构组成

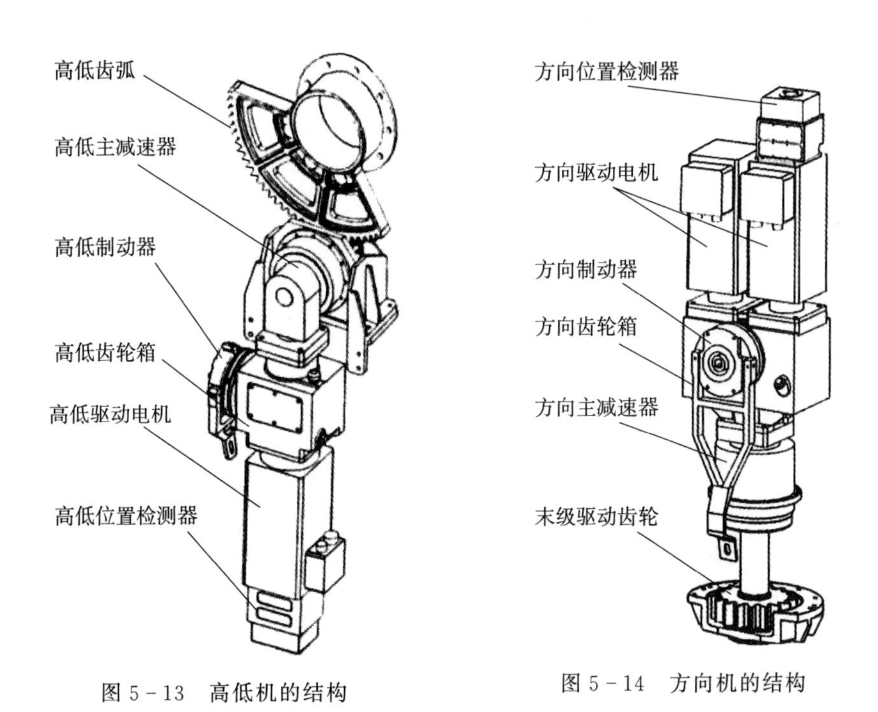

图 5－13　高低机的结构

图 5－14　方向机的结构

高低机结构：

传动线：高低驱动电机→高低齿轮箱→高低主减速器→末级驱动齿轮→齿弧。

减速器：匹配电机转速和负载转速。

制动器：可自动或手动锁定和解锁高低齿轮箱的传动输出。

高低位置检测器：是随动系统高低闭环控制的反馈环节，为其提供高低位置检测信号。

方向机结构：

传动线：方向驱动电机→方向齿轮箱→方向主减速器→末级驱动齿轮→回转支承。

方向位置检测器：是随动系统方向闭环控制的反馈环节，为其提供方向位置检测信号。

瞄准机工作方式分为自动和手动，用于跟踪瞄准和维护保障。瞄准机的工作原理如图5－15所示。

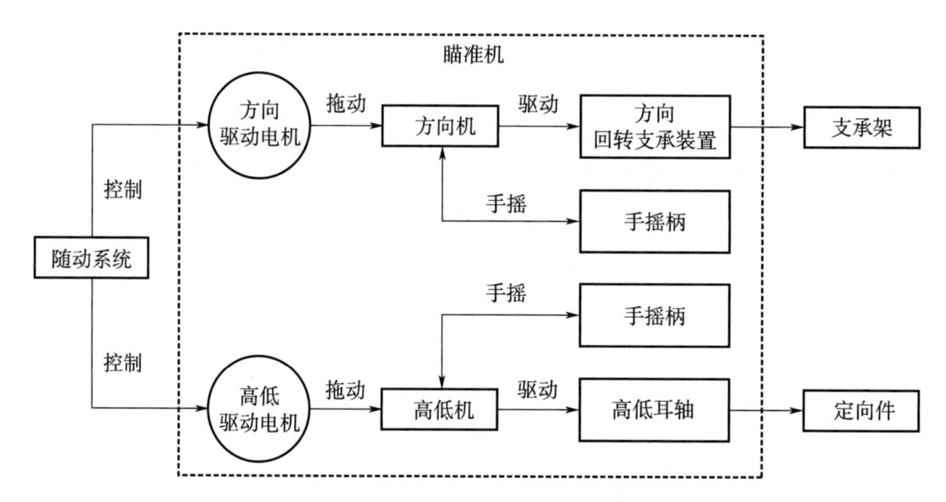

图5－15　瞄准机的工作原理

瞄准机的设计要求主要包括：

①满足瞄准角度范围要求

舰载导弹发射系统有时会由于舰面设备的阻碍不允许实现360°的全方位回转，一般通过限位装置控制发射装置的极限调转角度或射界。

②满足瞄准速度与加速度要求

指出目标性能、运载体摇摆、导弹性能对瞄准速度和加速度的影响因素。指出在满足要求的前提下，应选用最小的电机功率，并配以制动系统使导弹停在任意方位角上。

③满足瞄准精度要求

指出精度指标，主要由瞄准机的传动误差决定。

④结构设计安全可靠

瞄准机必须有防护罩，防止燃气流的烧蚀和湿气的浸蚀。同时，要设有行军固定器、制动机构、限位装置、终端缓冲器等安全保险机构。

⑤操作、维修方便

应考虑瞄准机操作维修保养方便的要求，使其结构简单、有可调环节、便于检修排除故障。对于各种运动环节的涂油、润滑油孔的位置，应考虑便于操作和保养。手柄位置和手柄力的大小，应使操作人员感到方便。一般手柄力为 78～98 N，手柄轴的高度应在 1.1 m 左右，并考虑到操作人员的安全，应有互锁机构，在操作手柄时保证电机不能起动。

导弹发射装置瞄准机的瞄准角度、角速度和角加速度、负载大小不同，从而使瞄准机的构造也不一样。从瞄准机的拖动动力来看，可分为手动、电力拖动和液压拖动。

从瞄准机的构造特点来看，可分为螺杆式、齿弧式、齿圈式（方向机）和液压作动筒（千斤顶）式。

从瞄准的跟踪特点来看，可分为非跟踪式、手动跟踪式、半自动跟踪式和自动跟踪式（电力随动、液压随动）。

对上述各种类型瞄准机的特点进行简要说明：

手动式瞄准机是指由人力操纵的瞄准机，主要用于战术地地导弹发射装置上，或定角发射的发射装置上。其优点是结构简单，重量轻。当所需功率较大或瞄准速度较高时，则采用电力（电机）拖动。对于负载大而瞄准速度低的瞄准机来说，则可采用液压拖动，通常采用液压执行装置来完成瞄准任务。

螺杆式瞄准机的特点是结构简单，刚性较差，适用于瞄准角度范围小和瞄准速度低的发射装置。当要求瞄准角度范围较大和瞄准速度较高时，一般都采用齿弧式瞄准机。齿圈式方向机主要是用在圆周 360°瞄准的发射装置上。

自动跟踪瞄准机主要用于地空和舰空导弹发射装置上。因所攻击的目标是高速机动的，瞄准角度必须随时相应改变，这个改变是在导弹武器控制系统的控制下通过随动系统自动完成的。对于攻击地面活动目标（如坦克、装甲车等）来说，其运动速度较低，可采用手动或半自动跟踪瞄准机，手动跟踪可使瞄准机的构造大为简化。

（2）瞄准机的传动系统

齿轮传动系统是瞄准机工作时常用的传动形式。传动系统中的阻力矩可分为两种：一是系统匀速运动（稳定运动）时负载的力矩，称为静力矩；二是系统做加速运动（不稳定运动）时负载的力矩，称为动力矩。

①匀速运动的静力矩

静力矩包括起落架对转轴的重力矩、运动摩擦阻力矩和风载荷力矩。其中，起落架静力矩除随着射角变化而变化外，还随着起落架运动方向改变而改变。

设原动机的驱动力矩为 M_{ms} ，所负载的静力矩为 M ，起落架向上运动的力矩为

$$M_{ms}=\frac{M}{i\eta} \tag{5-41}$$

式中　i ——传动系统传动比，$i=i_1 i_2 \cdots i_n$；

η ——传动系统总传动效率，为各级齿轮负荷轴承传动效率之积，$\eta=\eta_1\eta_2\cdots\eta_n$。

如图 5-16 所示，传动系统各传动轴上的力矩为

$$M_{\mathrm{III}}=\frac{M}{i_3\eta_3} \tag{5-42}$$

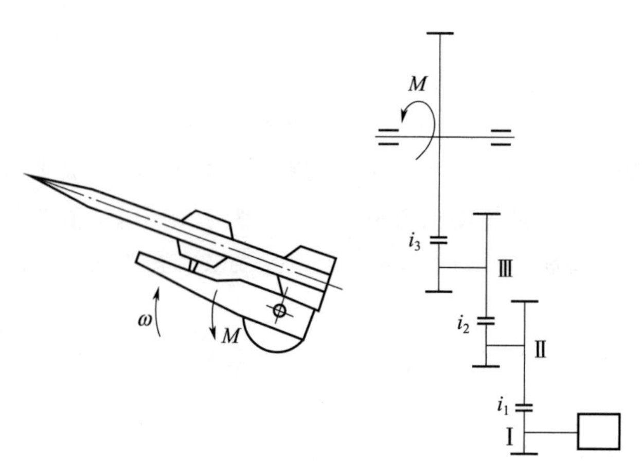

图 5-16　起落架传动系统

$$M_{\mathrm{II}} = \frac{M}{i_2 i_3 \eta_2 \eta_3} \tag{5-43}$$

$$M_{ms} = M_{\mathrm{I}} = \frac{M}{i_1 i_2 i_3 \eta_1 \eta_2 \eta_3} = \frac{M}{i\eta} \tag{5-44}$$

起落架向下运动时，起落架的外载荷 M 应看作主动力矩，而原动机轴上应加一制动力矩。力的传递是逆向的，各系统中各个摩擦环节都有助于制动。此时原动机驱动轴上的力矩以 M_{ms}^{r} 表示，则

$$M_{ms}^{r} = \frac{M\eta^{r}}{i} \tag{5-45}$$

式中　η^{r} ——传动系统逆向总效率。

②加速运动的动力矩

当传动系统做加速运动时，原动机除克服静阻力矩外，还需克服惯性力矩（动阻力矩）。某一传动件的惯性力矩等于该件的转动惯量与其角加速度的乘积。但传动系统的惯性力矩要换算到原动机驱动轴上，如图 5-17 所示。

对于主动轴Ⅰ，有

$$M_1 = J_1 \frac{\mathrm{d}\omega_1}{\mathrm{d}t} + \frac{M}{i\eta} \tag{5-46}$$

式中　M_1——Ⅰ轴的主动力矩；

$J_1 \frac{\mathrm{d}\omega_1}{\mathrm{d}t}$——Ⅰ轴上的惯性力矩；

$\frac{M}{i\eta}$——从动轮对主动轮的力矩。

对于从动轴Ⅱ，有

$$M = J_2 \frac{\mathrm{d}\omega_2}{\mathrm{d}t} + M_2 \tag{5-47}$$

式中　M_2——Ⅱ轴的负载力矩；

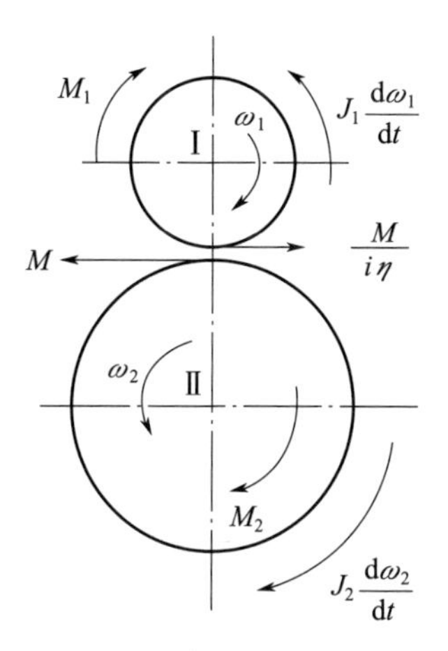

图 5-17　加速运动的载荷

$J_2\dfrac{d\omega_2}{dt}$ ——Ⅱ轴上的惯性力矩。

因 $\omega_2=\dfrac{\omega_1}{i}$，则式（5-47）为

$$M=\frac{J_2}{i}\frac{d\omega_1}{dt}+M_2 \tag{5-48}$$

代入式（5-46），得

$$M_1=\frac{M_2}{i\eta}+J_1\frac{d\omega_1}{dt}+\frac{J_2}{\eta i^2}\frac{d\omega_1}{dt} \tag{5-49}$$

式中，右边第一项 $\dfrac{M_2}{i\eta}$ 为从动轴上负载力矩折合到驱动轴；右边第二项为驱动轴的惯性力矩；右边第三项为从动轴转换到驱动轴上的转动惯量，称为当量转动惯量，对多级传动的当量转动惯量应为各级从动轴转换到驱动轴上的转动惯量之和，可写成

$$\sum_{x=1}^{n}\frac{J_x}{\eta_x i_x^2} \tag{5-50}$$

式中　$\dfrac{J_x}{\eta_x i_x^2}$ ——某从动轴的转动惯量；

η_x，i_x ——驱动轴到某从动轴的传动效率和传动比。

这样，加速运动时原动机驱动轴上的力矩 M_m 可写成

$$M_m=M_{ms}+J_m\varepsilon_m+\varepsilon_m\sum_{x=1}^{n}\frac{J_x}{\eta_x i_x^2} \tag{5-51}$$

式中　M_{ms} ——原动机驱动轴静阻力矩；

$J_m\varepsilon_m$ ——驱动轴的惯性力矩。

对于不大的 J_x 换算到驱动轴上所得的数值比起驱动轴本身的转动惯量要小很多，因而对于传动系统折合到驱动轴上的转动惯量可以近似地转换为其当量的 0.15～0.3 倍。而

起落部分有相当大的转动惯量，必须计算其当量转动惯量。加速运动时原动机驱动轴上的力矩 M_m 可简化成

$$M_m = M_{ms} + (1.15 \sim 1.3) J_m \varepsilon_m + \varepsilon_m \frac{J}{\eta i^2} \tag{5-52}$$

式中 $\frac{J}{\eta i^2}$ ——起落架的当量转动惯量。

(3) 传动比、驱动功率与传动精度

①传动比

传动比是传动系统设计中的一个重要参数。一般情况下，原动机为高转速，而瞄准跟踪速度较小，所以瞄准机的传动比很大，一般超过 100，大的近 7 000。

原动机到起落部分的传动比，一般取原动机的额定转速与最大跟踪速度之比。虽然调转速度比跟踪速度大，但瞄准机工作的主要过程是跟踪过程，而调转过程时间短，原动机一般都有短期超速性能，其最大转速应能满足调转速度的要求。因此，一般情况下，跟踪速度作为确定瞄准机传动比的依据；如果调转速度比跟踪速度大很多，原动机短期超速性能不能满足调转速度要求时，则传动比应为原动机额定转速与调转速度之比。传动比可表示为

$$i = \frac{\pi n}{30\omega} \tag{5-53}$$

式中 n ——原动机的额定转速，r/min ；

ω ——最大跟踪速度（或调转速度），rad/s 。

传动比确定后，要确定传动级数。任一传动比可分成若干级，但传动级数不宜过多，传动级数越多，则结构越复杂，传动效率越低，传动精度越差。在传动比很大的情况下，可采用大减速比的减速器，如行星齿轮减速器；也应考虑到传动机构的结构紧凑性，增加传动级数。如传动比为 15.3 的方位减速器，可以分为两级传动，分成三级传动结构更为紧凑。

分速比即分配每一级传动比大小。应尽量按“前小后大”的原则递增排列。因为传动系统一级一级地减速，力矩一级一级地增大，如果分速比是“前小后大”，也就是前面各级减速少一点，则力矩增加得不大。最后一级减到应有的转速，增到应有的力矩。这样，负荷分配比较合理，否则前面传动比过大，一开始就使力矩增大，使大多数传动元件都受较大的负荷，必然会引起传动装置尺寸和结构过大。

②驱动功率

在发射装置瞄准过程中，跟踪是主要的工作过程，工作时间长，调转过程的调转加速度和动力矩虽然很大，但调转过程时间很短，所以瞄准原动机的功率选取以跟踪过程的载荷为依据，而以调转过程的载荷作为过载验算值。

额定功率为

$$N_m = M_m i \omega \tag{5-54}$$

式中 M_m ——跟踪过程原动机轴上应有的最大驱动力矩；

ω ——最大跟踪速度。

转矩过载验算：以跟踪状态选择的原动机功率取调转状态进行过载验算。不同的原动机，其过载系数不同，直流电动机 3 s 内过载系数可达 2.5～3。

$$\frac{(M_m)_{\max}}{M_m} \leqslant \lambda \tag{5-55}$$

式中　$(M_m)_{\max}$——调转时原动机轴上应有的最大驱动力矩；

λ——所选原动机允许的转矩过载系数。

转速验算为

$$\frac{\omega_{\max}}{\omega} \leqslant a \tag{5-56}$$

式中　$\omega_{\max}$——调转时起落架的角速度；

ω——跟踪时起落架的最大角速度；

a——超速系数，一般为 1.5 左右。

③传动精度

瞄准机构传动精度直接影响导弹的发射精度，大多数导弹对发射精度均有不同的要求，因为导弹滑离时初始偏差过大，将影响导弹的飞行控制。不同的制导方法，对发射精度的要求不同，发射装置瞄准机构传动系统的精度一般在 7.2′～10.8′范围内。

对于齿轮系统传动的瞄准机构，影响其传动精度的主要因素是齿轮的加工精度、齿间侧隙和传动系统的装配精度。为了补偿齿轮的弹性变形和热膨胀变形，以防止卡死，以及使工作齿面间形成油膜，以保证润滑，在齿轮传动的工作面间必须留有一定的间隙，称为齿侧间隙，简称侧隙。侧隙的存在及安装中的装配误差使齿轮传动系统产生了空回量。所谓空回量，是指当主动轮转过一个角度时，从动轮滞后转动的角度。瞄准机构的齿轮传动系统一般是多级传动，每一级齿轮的空回量经多级传动后会逐步累加，形成最终的整个传动系统的总空回量角度。

第二节　舰载垂直发射系统

一、垂直发射的发展历程

世界范围内舰载导弹垂直发射技术研究始于 20 世纪 60 年代末，首先试验成功的是舰空导弹。1968 年，英国率先在护卫舰上成功垂直发射了一枚“海狼”舰空导弹。20 世纪 80 年代初，苏联首先在“基洛夫”级核动力巡洋舰上装备了“利夫”舰空导弹垂直发射装置，随后又在“无畏”级反潜导弹驱逐舰上装备了“克里诺克”舰空导弹垂直发射装置，目前俄罗斯仍在使用，如图 5-18 所示。与此同时，美国也完成了 MK-41 通用垂直发射系统的陆上试验，并于 20 世纪 80 年代中期开始装备到巡洋舰和驱逐舰上。北约于 20 世纪 70 年代提出将“海麻雀”改为垂直发射的方案，20 世纪 80 年代服役。随后，以色列、法国、意大利和挪威等国也开始了将垂直发射技术引入舰空导弹系统的研究工作，各国海军又将垂直发射技术引入舰舰导弹系统中。我国于 20 世纪末开始研制舰载垂直发射系统，并于 21 世纪初在新型护卫舰上装备服役。

(a) 英国“海狼”垂直发射装置

(b) 美国MK-41垂直发射装置

(c) 俄罗斯“克里诺克”垂直发射装置

(d) 俄罗斯“利夫”垂直发射装置

图 5-18 各国导弹垂直发射装置（见彩插）

目前，垂直发射方式主要分为两类：热发射方式和冷发射方式。

热发射方式也称为自推力热发射方式，美国及西欧各国的舰载导弹垂直发射系统主要采用这种发射方式。其工作过程是首先起动导弹发动机，导弹依靠自身推力飞离发射箱，燃气从发动机喷出后，燃气排导系统的压力室使燃气流膨胀减速，然后经垂直排气道排入大气中，整个排气道的内表面衬有抗烧蚀材料。而后载弹微处理机按预编程序控制推力系统的燃气舵转动，从而改变燃气喷流的方向，实现导弹转弯。

冷发射方式也称为冷气弹射方式，由苏联法克尔设计局最先推出和应用，也是当前俄制舰载垂直发射系统的主要发射方式。按照弹射动力源分，有压缩空气弹射、蒸汽弹射、液压弹射和燃气弹射等多种方式。其工作过程是由弹射器将导弹从贮运发射箱中垂直弹射到甲板上方一定高度后，导弹主发动机点火开始自力飞行，并由弹载轻型辅助转弯模块使其转向。

20 世纪装备的垂直发射系统，如俄罗斯的“利夫”和“克里诺克”导弹发射装置、英国的“海狼”导弹发射装置和以色列的“巴拉克”导弹发射装置等都是专弹专用的，只有美国 MK - 41 型导弹垂直发射系统能够发射“战斧”巡航导弹、“标准”系列防空导弹和“阿斯洛克”反潜导弹，这在当时是最具代表性的舰载导弹发射系统，并在近十几年的多次实战中得以成功应用。

21 世纪，随着科技的发展和军事技术的不断进步，战争形态和作战方式都发生了很大变化，进而对舰载导弹武器装备的发展提出了更高要求，例如，作战效能高、生存能力强、反应速度快、适装性能好等。其中，发射装置实现通用化，即多种武器使用同一个发射装置是现代武器系统发展的主要方向之一。在此需求下，通用发射技术与垂直发射技术有机结合起来，出现了舰载导弹通用垂直发射技术。这样的通用垂直发射系统可同时容纳各类武器，能根据不同的作战要求合理地布置在作战舰艇的适当部位，完成不同的发射任务。在有限的空间内配备更多类别的武器，大大提高了作战舰艇的综合实战能力，同时也使其在总体设计及武器配置等方面更加灵活。目前，新一代垂直发射系统在研或正在试验中普遍接受了共架发射的设计理念。例如，法国研制的“席尔瓦”型系统按照设计要求，能够发射“紫苑”15 和“紫苑”30 型防空导弹、“风暴阴影”海军型对陆攻击巡航导弹；美国研制的 MK - 57 型系统能够发射“战斧”巡航导弹、“标准”区域防空导弹、“阿斯洛克”反潜导弹、“鱼叉”反舰导弹、“改进型海麻雀”点防空导弹。从技术角度讲，实现共架发射相比单一用途发射需要解决更多技术难题。对于这种发射系统，面对不同武器的自身特点，要求发射装置的几何尺寸、电气接口以及发射电路具有很强的通用性，同时还要求贮运发射箱具有相对独立性。因此，在设计理念与方法上，更强调开放式、模块化和标准化设计，以满足各类武器对发射的不同要求。

二、垂直发射技术的特点

(1) 垂直发射技术的优点

① 360°全方位发射，无发射盲区

倾斜式发射装置很难做到 360°全方位攻击，而且其发射区通常受到地形和建筑物等的限制，从而形成发射盲区。垂直发射的导弹可以垂直飞行一段高度，避开地形或建筑物的限制，然后再进行转弯去攻击目标，能实现全方位发射。

②反应时间短

垂直发射的导弹贮存状态为发射状态，相对瞄准式随动发射而言，垂直发射装置在发射过程中不需要对目标同步跟踪和瞄准，从而节省了瞄准动作时间，系统准备时间及反应时间都大大缩短了。另外，对模块化垂直发射装置来说，在发射过程中若出现异常情况，不必退换导弹，可立即选用另一模块内的导弹。

③结构简单紧凑，载弹量大

与倾斜式发射装置相比，垂直发射装置结构简单、紧凑。它不需要复杂的瞄准机构，占用空间小。对于舰载和潜载垂直发射，可以实现紧凑的模块安装，大大提高了系统的载弹量，因而可以提供足够火力攻击多个目标，从而使武器系统抗饱和攻击性能得到增强。如美国的 MK－41 垂直发射系统，一个弹库可装“标准Ⅱ”导弹 61 枚，而同样尺寸的 MK－26 倾斜发射系统弹库装弹数仅为 44 枚。

④可靠性高

垂直发射装置去掉了输弹/装弹机构和发射架的随动系统，其制造成本和维护费用均比同类倾斜发射装置减少 1/3 以上。垂直发射系统实际上是一个并行的多冗余度系统，当某一模块或几发导弹出现故障时，可转换到其他模块或其他导弹上继续作战，不影响整个武器系统的作战效能，整体可靠性大为提高。

⑤易于实现一架多用，做到通用化发射

垂直发射相当导弹的发射角都是 90°，这为同一发射装置发射不同类型导弹提供了可能，这就是所谓的通用化发射。通用化发射大大提高了发射装置的利用效率，并且减小了装备的维护培训工作量，降低了武器系统的成本。如 MK－41 发射装置可以发射防空导弹、“鱼叉”反舰导弹、“阿斯洛克”反潜火箭及“战斧”巡航导弹，实现了一架多弹配置。

（2）垂直发射技术的缺点

①对导弹的技术要求高

垂直发射时，导弹并不像倾斜发射那样瞄准目标。导弹升空后，首先要有一段垂直上升段，以避开发射平台的上层建筑，然后进行快速转弯，在空中快速进行方位对准。为了保证系统杀伤区近界的要求，快速转弯和方位对准一般在 2～3 s 内完成。导弹转弯段的结束是以弹道倾角、攻角、俯仰角速度、高度等要求为约束条件的，当上述飞行参数满足约束条件时，导弹即按规定的导引规律飞行。由此可见，垂直发射较倾斜发射对导弹的技术要求较高。

②杀伤区近界有一定损失

由于导弹转弯期间以较大的攻角飞行，导弹阻力增大，推力的一部分用于弹道转弯，导弹的飞行弹道不像倾斜发射那样平直，造成导弹飞行的平均速度有所减小，系统杀伤区作战近界有所增加。对某导弹计算结果表明，对拦截空域中的高远点，垂直发射导弹的平均速度比倾斜发射小 37 m/s，对低近点，垂直发射的飞行时间比倾斜发射多 1 s 左右。为了减少平均速度的损失，有些防空导弹系统采用冷发射技术，即导弹在燃气发生器推力作用下飞离发射平台，利用弹上喷气动力使导弹转到预定角度，再点燃主发动机，使导弹快速飞向目标。

三、垂直发射对导弹的要求

1）必须解决导弹自身转向问题，并使最小有效射程尽量减小。但导弹刚发射时速度小，动压低，空气舵几乎没有控制效果。因此，必须采用推力矢量控制系统来提供转弯所需要的控制力。可供战术导弹使用的推力矢量控制系统有：单个或多个可偏转喷管控制系统、尾控制面与可转喷管相结合的系统、液体喷射系统、电子液压操纵的燃气舵系统以及燃气舵与尾控制面相结合的系统等。为了确保导弹在尽可能低的高度上快速俯仰转弯，必须合理选择助推加速度、转弯开始时间、舵偏转角的大小和偏转速度。理想的转弯程序是先滚动后俯仰，这有以下几个优点：以滚动代替航向运动实现全方位攻击，可缩短转弯时间；在垂直上升段先完成滚动，充分利用这段时间；弹体运动简单，通道间耦合干扰小；弹体绕纵轴的运动惯量小，容易在极短时间内消除滚动偏差；导弹垂直上升到舰船建筑物最大高度时，只进行俯仰转弯，动作简单，时间短。

2）需要增大导弹空中运动姿态测量范围。选择垂直发射的导弹，要求滚动角和俯仰角范围都很大，滚动角范围最大可达 180°，俯仰角变化范围可达 100°～130°。传统的自动驾驶仪和目前所用的惯导系统，由于角度工作范围有限，不能满足导弹垂直发射条件下的工作要求。目前最理想的选择方案是捷联式惯导系统。这种系统角度工作范围很大，完全能满足导弹垂直发射的要求。利用 3 个二自由度陀螺仪分别测量弹体的 3 个角速度，并将测量数据送到弹上计算机进行计算和坐标转换，产生相应的控制指令来控制燃气舵和空气舵，使导弹按程序滚动和俯仰。

3）必须解决大攻角气动耦合问题。垂直发射导弹在程序转弯时，必须做大攻角急剧转弯（有时可达 60°）。在大攻角飞行状态下，导弹空气动力学的非线性特性很强，3 个控制通道之间会出现气动耦合现象：弹体姿态变化引起有害诱导力矩；对称控制面在相同偏转角条件下产生不同的控制力，出现控制面耦合，对控制系统产生不利影响，甚至使控制系统不稳定。一般采用适当限制最大攻角范围或使滚动通道的带宽大于俯仰和偏航通道带宽的 3～5 倍解决，但滚动通道带宽的加大受到实际条件的限制。而缩小俯仰和偏航通道的带宽又会降低两个回路的快速性，造成导弹机动性减小等问题。较好的解决办法是实时辨识包括气动交耦参数在内的所有气动参数，用解耦的方法对有害的气动交连进行准确的去耦，也可用随机模型参考自适应方法来解决。目前，国外主要采用的方法是把各通道中传感器的输出信号引入其他通道中，用人为引入的交叉反馈削弱或抵消气动交耦的影响。交叉反馈的增益应根据攻角、侧滑角和速压的某种实时估计进行调整。因此，必须事先知道系统的数学模型，特别是耦合项的数学模型。要想得到比较可靠的耦合项模型，则必须针对不同型号导弹进行大量风洞试验。

四、垂直发射对发射系统的要求

（1）热发射方式必须解决燃气排导问题

采用热发射方式的垂直发射系统将导弹发射时产生的大量高温燃气传给发射装置，如何排放这些燃气以及保护贮运发射箱和排气道，是导弹发射系统设计中的关键问题，且必须同时考虑导弹正常发射和意外点火两种情况，以保证人员的安全和舰艇的完好。在垂直发射装置中，导弹垂直贮存在密闭的发射箱中，导弹正常发射或意外点火时，将产生大量的高温、高速燃气流，燃气流速度达 2 500 m/s 左右，温度为 2 000 K 左右，并含有腐蚀性强的氧化铝、化合能力极强的氢氧化物、大量的二氧化碳、未燃尽的氢及其他可燃物。如果燃气流进入空发射箱或不能顺利排导出去，将同发射箱中的空气混合，使未烧尽的氢气及其他可燃物发生化学反应，进入相邻的发射箱，可能烧坏导弹结构，引燃助推器，或引爆弹头，导致危及全舰的灾难性连锁反应。可见，确保进入系统的燃气不流向任何空发射箱中，同时将发动机燃气安全而畅通地排导到舰外安全区域，保证导弹发射和舰艇的安全，燃气排导系统就成为关系到垂直发射成败的首要技术关键。一般对燃气排导系统提出的要求如下：

1）考虑舰艇对其设备重量和尺寸的限制，确定发射装置机械结构刚好能安全承受发动机点火时所产生的最大压力负载。

2）使任一枚点火导弹所产生的燃气流顺利地排导到舰外的安全区域，不得进入其余未点火导弹所在的隔舱内。

3）燃气流所经过的空间增压尽可能降低，对未点火导弹贮存环境（温度、振动等）的影响尽可能小，以免损坏发射装置或未点火导弹。

4）燃气流所经过的排导管道将不同程度地受到高温高速燃气流的冲刷，因此，管道的表面必须采用耐热防烧蚀材料防护，这些材料的耐冲刷次数至少应等于发射单元的贮弹数，如美海军 MK－41 型发射装置的热设计要求是能承受 7 次正常发射和 1 次意外点火发射。

（2）必须考虑弹库安全问题

舰载垂直发射装置一般是模块化配置，导弹数量大，各弹舱之间距离较小，因此，必须确保导弹的贮存安全，尤其是导弹一级发动机意外点火情况下相邻导弹和载舰的安全。舰载垂直发射装置内通常设有安全系统，如自动喷淋系统、注水系统、通风系统、灭火系统等，根据不同需要选用。此外，在舰上功率强大的雷达开机状态下，大功率的电磁场强，对垂直穿过其中的导弹也产生了一种电磁引爆的环境。为此，垂直发射系统必须考虑包括弹片防御和装甲防御、抗电磁干扰措施以及抗振动和抗冲击措施在内的综合安全技术。

（3）共架发射必须考虑弹型适配和发射协调问题

通用化垂直发射是导弹垂直发射系统的发展趋势。共架垂直发射需要考虑各种弹型在发射装置中的适配问题，这一方面需要推进各种机械和电气接口的标准化工作，另一方面也必须综合考虑各型导弹因结构不同在发射装置中的装填、支承、减振和电气连接中的不同要求。此外，不同用途导弹在共架发射时可能会产生相互干扰，如反舰导弹和防空导弹在同一时段进行发射时，必须控制协调发射时机，以防止己舰发射的防空导弹将先前发射的反舰导弹作为攻击目标。共架垂直发射协调的基本原则是：一方面要保证各型导弹的发射安全；另一方面也必须兼顾导弹发射效率，不降低垂直发射系统的发射能力。

第三节　舰载通用垂直发射系统

舰载通用垂直发射系统是在舰载垂直发射系统的基础上，可实现共架发射不同类型、不同弹种、不同用途导弹的垂直发射系统。

目前，世界上具有代表性的舰载通用垂直发射系统主要有公共燃气排导式、同心筒式。

一、公共燃气排导式发射系统

公共燃气排导式发射系统最典型的代表是美国的 MK－41 垂直发射系统。它在 1976 年由马丁·马丽埃塔公司（Martin Marietta）作为主承办商开始研制，1983 年完成定型并投产，主要由标准模块、装填模块、贮运发射箱和发射控制系统等组成，如图 5－19 所示。

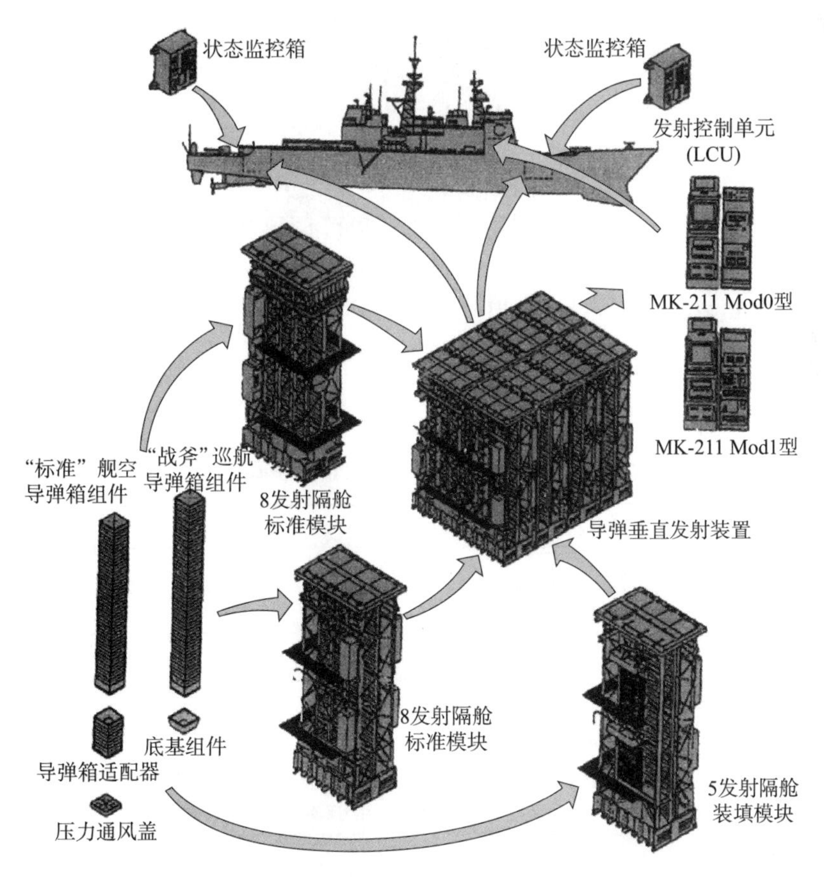

图 5－19　"提康德罗加"级导弹巡洋舰 MK－41 垂直发射系统 Mod0 型示意图

（1）标准模块

MK－41垂直发射系统的标准模块为独立结构，由支承构架、甲板、舱口盖及开启机构、发射程序器、动力控制板、注水冷却系统、燃气排导系统和电源等部分组成，如图5－20所示。按照作战使命任务，MK－41系统具有“打击型”“战术型”和“自卫型”三种标准模块类型。标准模块既是构成整座弹库的最小单元，也是一个独立的战术单元。一个完整的MK－41系统通常由一个或多个标准模块组成，可以根据作战任务需求和舰船条件的不同，对标准模块进行组装和改变。MK－41垂直发射系统标准模块尺寸见表5－1。

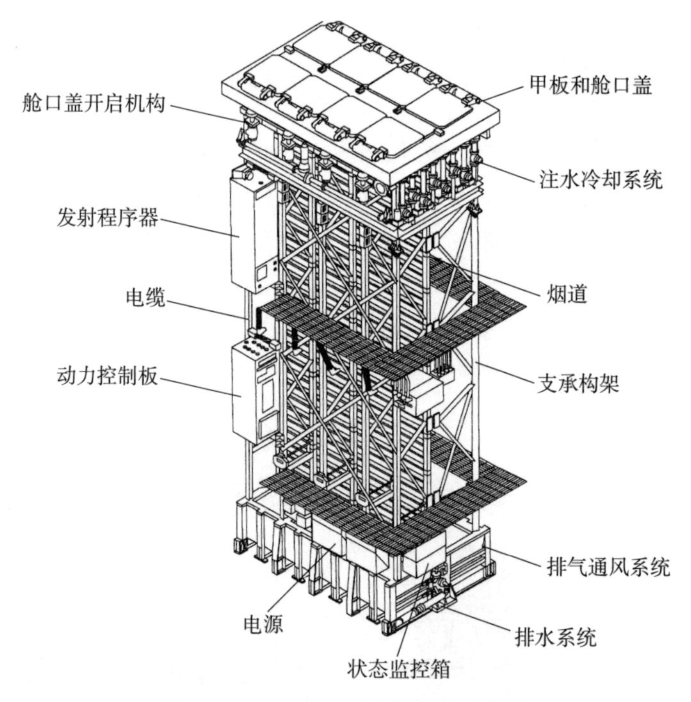

图5－20　MK－41标准模块示意图

表5－1　MK－41垂直发射系统标准模块尺寸

	打击型模块	战术型模块	自卫型模块
长度/m	3.17	3.17	3.17
宽度/m	2.08	2.08	2.08
高度/m	7.67	6.76	5.03
空载质量/t	14.5	13.5	12.16
满载质量/t	37.4	34.48	30.15
武器类型	舰舰、对陆攻击导弹，如“战斧”巡航导弹	舰空、反潜导弹，如“标准－2”舰空导弹、“阿斯洛克”反潜导弹	近程舰空导弹，如“改进型海麻雀”舰空导弹

MK－41垂直发射系统的标准模块在陆上组装完毕后采取整体方式装舰。“打击型”“战术型”和“自卫型”三种标准模块如图5－21所示。MK－41标准模块整体装舰如图5－22所示。

图 5-21　完成组装的 MK-41 三种标准模块

图 5-22　MK-41 标准模块整体装舰

①支承构架

标准模块的支承构架设计成 8 个隔舱的骨架形式，分成两排，每排 4 个隔舱，既用于装载导弹贮运发射箱（一个隔舱里放置一个贮运发射箱），又用于安装和支承模块的所有设备。

②舱口盖及开启机构

每个舱口盖均设有开启机构，是 MK－41 系统的唯一运动部件，迅速打开舱口盖所需的最大机械力为 2.57 kN。如果贮运发射箱内的导弹发生意外点火，舱口盖能在 0.35 kgf/cm^2 的内压下自动开启，为导弹飞离提供安全通道，以保护弹库的安全。

③发射程序器

每个标准模块上装有 1 个发射程序器（LSEQ），尺寸为 0.419 m（宽）×0.495 m（厚）×1.806 m（高），质量为 181.8 kg，它位于模块上层通道的外侧。发射程序器的主要功能是对 8 个发射隔舱中任一导弹实施发射控制，并向动力控制板发出指令，控制舱口盖开启机构打开或关闭舱口盖。发射控制信号来源于武器控制中心的发射控制单元，通过电缆传送到发射程序器，发射程序器根据指令控制导弹做好射前准备。发射程序器还向动力控制板发出指令，控制冲水系统、机内测试设备、燃气排导系统和除冰装置等完成相关操作。

发射程序器集成了大量的数字电路，其机电接口提供第二层指令并控制模块与导弹之间的通信功能，因此便成为发射控制系统（LCS）的一个重要部分。发射程序器还可通过使用机内测试设备（BITE）控制和执行模块层次的自检，当模块不执行发射任务时，BITE 就会周期性地运行，提供持续的状况检查和模块状态报告。

每个发射程序器采取“模块化”设计，分成两个部分，每部分控制一个模块中的 4 个发射隔舱，从而可以将失效的影响限制到半个模块中。

④供电电源

每个标准模块配置两个完全相同的可编程电源（PPS），每个电源可以为一个模块中的 4 个发射隔舱供电，同时给模块设备和导弹供电，通过以太网由发射程序器实施控制，发射之前为导弹提供外部供电。供电电源还是启动武器相关功能的能源，如点燃助推器和释放导弹锁定装置等。

⑤状态监控箱

每个发射模块配置一个状态监控箱和受损控制节点盒，为舰船损管控制中心和战术信息中心（CIC）提供一个完整的接口，实现对发射模块的状态监控。每个模块和导弹的危险信息（如高温环境）、系统状态信息均显示在状态监控箱上，并传送给舰船损管控制中心或 CIC，本地状态监控箱还可控制发射模块的供电电源，实现功能互锁，避免在进行装填作业或防结冰系统工作时出现发射导弹的现象，确保系统安全。

⑥动力控制板

标准模块上装有 1 块动力控制板（MCP）。MCP 的尺寸为 0.419m（宽）×0.495 m（厚）×1.328 m（高），质量为 218 kg，它位于下层通道的外侧，主要功能是为模块中的

8个发射隔舱提供工作电源，并根据发射程序器的指令控制舱口盖和垂直排气道顶盖的开启和闭合，控制压力通风室的泄水阀。

⑦注水冷却系统

注水冷却系统是MK-41系统不可缺少的重要组成部分，可以向弹库内冲水和贮运发射箱内注水。当弹库内温度过高或发生火灾时，注水冷却系统进行自动冲水冷却。由于贮运发射箱采取密闭设计，所以冲水不会浇湿导弹。此外，弹库中的所有电气设备和电缆都是采取防水设计，因此注水冷却系统的工作不会造成电气设备的损坏。当贮运发射箱内温度过高或者导弹意外点火时，注水冷却系统会向贮运发射箱内注水，避免导弹对弹库造成损害，危及载舰的安全。

⑧燃气排导系统

燃气排导是垂直发射系统设计的关键技术之一。导弹发射时会产生大量的高温高压燃气，迅速有效地将这些燃气排导出去是非常重要的。因为这些燃气对发射装置和有关设备都会产生很严重的烧蚀。以美国“标准”舰空导弹为例，燃气流温度高达2 400 K，燃气流中40%是硬度高、附着力强的氧化铝粒子，还含有76 000 mg/kg的极其活泼的氧化氢气体。高温、高速粒子的碰撞和扰动所产生的热交换，传递给发射装置产生巨大的热量，会大大缩短发射装置的使用寿命。

MK-41垂直发射系统的燃气排导系统是8个发射隔舱共用的。每个模块的发射隔舱分成两排，两排之间是燃气排导系统的垂直排气道，隔舱下部是燃气排导系统的压力通风室。发射箱、排气道和压力通风室共同构成了发射模块的燃气排导系统。排气道和压力通风室分别由钢制框架和MXBE-350玻璃酚醛树脂制造，最后螺接在一起。发射箱的前后密封盖分别起着让导弹通过和排除燃气的作用，并可阻断相邻发射箱的燃气流进入，这种设计易于实现整个发射装置的良好密封。发射箱、排气道和压力通风室分别能够承受275 kPa、175 kPa和265 kPa的内压。导弹发动机点火后，压力通风室使燃气流膨胀减速，然后经排气道排入大气中。为了尽量减少导弹发射时高温燃气对其他发射箱箱体的热传导影响，排气系统的整个内表面衬有抗烧蚀材料，至少能承受64次导弹发射。燃气排导系统如图5-23所示。

燃气排导过程如下：

1）舱口盖和排气道口盖打开；

2）排水道关闭；

3）发动机点火；

4）贮运发射箱后密封盖破裂；

5）导弹穿破前密封盖飞离发射箱；

6）舱口盖关闭；

7）延迟10 s后排气道口盖关闭；

8）必要时打开排水道提供水源。

MK-41垂直发射系统上导弹燃气排导示意图如图5-24所示。

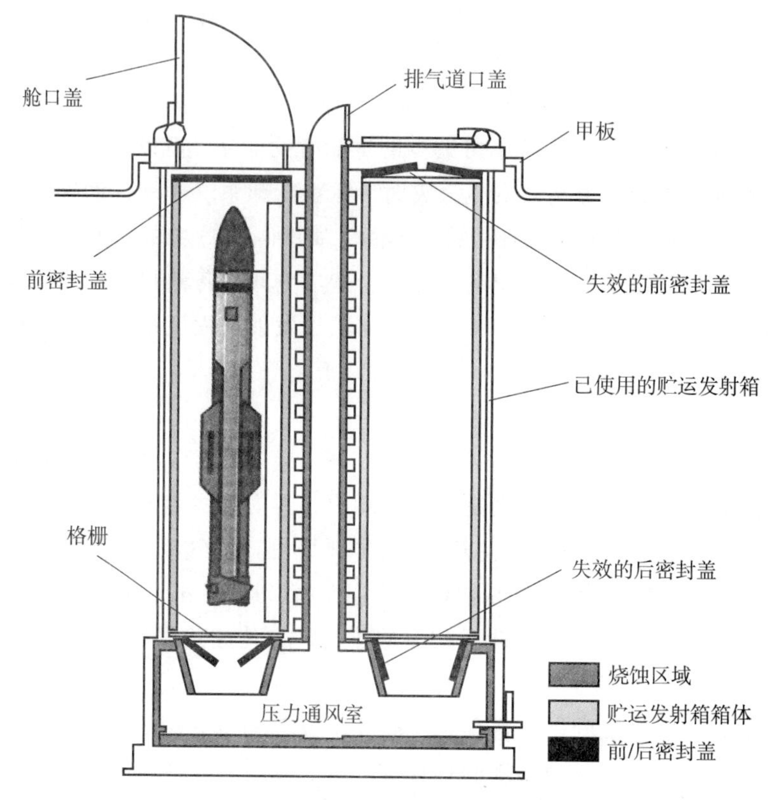

图 5-23　燃气排导系统

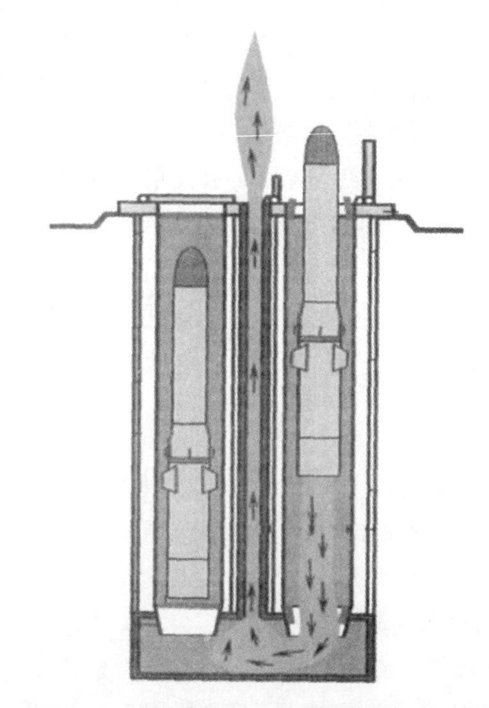

图 5-24　MK-41 垂直发射系统上导弹燃气排导示意图（见彩插）

（2）装填模块

MK－41垂直发射系统装填模块的外形尺寸同标准模块一样，总体构架也基本相同。装填模块安装有一台折叠式液压起重机，占用3个发射隔舱的空间，如图5－25所示。平时起重机折叠收缩在甲板下面，工作时升到甲板上面并伸开起重臂，起重臂长8.15 m，起吊高度为7.62 m，起吊质量为2 t，可从弹库侧面（舷侧）将装有导弹的贮运发射箱吊装至MK－41系统的任意隔舱中，也可将空的贮运发射箱吊出，以便再次使用。

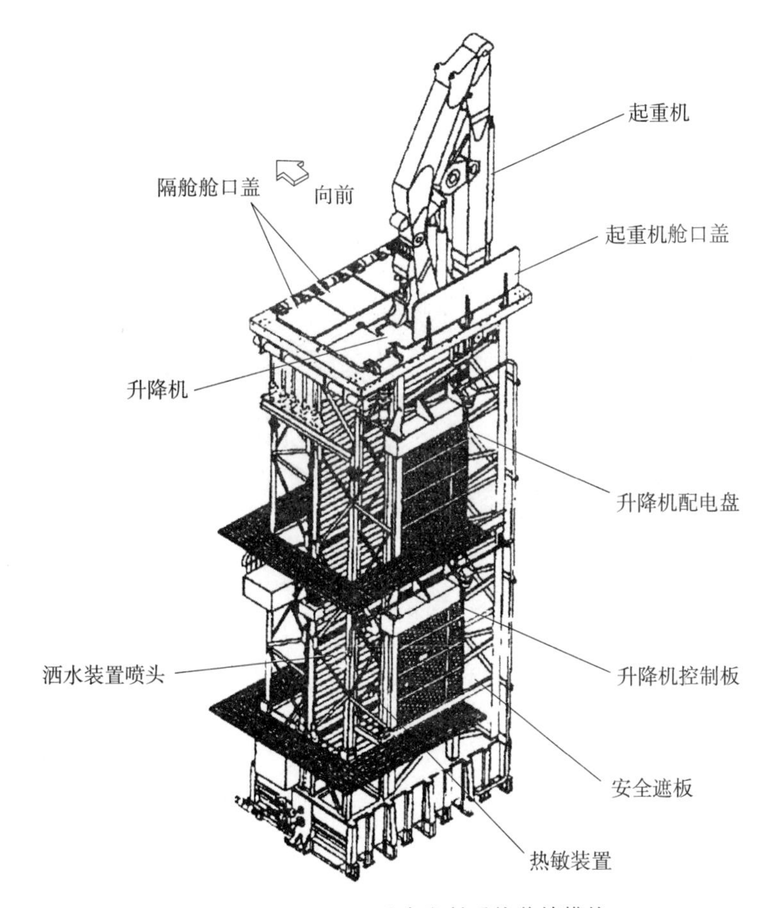

图5－25　MK－41垂直发射系统装填模块

装有装填设备是MK－41垂直发射系统的重要特点之一，不仅可以在基地或锚地补给弹药，也可以通过补给舰或普通运输船进行海上补给装填。在舰艇横摇±5°、纵摇±2°的低海况时，装填补给速度为10发/h；当摇摆角度达到±15°时，系统仍可靠工作，但当超过±30°时，则可靠性降低。实际操作证明（据资料），在5级海况下装填速度为4发/h，即使“提康德罗加”级导弹巡洋舰补充50%的弹药，也需要15～20 h。因此，MK－41系统在海上直接补给装填导弹的现实可行性受到一定的质疑。

（3）贮运发射箱

贮运发射箱不仅是导弹贮存、运输和发射的装置，而且也是构成MK－41垂直发射系统燃气排导系统的重要组成部分。导弹在运输和贮存期间，贮运发射箱可以为导弹提供环境保护和装卸保护等，因此要求贮运发射箱有一定的机械刚度和强度，并配有必要的搬运辅件。作为发射装置，发射箱内设有导弹发射所必需的导轨、电气插接器、保险解锁/锁定装置、固弹机构等部件。贮运发射箱装舰后，通过发控电缆将导弹与对应的发射程序器匹配连接，发射箱内含有一个编码的插头，用于识别装载导弹的类型。

①贮运发射箱的类型

MK－41 垂直发射系统的贮运发射箱有 MK－13、MK－14 和 MK－15 三型。三型发射箱的外形结构基本相同，截面均为 63.5 cm×63.5 cm，长度有 5.79 m 和 6.71 m 两种，箱体采用波纹钢制成，内部结构按照 2.82 kg/cm^{2}的内压要求进行设计。贮运发射箱的组成示意图如图 5－26 所示。

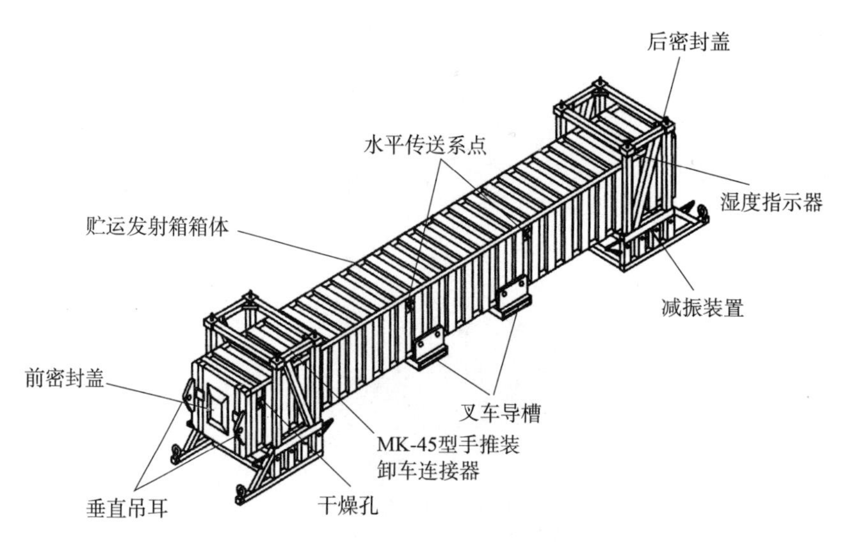

图 5－26　贮运发射箱的组成示意图

MK－13 型贮运发射箱用于“标准－2”舰空导弹，MK－15 型贮运发射箱用于垂直发射“阿斯洛克”反潜导弹，这两型贮运发射箱的长度均为 5.79 m，比发射隔舱的标准尺寸短，装入隔舱时必须配置一个高 0.95 m 的后密封盖贮存适配器。MK－14 型贮运发射箱用于“战斧”巡航导弹，发射箱长 6.71 m，装入隔舱时无须配置适配器。

MK－13 型、MK－15 型和 MK－14 型贮运发射箱由于装载导弹的支承滑块、脐带电缆及其重量均不相同，所以贮运发射箱内部结构必须符合各自装载导弹的要求。解决满足不同要求的方法是为发射箱的导弹提供整套的内部设备。例如，MK－13 型贮运发射箱主要由垂直吊耳、前密封盖、发射箱箱体、发射导轨、翼轨、输入插头、发射箱电缆、编码插头、导弹脐带电缆、后插头支座、注水喷嘴、后格栅、后密封盖、后环、MK－45 型手推装卸车连接器、减振装置、发射箱固定闩槽和干燥剂盒等组成。MK－14 型贮运发射箱主要由垂直吊耳、前密封框、前密封盖、发射箱箱体、横向垫块、脐带电缆插座、发射箱电缆、编码插头、导弹脐带电缆、泄力弹簧、供氮管路、垫板适配器、后格栅、后密封盖、后支承环、注水管路、MK－45 型手推装卸车连接器、减振装置、发射箱固定闩槽和干燥剂盒等组成。

MK－13 型和 MK－14 型贮运发射箱的内部设备组成大致相同，主要区别是，MK－13 型贮运发射箱内安装有发射导轨，用于导弹的发射导向和横向固定；MK－14 型贮运发射箱内则配置有 16 块横向垫块，将导弹紧紧适配在发射箱中，其作用与发射导轨相同。

为了保证贮运发射箱的整体密封性，导弹装入贮运箱后，贮运发射箱前后两端采用密封盖进行密封并装入干燥剂。贮运发射箱的前密封盖采用易碎材料，后密封盖材料采用薄钢板，密封盖内外表面分别采用不同的抗烧蚀材料加以保护。导弹发射过程中，在导弹点火之前，应将发射隔舱的舱口盖和燃气排导系统的排气道口盖打开。当导弹火箭发动机点火且发动机推力达到临界值后，导弹和贮运发射箱之间的限制器松开。发射箱后密封盖在火箭发动机点火后产生的燃气流作用下，按预切的“十字”形裂开呈花瓣形状；燃气流进入压力通风室，并经垂直排气道在甲板面排出。随后导弹起飞，穿破发射箱易破碎的前密封盖，从发射隔舱垂直飞离载舰。当导弹离开甲板面时，舱口盖立即关闭，恢复弹库的装甲区。由于贮运发射箱在导弹发射过程中是 MK－41 垂直发射系统燃气排导系统的一部分，因此在将较短的贮运发射箱装入弹库的发射隔舱时，通过配置贮存适配器来完善燃气排导系统。

②注水冷却系统

每个贮运发射箱均有一套内部注水冷却系统，采取完全独立工作设计。当导弹装入发射隔舱后，就须将发射箱的注水冷却系统连接到弹库的注水分配管上，并将注水冷却系统的控制装置接通电源。当导弹火箭发动机发生意外点火或者探测到贮运发射箱内温度过高时，注水冷却系统自动对导弹进行冲水冷却。每个贮运发射箱的注水冷却系统由预警器启动，独立控制，可以防止注水冷却系统损坏弹库中的设备和贮运发射箱内的导弹。

③PHST 设备

每个贮运发射箱均配有一套 PHST（包装、装卸、贮存和运输）设备，主要包括前后防护盖、防振动冲击的减振装置、起吊环和栓系、叉车导槽等，用于装舰前的装卸、贮存及运输等操作，可保证箱弹免受装弹库前作业环境的影响。

贮运发射箱未放到甲板上并交由补给起重机进行装填作业之前，这些设备均不能拆掉，在舰上进行贮运发射箱或箱弹收贮作业时，则拆去这套设备。贮运发射箱在舰艇甲板上往弹库甲板方向搬运时，一般采用两辆 MK－45 型手推装卸车挂在发射箱两端的连接装置上进行。

设计 PHST 设备和叠摞支架，是为了能够以双箱叠摞的方式进行铁路、海上和手推车运输，并能够以三箱叠摞的方式进行贮存。

④安全性开关

为了确保系统安全，防止导弹意外点火发射，每个贮运发射箱上装有关键功能中断开关（CFIS）和安全使能开关（CSES），对传输给导弹的关键信号电压进行控制。所有输送给发射系统和来自发射系统的数据都必须进行严格的正确性检验，且检验是自动进行的。在发出“导弹选择指令”之前，导弹的电气接口始终保持断开状态，且被一个连续的无线电频率屏蔽所包围，但并不妨碍导弹的内测和状态监控，这种隔离是通过模块通路执行的，在导弹发射之前需要人工进行激活。发射控制逻辑确保两个独立的监视器显示舱口盖已完全开启，当导弹锁定装置已解锁时，才发出导弹点火指令。

（4）发射控制系统

发射控制系统是武器控制系统与 MK－41 标准模块/装填模块上装载导弹之间的关键接口设备，其核心是发射控制软件和硬件设备，主要由发射控制单元（LCU）和发射控制计算机程序（LCCP）等组成。发射控制单元如图 5－27 所示。

图 5－27 发射控制单元

发射控制系统采取双冗余设计，将每一型武器控制系统通过适当的发射序列与它们控制的导弹连接。

MK－41 垂直发射系统在每艘舰艇上设置两台发射控制单元，互为热备份。发射控制单元（基本型）的核心部件是美国海军标准的 AN/UYK－20 型小型计算机，目前发射控制单元已发展至 Block Ⅶ，核心部件是美国海军标准的 AN/UYQ－70 型小型计算机（PowerPC）。发射控制单元及与其相关的报文、视频和磁带介质等输入/输出设备也完全采用双冗余设计，位于弹库外面，与舰上作战系统的其他计算机连接在一起。每台发射控制单元均能控制舰艏、舰艉两个弹库中的所有导弹。正常情况下，每台发射控制单元各控制每个弹库中的一半导弹，需要每个发射控制单元共享所有状态清单。但在一台发射控制单元出现故障时，另一台能接管控制全部导弹，实现不间断发射。发射控制单元的外围设备包括发射程序器、动力控制板、状态监控箱和配电设备等。MK－41 垂直发射系统发射控制流程如图 5－28 所示。

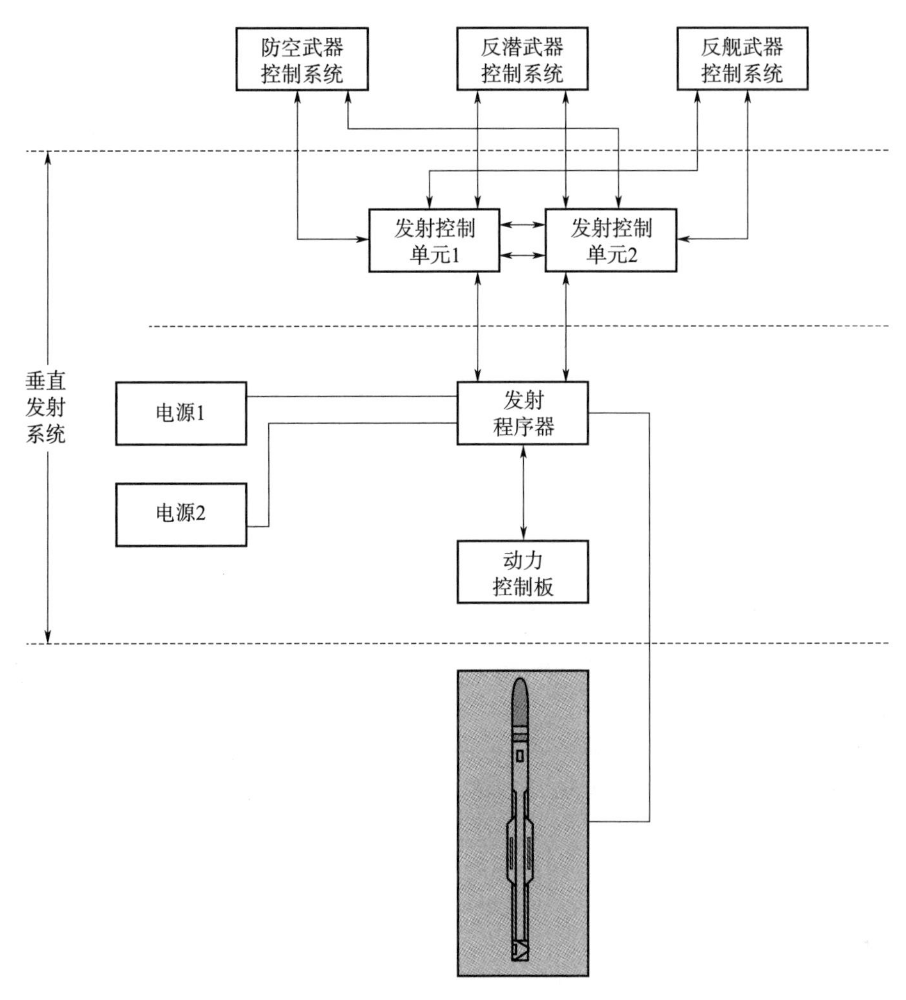

图 5－28　MK－41 垂直发射系统发射控制流程

发射控制系统是一种指令响应系统，每台发射控制单元都能接收舰上防空、反潜和反舰武器控制系统输送来的指令，通过计算机程序中的逻辑设计，向任何一个武器控制系统分配发控优先次序。发射控制单元与舰上武器控制系统、弹库发射模块之间的连接关系如图 5－29 所示。

（5）除冰装置

在低温、高寒、降雪等恶劣天气情况下，MK－41 系统发射模块的舱口盖边缘与弹库甲板之间会出现结冰现象，影响舱口盖的正常开启。即使舱口盖边缘的结冰融化，若积雪和结冰太厚，边缘上仍会存在冰桥，使舱口盖顶部与弹库甲板完全冻结在一起，影响导弹的发射，因此，必须设置除冰装置，消除结冰对舱口盖的影响。

MK－41 垂直发射系统除冰操作采用的是电斥式分离系统（EESS）。电斥式分离系统是一种使固体与弹性体表面分离的系统，该系统可利用非常大的推斥力使弹性体外层产生高速推斥运动。这种作用在表面上的推斥力足以破坏粘合力，因而可以排斥任何附着物。

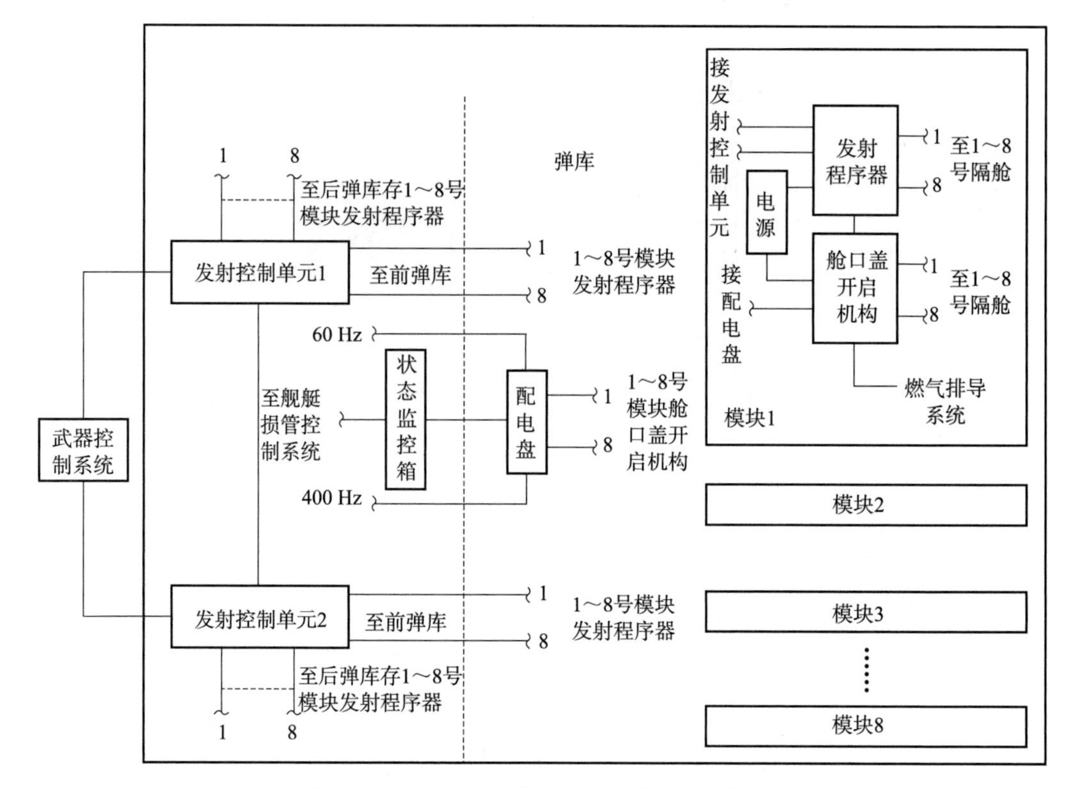

图 5-29 发射控制单元与舰上武器控制系统、弹库发射模块之间的连接关系

推斥力由重叠带状导线产生，可使弹性体构件迅速膨胀，以分离附着物，之后弹性体构件立即恢复原状。目前，电斥式分离系统是效率最高、能耗最小的除冰装置。

二、同心筒式发射系统

为了适应新的导弹发射和作战要求，美国从 1991 年开始进行同心筒式发射系统（Concentric Canister Launcher，CCL）研究。CCL 是水面舰艇的一种新概念导弹发射系统，被认为是 MK-41 垂直发射系统的下一代产品。

CCL 垂直发射系统主要由同心发射筒、发射控制系统和筒弹支架模块等组成。CCL 两项最关键的技术是独立式燃气排导系统和分布式发射控制电子设备。

（1）同心发射筒

同心发射筒由内筒、外筒、半球形端盖、底板和内筒支承构件 5 个基本构件组成，如图 5-30 所示。内筒、外筒均为一种圆形轻型结构。内筒对导弹起支承和发射初始导向作用。内外筒之间的环形空间以及底板和半球形端盖之间的倒穹形空间构成燃气排导通道，导弹发动机在发射筒内点火后，燃气先通过发射筒底板的排气孔排出，然后燃气流在半球形端盖的作用下流转 180°进入环形空间，实现燃气流自主排导。燃气排导时，推力增值可通过调节底板排气孔的尺寸大小进行控制，实现增压效果。

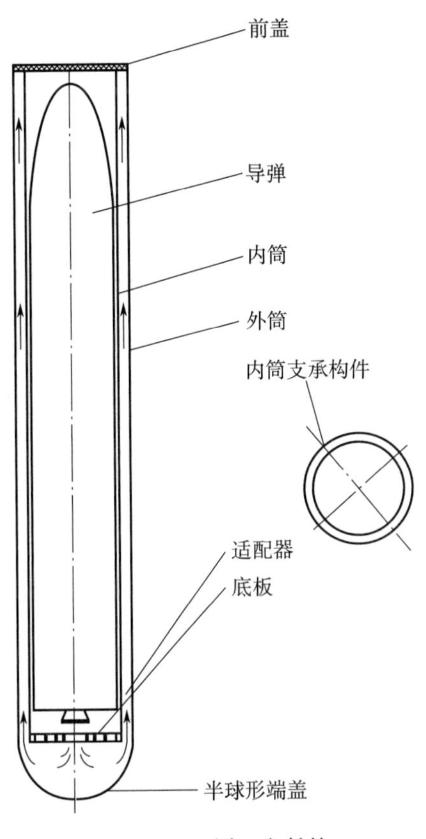

图 5-30　同心发射筒

(2) 发射控制系统

CCL 发射控制系统通过采用开放式体系结构和局域网（LAN），实现与导弹和武器控制系统之间的连接，每个 CCL 都是发射控制网络上的一个节点，其配置可以使任何一型武器控制系统共用每个 CCL，如图 5-31 所示。发射控制系统可以充分利用局域网和电源程序化对导弹贮运发射筒实现灵活的控制。因此，CCL 的武器控制系统实际上是通过局域网和电源对导弹贮运发射筒的数据进行控制和转换，以完成舰艇的作战任务和海军战术数据的传递。

CCL 发射控制系统的电子设备分成两部分。一部分的功能、接口连接等对所有型号都是相同的，安装在隔舱上，称为隔舱电子模块。另一部分对不同类型导弹是不同的，只能为特定型号导弹专用，安装在发射筒里或附加在发射筒外部，称为筒电子模块。隔舱电子模块分别与网络、发射装置控制面板、舱口盖电机控制盒、舱口盖加热器控制盒以及筒电子模块连接，并通过筒电子模块与导弹连接。多个隔舱电子模块挂接在网络上，武器控制系统通过网络控制多发不同型号导弹发射。筒电子模块与导弹的联系是一对一的，未采用网络连接。CCL 发控设备连接示意图如图 5-32 所示。

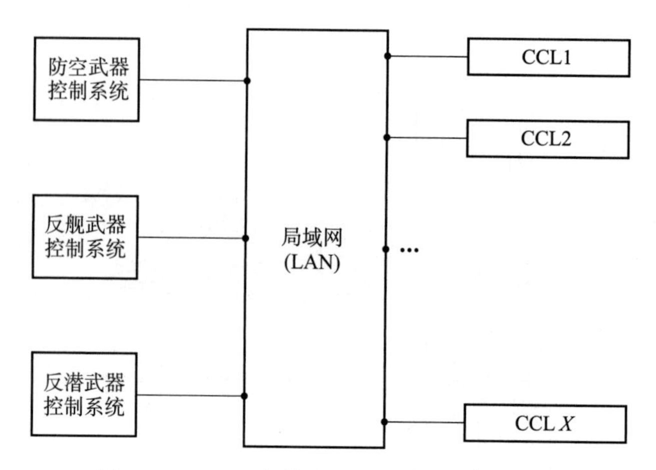

图 5-31　CCL 发射控制系统网络结构示意图

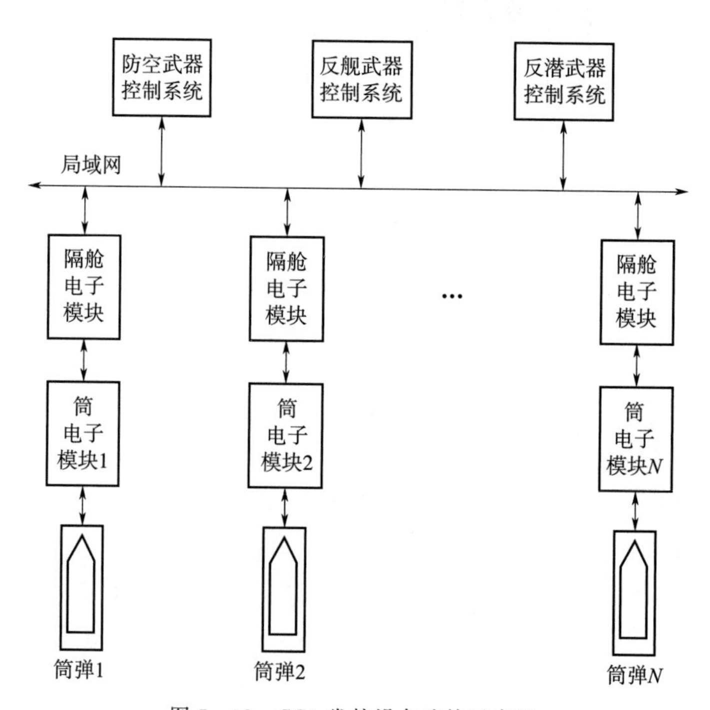

图 5-32　CCL 发控设备连接示意图

采用分成隔舱电子模块和筒电子模块的发射控制系统方案，解决了舰面发控设备对所有型号导弹通用的问题，但仍存在以下不足：

1）筒电子模块仅适应于一种特定类型的导弹，没有实现导弹接口的标准化；

2）导弹接口未实现标准化，筒电子模块的功能、所含器件数量、体积和重量很难限制；

3）增加了一层传输转接，可能增加传输延迟和降低可靠性；

4）隔舱电子模块对各类型导弹实现了通用，但武器控制系统设备总量增加了。

（3）筒弹支架模块

筒弹支架模块主要用于同心发射筒、发射控制设备的安装与支承，使筒弹处于垂直状态。筒弹支架模块是一个蜂窝式结构，如图 5－33 所示。

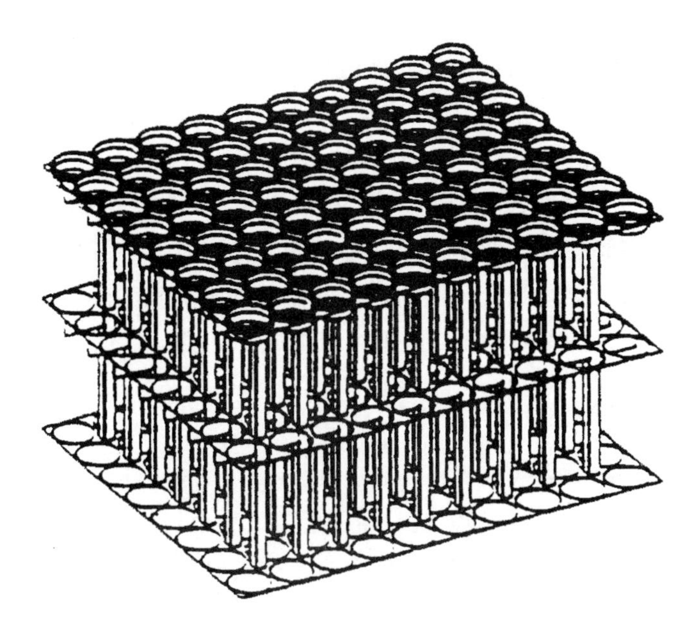

图 5－33　容纳 80 发导弹的筒弹支架模块

总的来看，CCL 是美国政府和工业界大规模合作的产物，可以为任何一种舰载导弹提供独立的发射系统。独立的燃气排导系统使导弹能够以新的方式自由地在舰艇上部署，开放式体系结构可以使各个独立的武器控制系统组成网络。

与其他导弹发射系统相比，CCL 不仅提供了一种通用性强、成本低、重量轻、装舰灵活的新型垂直发射系统，而且可显著提高发射系统的性能。CCL 垂直发射系统充分吸收了 MK－41 系统的技术优势，被公认为是最有发展前途的一型通用垂直发射系统。除了具有 MK－41 系统的全部优点外，它还具有以下优点：

1）导弹燃气独立排导，省去了公共燃气排导系统，占用空间小，适装性强，装载密度高；

2）发射控制系统采用分布式、开放式结构，使武器控制系统组网方便，配置灵活，扩展性强；

3）双层同心筒结构为导弹提供了良好的保护与隔热功能，解决了邻近导弹意外点火的安全性问题；

4）导弹意外点火后，可自动飞离舰艇，省去了防止导弹意外点火的安全防护设施，大大提高了相邻导弹的安全性；

5）结构简单、体积小、重量轻，具有更好的“模块化”水平；

6）降低了全寿命周期成本，减少了人员配备，造价低廉。

第四节　热发射燃气流排导技术

热发射时发动机或助推器喷射大量的高温高压燃气，其发射环境条件相对比较恶劣。当发射装置周边空间狭小，甚至呈封闭状态时，必须解决燃气流的排导问题。

热发射产生的高温高速燃气流，虽然作用时间很短，但冲击影响较大，它会对处于其作用范围内的发射装置零部件、电气线缆等产生动力冲击和热烧蚀影响，甚至影响发射精度，严重时可能对导弹产生冲击影响。应综合考虑导弹和发射装置的抗冲击与烧蚀性能，使燃气流的冲击影响降低至可接受范围内，这就需要确定适宜的燃气流排导和防护方式，确保导弹、发射平台、发射装置在整个发射过程中的安全性。

一、燃气流排导方式

目前箱式热发射的排导方式主要有以下几种：

1）发射箱前后盖敞开式的排导方式。在发射前或发射过程中，发射箱的前后盖均开启，燃气流通过敞开的后盖向后方排导。向后方排导的燃气可根据后方的设备布置情况，确定是否设置专门的导流装置。对于舰面倾斜箱式热发射，若燃气流动方向有需要防护的舰面设备，就需要设置导流器，将燃气排导至安全区域。对于车载垂直发射，为了避免燃气向发射车前方流动影响车上设备，一般会设置单面楔形或双面楔形导流器。

2）发射筒独立自排导方式。独立自排导方案是指燃气流通过发射筒本身的排导通道（一般为内外筒间隙）进行排导，由发射筒上方的筒口排出。由于燃气通过发射筒的内外筒间隙排导，该种排导方式对发射筒以及导弹的结构承载和耐烧蚀性要求较高。为了降低燃气流对发射筒及筒内导弹的力、热冲击影响，内外筒的排导间隙优化是一项重要的工作，需要通过大量的发射仿真计算来确定。由于自排导方式通过发射筒上方排导，燃气流对发射平台的冲击影响很小，是舰载垂直发射较为理想的排导方案。

3）共用排气筒方式。对于多联装的导弹，可专门设置共用的排气通道。以美国的MK-41垂直发射装置为例，一个弹库装有8部垂直发射装置，共用一个燃气排导通道。采用该排导方式，共用排气筒的布置位置、排气筒与各发射筒之间的连通以及发射筒对发射号位的燃气密封问题是设计的关键点。共用排气筒可集成在多联装的发射模块中，比较适合舰载或车载多联装垂直发射装置。

二、燃气流导流器设计

热发射排导方式需要根据武器装载平台、发射方式、导弹推力、发射环境特点甚至是武器控制系统的作战使命等综合确定。

对于裸弹热发射，由于整个燃气流的排导空间敞开，排导方案一般选择在发射初始位置设置单面或双面的导流装置，引导燃气排向安全区域；而对于导弹运动过程中的燃气排导，可针对需要防护的设备和部位设计不同的导流结构。

（1）导流器的设计要求

导弹发射时，导流器承受高温高速燃气流的作用，工作环境十分恶劣，导流器设计的好坏对武器控制系统使用性能有直接关系。导流器必须满足下述要求：

1）导流器能在规定的射角范围内，将燃气流按一定方向进行排导；

2）对倾斜变射向的发射装置来说，对发射装置的作用力应对称，以免影响发射装置的稳定性；

3）防止反射的燃气流影响发动机正常工作；

4）在导弹或火箭弹滑离时，防止燃气反射的气流作用在弹尾部，而造成初始扰动；

5）导流器应多次使用，不烧蚀、不破坏，不产生永久变形，使用寿命要长，结构紧凑，重量要轻；

6）行军战斗状态转换要方便等。

（2）导流器的烧蚀

导流器的烧蚀与两个因素有关：一是导流器表面温度，二是燃气流的冲刷力。燃气流的冲刷力与燃气流密度和速度有关。中高空导弹靶场试验结果表明，在燃气流直接冲击区，导流器表面油漆被完全烧掉，金属表面像喷过砂一样，没有发现明显的烧蚀痕迹。非燃气流直接冲击区，即流过区域的导流器表面，漆层没有烧蚀。由于防空导弹导流器受燃气流冲刷烧蚀作用的时间比较短，所以导流器弧面可采用合金钢，不需要另外设置特殊的保护层。

（3）导流器材料

导流器材料分为两类，导热系数低的非金属材料和导热系数高的金属材料。

导流器多采用导热系数高的金属材料，利用金属导热系数高的特性，使燃气流传给导流器的热很快传到金属内部，避免因导流器表面温度过高而局部烧坏，导流器厚度应保证容纳热气流传给导流器的热量不发生烧蚀现象。增加导流器的厚度有助于降低导流器表面温度，但导流器的厚度超过一定值后，就不能起到降低金属表面温度的作用。

常用的金属材料有铝合金和钢。铝合金较钢的比强度高，可以减小导流器的质量，但铝合金的熔点低，耐烧蚀能力差。选用铝合金作为导流器材料时，表面必须进行特殊防护，否则导流器会严重烧蚀，甚至烧穿；钢的比强度虽比铝合金低，但熔点高，耐烧蚀，金属表面一般不需要保护，只要金属厚度选择适当，导流器就可以多次使用，所以导流器材料一般采用合金钢，SA-2 中高空防空导弹发射装置导流器采用 20Cr 合金钢。

导热系数低的非金属材料不能很快将燃气流的热量传走，材料表面很快就达到烧蚀温度，但它的烧蚀速度比较低。美国 MK-41 垂直发射装置利用这个优点在燃气增压室和燃气排导通道的表面，粘贴酚醛橡胶玻璃，防止燃气流烧蚀金属，使燃气增压室可以使用 8 次，而不破坏。

非金属材料玻璃钢的比强度高，但烧蚀热试验发现，一般玻璃钢耐烧蚀能力较差，不适合用作导流器材料，只能粘贴在金属导流器表面，防止燃气流的一般冲刷作用。耐烧蚀非金属材料很多，如陶瓷材料、烧结材料等，但它们的抗拉强度较低，一般都需要使用金属承力骨架，成本和重量、体积一般较大，因此很少采用。

(4) 导流器的结构形式

导流器基本可以分为两类：曲面型导流器和格栅型导流器。曲面型导流器利用特定的曲面形状，将燃气流引导到安全空间，避免其对人员和设备的损伤；格栅型导流器利用网状格栅对燃气流进行阻挡，使得燃气流在通过格栅后压力降低，从而减小损伤。

图 5-34 所示为双曲面导流器，可以把燃气流排导到两侧，使燃气流不直接冲向地面，进而达到保护场地的目的。超低空防空导弹发动机推力通常比较小，发射角也比较小，最大不超过 45°，燃气流对发射场地的破坏也就比较小，发射装置可以不设燃气导流器，但要考虑燃气流对发射装置的影响，防止烧蚀发射装置上的设备。

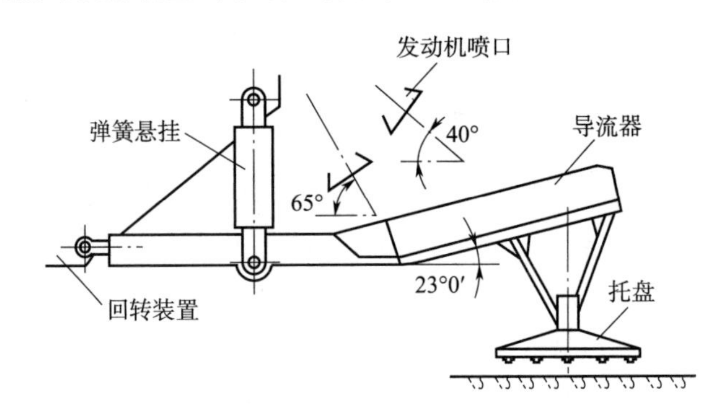

图 5-34　双曲面导流器

图 5-35 所示为该导流器的导流曲面和燃气流冲击示意图。

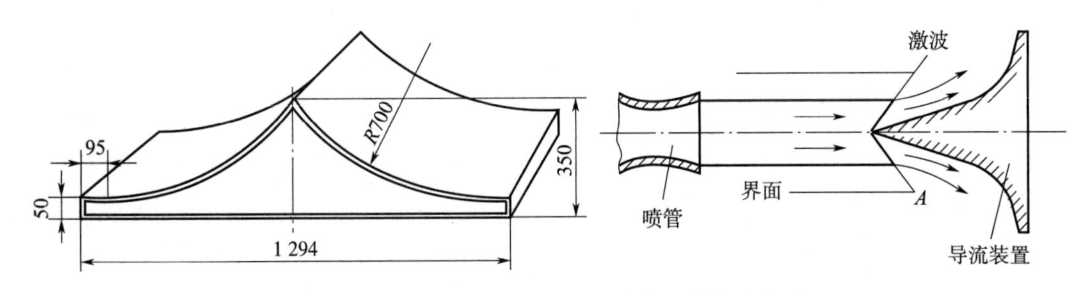

图 5-35　导流器的导流曲面及燃气流冲击示意图

图 5-36 所示为某槽型定向器上的导流板，它位于定向器前端，将燃气流导向定向器的两侧。

美国“霍克”防空导弹采用格栅型导流器，如图 5-37 所示。它不是使燃气流偏折向某一方向，而是使通过格栅后的燃气流相互发生干扰造成能量损失，大大减轻了燃气流对地面的冲刷。经计算和试验结果表明，通过格栅型导流器后，燃气流对地面作用的压力比没有通过导流器的约减小 3/4，其损耗的燃气流作用力的大小与格栅比（格条面积和全面积之比）的大小成正比。

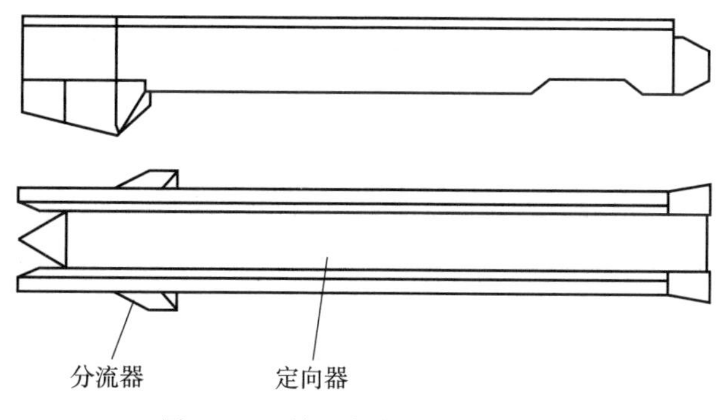

图 5－36　槽型定向器上的导流板

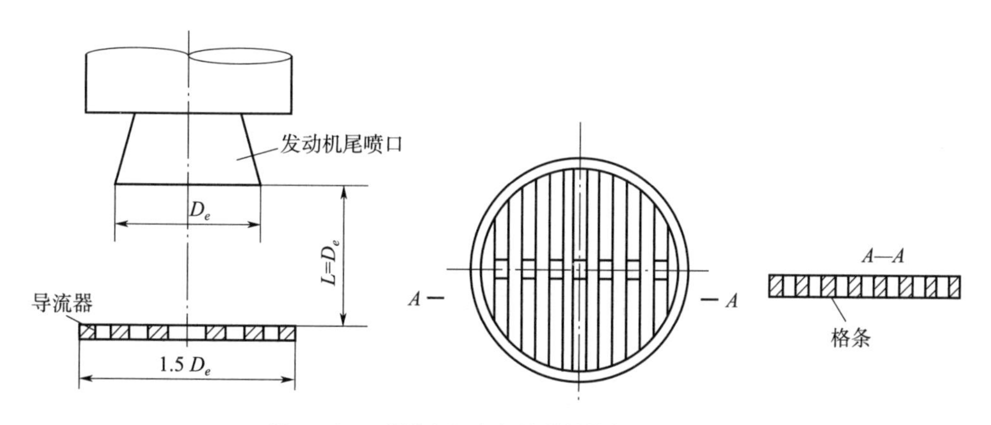

图 5－37　“霍克”防空导弹的格栅型导流器

三、燃气流排导仿真

对于箱式热发射，由于其燃气流动空间相对封闭，发射装置和导弹所处的发射燃气环境较为恶劣，需要设计行之有效的排导方案。根据排导种类，确定燃气流排导的大体方案比较容易。但要确保排导效果良好且保证发射安全，则需要开展大量的仿真分析和优化设计。

燃气流排导仿真计算一般采用专用的计算流体力学仿真软件进行。为了确保仿真计算的准确进行，必须确定完整、正确的计算参数。计算参数应为实际产品的性能参数和几何参数，主要包括助推器的性能参数及喷管的几何形状、发射箱的结构尺寸、导弹的结构尺寸、导流装置的结构尺寸、弹箱接口关系、发射箱周围的空间结构等。

排导方案的确定关键在于仿真优化，如对独立自排导的内外筒排导间隙的优化、底部导流圆角的优化等。图 5－38 是底部圆角优化仿真的结果，通过对不同圆角工况下的筒内流场参数分析，对比确定最优的圆角方案。

由于发射试验非常有限，同时由于风洞试验的局限性，燃气流方案设计的合理性和正确性很难通过试验进行验证。随着仿真技术的发展，可采用发射仿真试验数值计算的方式，对发射全过程的燃气流场进行多点准静态的仿真，甚至是全过程动态仿真。

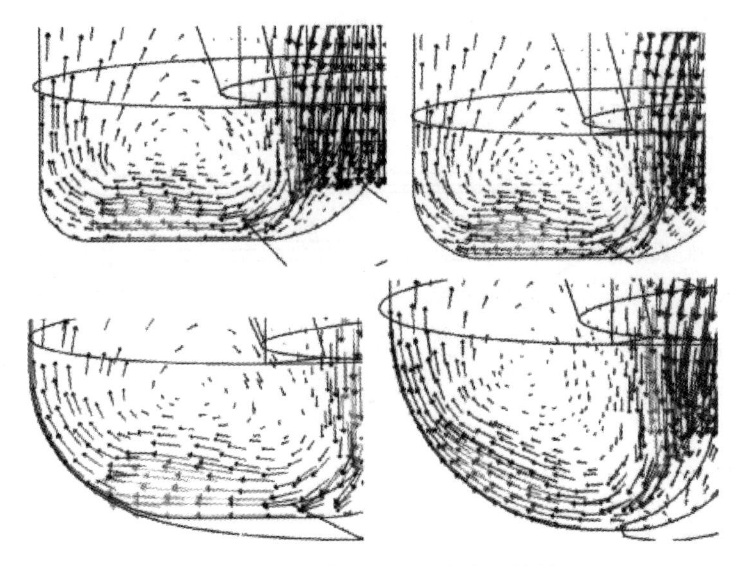

图 5 - 38　底部圆角优化仿真的结果

第五节　冷发射弹射技术

一、冷发射的特点

与热发射相比，冷发射技术具有其独特的优势，具体如下：

(1) 发射环境及设施的适应性较好

冷发射时，弹上发动机在导弹飞离发射装置一定距离后才点火工作，尾喷燃气流对发射场、设备和人员等作用较小。因此，导弹可以在森林、易燃物附近发射。采用冷发射便于在地面构筑简易掩体，便于利用地形地貌采取伪装措施，利于隐蔽。

(2) 地下井工程造价成倍地降低

地下冷发射时，由于不需导流、排焰等处理措施，一般井径只需比弹射筒的外径大数百毫米即可。与热发射相比，地下井的结构大大简化，井的尺寸及工程量大幅度缩小，工程造价随之成倍地降低。因此，可以多造一些弹射井并按一定的安全距离分散布置，以达到提高导弹生存能力的目的。另外，当井径相同时，冷发射方式可以发射更大型的导弹，从而增加导弹射程和弹头的有效载荷，提高武器控制系统的威力。发射环境的改善，有利于保护弹上仪器，并可以节省维护修补井壁的时间和费用。

(3) 有利于载机的安全

空中冷发射时，弹射器将导弹横向弹出一段距离后，弹上发动机再点火工作，其产生的燃气射流不会对载机发动机或机身造成影响。导弹也不再穿越载机形成头部激波，有利于保持导弹的姿态稳定性。

（4）可提高其滑离速度

反坦克导弹冷发射时，可提高其滑离速度，从而减小初始段弹道的散布，有利于导弹顺利进入视场而受控，从而提高发射精度，缩小杀伤区近界，提高近距离作战能力。无控火箭或简易制导火箭也可采用弹射方式增加初速，提高发射精度。

（5）提高威力

某些战略导弹热发射时，导弹获得 150～300 m/s 的速度，所消耗的推进剂质量可占导弹起飞质量的 20%～30%。冷发射减轻了弹上发动机的负担，可以使导弹第一级发动机节省 10%以上的燃料。由此节约出来的发动机质量可用来增加战斗部装药质量，从而提高武器控制系统威力；或者，将节约出来的发动机质量用来增加续航发动机的推进剂质量，由此来增加导弹的射程。

（6）减少导弹的推力损失

对于垂直发射的导弹，采用冷发射方式可以减少导弹的推力损失，转弯可在弹上发动机点火之前完成。

冷发射技术尽管有上述诸多优点，但也存在问题，具体体现在以下几方面：

（1）可靠性相应降低

弹射装置需要增加具有产生燃气、密闭燃气、隔离、止动等功能的组件，质量加大，结构复杂，整个发射装置的可靠性相应降低。

（2）需增加止动或分离装置

一般弹射装置都需要增加隔离装置，将做功的高温燃气与导弹隔离开。当隔离装置在发射筒口处止动与弹分离时，止动过程对发射装置造成冲击，且需设置专门的筒口止动装置。当隔离装置随弹一起飞离发射筒，在空中分离时，需保证二者可靠分离，并需控制隔离装置落地点，使其落下后不危害周围设备和人员。

（3）产生后坐

由发射原理决定，弹射时发射装置都产生后坐。当单兵发射时（如小型反坦克导弹），过大的后坐冲量将危及射手安全；当车载倾斜发射时，后坐冲量对发射车产生后翻力矩，不利于发射车的稳定。因此，一般弹射装置需要设置反后坐装置，此装置不仅结构复杂，而且由于反后坐装置产生后喷燃气，会造成发射环境恶化。对于较大型的陆基机动垂直发射的导弹，不必设置反后坐装置，后坐力由地面承受，因此对发射场地有较严格的要求，不利于实现任意点机动发射。

（4）重新装弹不方便

弹射器重新装弹不方便，小型导弹的弹射筒只能一次性使用。

（5）垂直弹射时有导弹坠落风险

垂直弹射时，弹上发动机在空中点火必须安全可靠，否则会因点火不成功造成导弹坠落，将给人员和阵地、设备等造成极大危害。

上述问题限制了冷发射技术在某些导弹武器控制系统中的应用，目前冷发射技术的发展着重于解决这些问题。国内外公开发表的文献中已有一些解决这些问题的方法和设想。

二、几种典型的弹射装置

按照做功工质的不同，弹射装置可分为以下几类：燃气式弹射装置、压缩空气式弹射装置、液压式弹射装置、电磁式弹射装置。

燃气式弹射装置可以进一步划分为以下几种形式：串联或并联无后坐式、横弹式、活动底座式、燃气-蒸汽式、自弹式、提拉式、炮射式等。

无后坐式、横弹式、活动底座式、燃气-蒸汽式以及提拉式等弹射器的高压室固定于弹射器上，不随导弹一起运动，所以也称为固定高压室式弹射器。自弹式弹射器的高压室则随着弹体一起运动，也称为运动高压室式弹射器。有时，运动高压室直接由弹上发动机兼任（实际上，发射筒底部密闭的自力发射为自弹式发射）。自弹式本质上是自力发射与弹射的结合，因弹射力占发射动力的主要部分，自推力所占比重较小，一般将其归为弹射的一种。

压缩空气式及液压式弹射主要用于无人机气液弹射。

下面介绍几种典型的弹射装置。

（1）无后坐式弹射器

无后坐式弹射器主要用于小型战术导弹，如“HJ－8”“米兰”反坦克导弹武器控制系统等（图 5－39），其发射筒上具有尾喷管——反后坐装置，利用喷气推进原理抵消发射筒的后坐。

(a) HJ-8

(b) 米兰

图 5－39　无后坐式弹射器

根据高、低压室与尾喷管配置关系的不同，无后坐式弹射器又可分为并联无后坐式弹射器与串联无后坐式弹射器。

并联无后坐式弹射器的特点是“低压推弹、低压后喷”，即尾部喷管与低压室相连，高压室产生的燃气流入低压室降压后，一方面推动导弹向前运动，另一方面向后经喷管流出，产生向前推力，以平衡发射筒的后坐。串联无后坐式弹射器的特点是“低压推弹、高压后喷”，即尾部喷管与高压室相连，高压室一部分燃气向前流入低压室，降压后推动导弹向前运动，另一部分燃气不经降压直接由喷管流出，产生向前推力，以平衡发射筒的后坐。也有的弹射器只抵消部分后坐，而利用剩下部分后坐将一次性使用的发射筒后抛，便于再次装填。

无后坐式弹射器存在的主要问题是发射筒尾部需设置喷管，结构复杂，尺寸加大；有燃气喷出，发射环境较恶劣。此外，高压室装药的一半以上都用来抵消后坐，利用率不高。

（2）横弹式弹射器

横弹式弹射器（图 5 - 40）的弹射力垂直于导弹纵轴，一般用于空空、空地、空舰等机载导弹的发射。未发射时，导弹通过挂弹架上的挂弹钩固定于载机上。发射时，高压室产生的燃气一部分通过节流口流入低压室，推动前后活塞杆，给导弹施加向下的弹射力，另一部分燃气推动中间的小活塞杆向下运动，使之推动与挂弹钩相连的连杆机构，将挂弹钩与导弹脱开，导弹在弹射力与重力的作用下向下弹出一段距离后，弹上发动机点火。

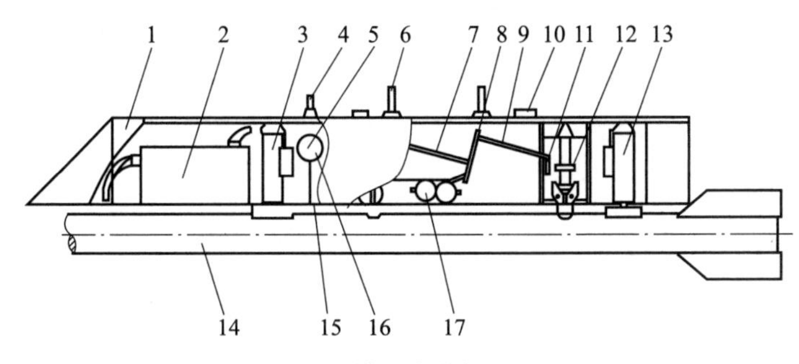

图 5 - 40　横弹式弹射器原理图

1—本体　2—电路盒　3、13—作动机构　4、10—限动器　5—延迟点火机构　6—吊环　7—协动连锁机构　8、9—连杆　11—拨叉　12—套筒　14—导弹　15—拉杆　16—点火盒　17—高压室

有的机载导弹发射时，只依靠重力将导弹与载机脱离一段距离后，弹上发动机再点火。此种方式一般称为投放式发射。

（3）活动底座式弹射器

活动底座式弹射器用于地下井发射战略导弹，如俄罗斯的 SS - 18 战略导弹、美国“卫兵”反导系统中的“斯普林特”低空拦截导弹等，如图 5 - 41 所示。

由于低压室内燃气温度很高，可达 2 000 ℃以上，若直接作用于导弹尾部，会对导弹造成烧蚀，甚至可能引起弹上发动机误点火，因此，活动底座式弹射器设置隔热装置，即活动底座（也称为尾罩），将导弹与燃气隔离开。活动底座还起到密封的作用，以利于建立低压室压力。

在井下，导弹与活动底座一起向上运动。导弹出井后，活动底座可以止动于井口，与导弹分离；也可随导弹一起飞出井外，在空中与导弹分离。

该类弹射器存在的主要问题是活动底座的分离方式。若底座止动于井口，则对井口造成很大的冲击和破坏；如果回落井底，还会对井壁和井下设备等造成损害，且不利于再次装填导弹。若底座随导弹飞出井外，则需保证与导弹的可靠分离，并需设置侧抛装置，如侧向发动机，将活动底座侧向抛至安全区域，如图 5 - 41（a）所示，以防其垂直坠落后砸到人员、发射井或其他地面设备。

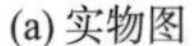

(a) 实物图

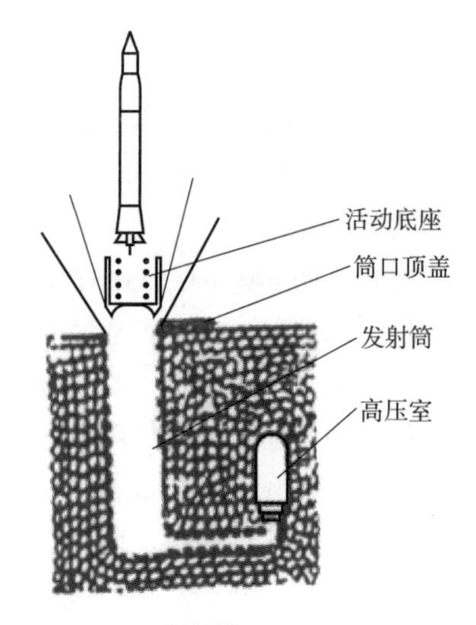

(b) 原理图

图 5-41　活动底座式弹射器

(4) 燃气-蒸汽式弹射器

燃气-蒸汽式弹射器用于水下发射或陆基机动发射战略导弹，如美国的“北极星 A3”“海神 C3”、MX，苏联的 SS-N-6 等，也可用于地下井发射战略导弹。

燃气-蒸汽式弹射器的做功工质为燃气与蒸汽的混合气体，其温度可大幅度降低，只有几百摄氏度，因此，可以去掉隔热装置，从而解决活动底座与导弹分离过程存在的安全问题。

根据冷却水与燃气的混合方式，可进一步地将燃气-蒸汽式弹射器分为逐渐注水式燃气-蒸汽式弹射器（图 5-42）和集中注水式燃气-蒸汽式弹射器（图 5-43）两种形式。

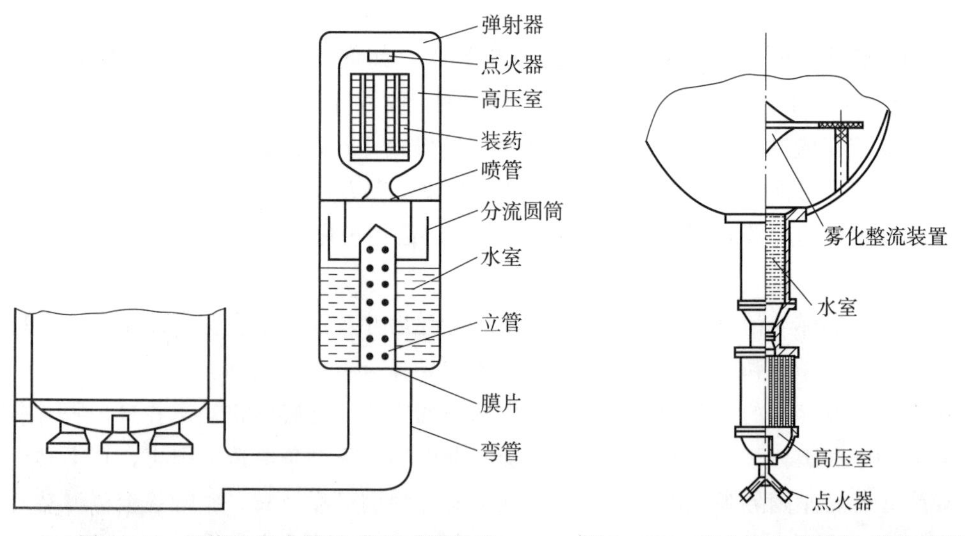

图 5-42　逐渐注水式燃气-蒸汽式弹射器　　图 5-43　集中注水式燃气-蒸汽式弹射器

逐渐注水式燃气-蒸汽式弹射器的燃气与水混合相对均匀，但其结构复杂；集中注水式燃气-蒸汽式弹射器的结构相对简单，但燃气和蒸汽不如逐渐注水式混合得均匀。由于燃气经过降温，该类型的弹射器热效率低，反应速度相对较慢。

水下发射时因有水柱产生，极易暴露潜艇位置，故发射后潜艇需高速转移。此类弹射器的另一个主要缺点是水室体积大，致使整个弹射器体积较大，不便于陆基机动使用。此外，对于陆基机动发射，其冷却水需有保温措施，以防低温环境下结冰。

(5) 提拉式弹射器

提拉式弹射器也称为活塞气缸式弹射器，其典型代表为俄罗斯的垂直发射防空导弹 S-300 和“道尔”等。其中，S-300 采用的是燃气发生器外置双缸提拉式（图 5-44），它由 1 个外置燃气发生器（高压室）通过管路与两个气缸（低压室）相连；而“道尔”采用的是燃气发生器内置单缸提拉式，其燃气发生器内置于弹射气缸，与活塞做成一体。

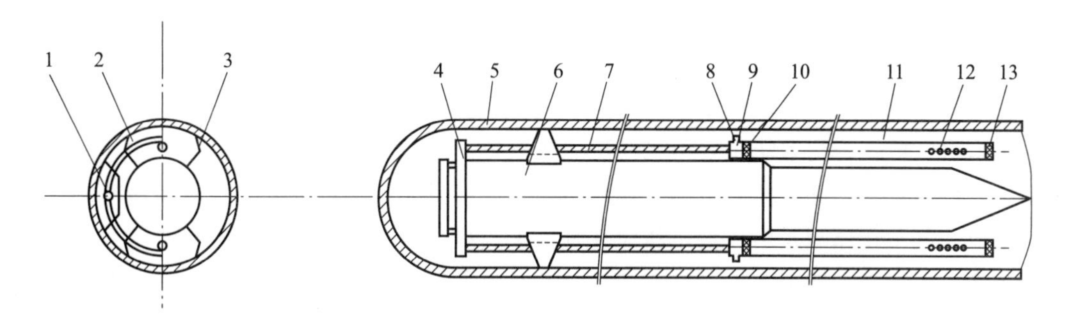

图 5-44　双缸提拉式弹射器

1—高压室　2—导气管　3—导弹折叠翼　4—提弹梁（托盘）　5—发射筒　6—导弹　7—活塞杆　8—进气孔　9—低压室　10—活塞　11—活塞筒　12—卸压孔　13—缓冲垫

提拉式弹射器的优点如下：

1) 燃气在气缸内作用于活塞，再通过活塞杆带动提弹梁对导弹进行加速，燃气和导弹完全分离，不需要活动底座等隔热装置或水室等降温装置，便于战场使用。

2) 发射筒只用于贮运导弹，不再作为低压室，因此在壁厚和品质等方面的要求均可降低。

3) 弹射装置与导弹并行放置，可缩短发射筒的长度，有利于改善武器控制系统的机动性。

然而，受结构限制，提拉式弹射器同时也存在以下缺点：

1) 导弹在筒内的加速距离短，不超过筒长的一半，后半程只靠惯性运动，因此，要达到同样的出筒速度，导弹的发射过载要大得多。

2) 气缸的内径比发射筒的内径小得多，为了满足弹射力的需求，气缸内的压力高。

3) 发射筒径向尺寸加大，不利于多联装布置。

(6) 无人机气液弹射

无人机气液弹射技术是国际上适用于中小型无人机的一种先进发射技术，该发射方式具有安全隐蔽性好、经济性好和适应性好等优点，对发射场地要求较低，发射费用较低，通用化程度高。

无人机最常用的发射装置主要有手发射、零长发射、滑轨式发射、车载助飞、母机发射、起落架滑跑起飞等多种方式。滑轨式发射是把无人机固定在轨道式发射装置上，在发射装置的动力下起飞，飞离发射装置后靠主发动机的推力作用完成飞行任务。滑轨发射的方式可以是弹力式、气液压或气动式，其中，气液压弹射起飞方式是近年来国际上出现的一种先进的无人机发射方式，与其他起飞方式相比，其优点在于：

1）具有安全隐蔽性好、经济性好、适应性好等优点，不会产生光、声、热、烟雾等信号，便于起飞场地的隐蔽。

2）不存在火控器材的贮存、运输和管理问题，且每次进行无人机发射时消耗性器材及支援保障的费用较低。

3）在一定范围内通过调节蓄能器充气压力和充油压力便可适应不同无人机对起飞质量与起飞速度的使用要求。

4）气液压弹射起飞装置可安装于车上，便于机动作战和运输转移，对发射场地没有特殊要求，具有很好的机动灵活性。

无人机气液压弹射系统主要由气液压能源系统、滑行小车系统、缓冲吸能系统、弹射架系统、增速系统、卸荷控制机构、释放机构、无人机闭锁机构、电气控制系统等多个分系统组成。其工作原理是由气液压能源系统为无人机弹射提供动力，以滑行小车系统为运动载体在弹射架上加速至无人机安全起飞速度，当滑行小车与无人机一起运动的速度达到起飞速度时，卸荷控制机构切断动力源，滑行小车被缓冲吸能系统阻挡而急剧减速，而无人机在惯性和发动机推力的作用下以起飞速度从滑行小车上分离起飞。

目前，美国的“天鹰座”“R－4E SkyEye”“鬼狐”，英国的“不死鸟”，瑞士的“巡逻兵”和法国的“闪光”等无人机均采用气液弹射的发射方式。美国 ESCO 公司的 HP 弹射器、瑞士 RUAG 公司的弹射器和芬兰 Robonic 公司的无人机弹射器代表目前世界无人机气液压弹射技术的最高水平，分别如图 5－45～图 5－47 所示。

图 5－45　美国 ESCO 公司的 HP 弹射器

图 5－46　瑞士 RUAG 公司的弹射器

（7）电磁式弹射器

电磁式弹射器是利用电磁力推动物体，使物体在短距离内加速到一定速度后发射出去的装置。电磁发射的概念早在 19 世纪 40 年代就被提出，但是直到 20 世纪 70 年代，随着电源和电子技术水平的提高，电磁发射技术才开始有了飞速发展。电磁发射技术最初用于

图 5－47　芬兰 Robonic 公司的无人机发射架发射状态

使小质量物体获得超高速的运动速度，即电磁炮技术。其弹丸质量很小，一般只有几克到几百克，最大也不超过几千克；但其初速很高，可达 2～2.5 km/s，甚至更高，理论上可以达到每秒上百千米。

按照其工作原理和工作方式，可将直线电磁式弹射器分为轨道型、线圈型和重接型等。

①轨道型电磁弹射器

轨道型电磁弹射器（轨道炮）由两条连接着大电流源的固定平行导轨和一个沿导轨轴线方向可滑动的电枢组成。发射时，电流由一条导轨流经电枢，再由另一条导轨流回，构成闭合回路。电流流经两平行导轨时，在两导轨间产生磁场，这个磁场与流经电枢的电流相互作用，产生强大的磁力，该力推动电枢和置于电枢前面的射弹沿导轨加速运动，从而获得高速度。轨道型电磁弹射器原理如图 5－48 所示。

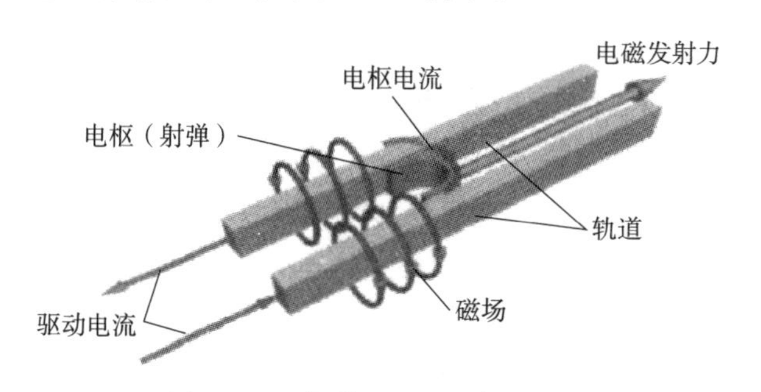

图 5－48　轨道型电磁弹射器原理

轨道型电磁弹射器的优点是结构简单、适用范围广，可作为天基战略反导武器，发射质量为 1～10 g 的弹丸。能使其速度达到 20 km/s 以上，以拦截战略导弹；也可用于地面战术武器，如反装甲武器和防空武器等。其缺点是效率低，一般在 10%左右；大电流对导轨的烧蚀严重，影响其使用寿命。近年来研究了一些改进措施，以克服上述缺点。例如，在轨道型电磁弹射器的外面与轨道并行走向绕多匝线圈，以增强磁场并减小电流，或者采用分段贮能、供电、多级串联，以提高效率。

②线圈型电磁弹射器

线圈型电磁弹射器早期又称为同轴加速器，一般是指用序列脉冲或交流电流产生运动磁场，从而驱动带有线圈的弹丸或磁性材料弹丸的发射装置。由于其工作的机理是利用驱动线圈和被加速物体之间的耦合磁场，因此，线圈型电磁弹射器的本质可以理解成直线电动机。驱动线圈和发射线圈同轴排列，发射线圈上以永磁或电励磁方式建立一个恒定磁场，两个线圈之间产生互感；当驱动线圈中通以规律的电流时，发射线圈上始终受到一个轴向力，从而使其加速，沿着轴的正方向前进。一般地，为了减少加速力的波动和延长其加速行程，驱动线圈和发射线圈都做成多匝结构。多匝线圈型电磁弹射器的工作原理如图5-49所示。

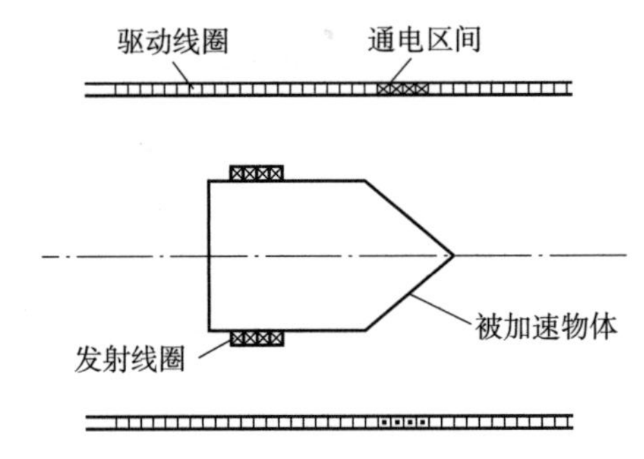

图5-49 多匝线圈型电磁弹射器的工作原理

线圈型电磁弹射器与轨道型电磁弹射器相比，具有以下优点：

1）加速力大，其加速力峰值可达轨道型电磁弹射器的100倍；

2）弹射不与发射器的膛壁直接接触，而是靠磁悬浮力运动，没有摩擦；

3）加速力施加于整个射弹之上，能量利用率较高，一般可达50%；

4）所需要的电流较小，不存在兆安级的脉冲电流，可使开关装置简化。

由于加速线圈与弹丸线圈之间的相互作用，相当于两个磁体间的相互作用，既可以相斥，也可以相吸，既可使弹丸加速，也可使弹丸减速，因此，对于同步电动机型等线圈型电磁弹射器，必须保证加速线圈产生的磁场与弹丸线圈的运动位置精确同步，增加了技术复杂程度。

③重接型电磁弹射器

重接型电磁弹射器（重接炮）是电磁炮的一种新形式。1986年，美国桑迪亚国立实验室的考恩等人提出了重接型电磁弹射器的概念，从1991年至今，美国陆军弹道实验室对其进行了重点研究。

重接型电磁弹射器的基本工作原理如图5-50所示。由于变化的磁场在弹丸中产生涡流，涡流又与变化的磁场相互作用产生电磁力加速弹丸。图5-50中所示为板状弹丸的重接型电磁弹射器的工作过程。当弹丸前沿达到线圈前沿时，外接脉冲电容向线圈充电，如图5-50（a）所示；线圈电流达到最大值，同时，弹丸的后沿与线圈的后沿重合时，将外接的脉冲电源断开，此时的电能以磁能方式贮存在上、下两个线圈的磁场中，两线圈产生的同向磁力线被板状弹丸完全截断，如图 5－50（b）所示；当弹丸飞行到尾部，与线圈左侧拉开一个缝隙时［图 5－50（c）和图 5－50（d）］，被弹丸截断的磁力线在拉开的缝隙中重接，重接使原来弯曲的磁力线有被拉直的趋势，推动弹丸前进。这样，原来贮存在上下两个线圈中的磁能就转变为弹丸的动能。

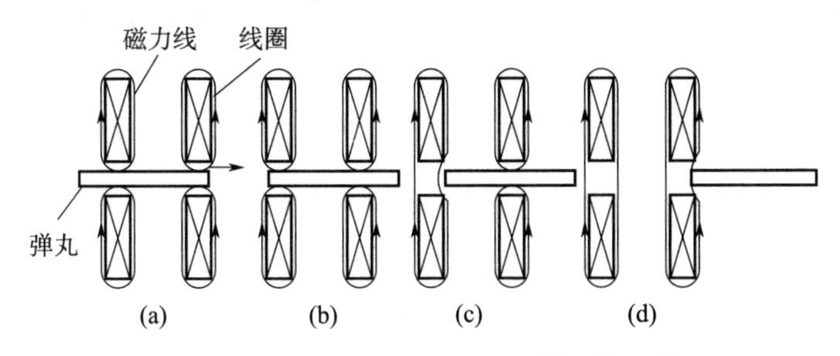

图 5－50　板状弹丸的重接型电磁弹射器的工作过程

重接型电磁发射综合了线圈炮能发射大质量弹丸和轨道炮能发射超高速弹丸的优点，主要体现为：

1）弹丸与线圈无接触、无烧蚀，欧姆损失相对小得多；

2）单位长度上传递给弹丸的能量要比其他电磁发射方式多得多；

3）弹丸在飞行中稳定性高，不会产生横移、俯仰和偏航；

4）效率比较高，而且随着弹丸质量的增加，效率也呈现增加的趋势；

5）成本比较低。

重接型电磁弹射器被认为是未来天基超高速电磁炮的结构形式，但目前其理论和实践上均不够成熟。

思考题

1. 发射装置的瞄准运动一般有哪几个阶段？其指标要求主要有哪些？

2. 在瞄准随动系统中，方向跟踪速度、高低跟踪速度及方向跟踪加速度、高低跟踪加速度分别在什么情况下最大？

3. 只考虑舰艇横摇时，舰载瞄准随动系统在什么情况下方向瞄准角速度、高低瞄准角速度达到最大值？

4. 导弹发射装置瞄准机的一般组成是什么？传动比的含义是什么？发射装置瞄准机的传动比一般多大？

5. 垂直发射有何优点和不足？垂直发射对导弹与发射系统的要求各是什么？

6. 典型的舰载通用垂直发射系统有哪两种结构形式？它们各有什么技术特点？

7. 燃气流排导方式有哪些？燃气流导流器的结构形式有哪些？

8. 冷发射弹射装置一般有哪些种类？分别有什么特点？

第六章　潜载导弹发射系统

第一节　概　述

潜艇作为海军的一种战斗舰艇，具有隐蔽性好，机动性大，突击能力强，可以不需要岸基兵力和其他舰艇的支援长期在远洋独立活动的特点；导弹作为现代新式武器，具有射程远、杀伤威力大、命中精度高等优点。由此可见，隐蔽性良好的潜艇携带具有强大杀伤力的导弹，能大大提高攻击的突然性和打击效果。50 多年来，潜载导弹及其水下发射技术得到了迅速发展，潜载导弹已成为世界各国海军的重要作战武器。目前，世界上发达国家装备的潜载导弹主要有潜地弹道导弹、潜地远程巡航导弹、潜载反舰导弹、潜载对空导弹及潜载反潜导弹等。与此同时，相应的发射装置也都装备在潜艇上。

一、水下发射方式的分类

目前，世界上潜载导弹水下发射的方式按发射装置布置形式分，主要有水平发射和垂直（含倾斜）发射两种；按导弹在水中所处的状态分，主要有裸式导弹（无运载器）和干式导弹（水密运载器）2 种；水密运载器又可分为有动力运载器和无动力运载器两种，这种多样性正是各国根据其具体情况发展优化的结果。

第一类，利用标准鱼雷管采用运载器发射，即“干”发射。采用运载器发射导弹的优点是：运载器的形状类似鱼雷，具有较好的弹艇匹配性；发射深度上水压作用及水密问题由运载器解决要比由导弹解决容易一些；密封防水的运载器为导弹提供了干燥的环境，并且具有衰减冲击的作用。无动力运载器与有动力运载器的主要区别在于水中弹道有无动力推进。“捕鲸叉”和“海长矛”导弹采用无动力运载器，而俄罗斯的 SS－N－21 和法国的 SM－39 飞鱼导弹采用的是有动力运载器。无动力运载器的优点是能够进行寂静发射，因而提高了攻击潜艇的隐蔽性；运载器无动力，流体动力外形简单，容易设计。由于无动力运载器主要靠正浮力滑行至水面，因而出水速度比较低，稳定性较差。美国后来发展的海长矛导弹运载器采用复合材料、蜂窝结构就是为了提高运载器的正浮力和出水速度，从而提高运载器出水姿态和导弹初始姿态的稳定性。有动力运载器的优点是，运载器上浮靠的是本身所带发动机的动力，因此，运载器在水中的机动能力比较强，提高了对敌舰的突袭能力；运载器与导弹在距海面 20～30 m 的高度上进行分离，从而避开了水面弹器分离时所遇到的波浪干扰的影响；有动力运载器的出水速度大，约为无动力运载器出水速度的2～3倍，因此弹的姿态相对稳定；发射深度范围较宽，可从潜望镜深度到潜艇最大下潜深度。有动力运载器的缺点是，发动机在水下的噪声比较大，不利于潜艇的隐蔽。采用标准鱼雷管发射导弹的一个突出限制是，因为鱼雷管尺寸有限，这一发射方式只能发射一些尺寸较小的导弹。

第二类，无运载器标准鱼雷管发射，即“湿”发射。战斧导弹是目前唯一采用“湿”发射方式从鱼雷管发射的飞航式导弹。所谓“湿”发射，就是发射时导弹和发射管同时浸水，导弹以裸弹的形式在水下航行。战斧导弹总体战术指标决定了其长度和直径比“捕鲸叉”导弹要大，如果采用运载器发射，则其密封性要求减少了鱼雷发射管的有效容积，不利于发射。由于这一原因，战斧导弹没有采用运载器，而代之以结构简单得多的钢制密封保护筒。这样一来，运载器的一些功能就要由导弹本身来完成。如导弹要进行防水设计，要能够承受发射深度上的水压，以及由于不具有正浮力而要有水下助推装置等。采用“湿”发射方案增加了导弹结构的复杂性，而且水下助推器的噪声在一定程度上破坏了潜艇的隐蔽性。但是这种发射方式增大了导弹的出水速度，提高了导弹出水姿态的稳定性，特别是避开了采用运载器方式需解决的水面弹器分离这一技术难题。

潜艇垂直发射导弹有两种方式：一种是采用专用垂直发射管发射，如美国的战斧导弹和俄罗斯的宝石导弹；另一种是采用大倾角（近似垂直发射）的专用发射装置发射，如苏联建造的奥斯卡级核动力导弹潜艇装备了这种发射装置。

潜艇垂直发射导弹主要采用专用垂直发射装置发射，采用这种发射装置的优点是：导弹贮存/发射实现了一体化，可使导弹的装备数量大大增加，以满足潜艇配置潜潜、潜舰、潜空和对陆攻击多种武器的需求；能使潜艇作战时不受导弹发射扇面的限制，不用进行占位机动就能进行发射，从而提高快速反应能力；不仅能使舰队实施全方位攻击，而且能对多目标同时实施导弹攻击；可使导弹的尺寸不受标准鱼雷管尺寸的限制，适用于发射多种型号的导弹；可以提高导弹的出筒速度，使导弹以最短的路径冲出水面，出水稳定性好，抗海浪干扰能力强；导弹离艇之后可以直接跃出水面，不需要像鱼雷管发射那样由水平转到倾斜爬升弹道，弹道简单，可靠性高。

采用这一方式的不足之处是：导弹助推器在水下的噪声比较大，不利于潜艇的隐蔽，而且采用垂直发射装置需要在潜艇有限的容积内设计和配置专用垂直发射管，并占据一定的空间；当导弹工作失常时有砸艇的危险性。

苏联早期的导弹尺寸比较大，采用倾斜式发射装置有利于解决大型导弹发射装置超长、在艇上布置难的难题，而且导弹发射时容易加速，更有利于起飞，同等条件下，推力较垂直发射也可小些。此外，导弹以一定角度发射，直接跃出水面，无须由水平转到倾斜爬升弹道，而且一旦导弹点火失败，还可以避免导弹回落砸艇的危险。

二、典型水下发射系统简介

(1) 典型潜地导弹水下发射系统

美国从20世纪50年代至今先后发展了三代六型潜地弹道导弹及其发射装置，苏联（俄罗斯）从1955年开始共发展了八代十四型，法国从1959年开始发展了三代五型。从美国、苏联（俄罗斯）和法国的潜地弹道导弹发展过程来看，主要是增大射程，提高弹头威力和命中精度，由单弹头向多弹头分导发展，由单一的惯性制导改为星光/惯性制导，提高突防能力等。与此同时，用于潜地弹道导弹的运载、贮存和发射的发射装置也得到了相应的发展。从发射方式的发展看，走过了从水面自推力热发射到水下发射的发展过程。水下发射目前仍有两种方式，即从水下弹射出水（冷发射）和直接点火发射（热发射）。美国和苏联走的是不同发射方式的发展道路。

早在20世纪40年代末和50年代初，苏联就已在执行一项广泛的研究发展计划，旨在寻找一种能从潜艇上发射弹道导弹的可行方式。1955年9月，在一艘W级潜艇上首次成功地发射了由陆军“斯柯达-A”弹道导弹改进的“斯柯达-A”导弹（射程150 km）。1958年，“萨克”（SS-N-4）导弹装备在Z-V级潜艇和G级潜艇上，它是“斯柯达-A”的改进型，单级、液体燃料推进，射程650 km。这两种型号导弹都是在水面实施发射，其发射装置主要由发射筒、提升机构和发射筒盖等组成。导弹坐落在发射筒内，当发射导弹时，潜艇浮出水面，打开发射筒盖，由提升机构将导弹提升至发射筒口，导弹点火，飞向目标，即采用静力发射，或称热发射。由于萨克（SS-N-4）导弹要在潜艇浮出水面后实施发射，破坏了潜艇具有的隐蔽性的特点，因而很快被淘汰了。

1962年，一种射程为1 390 km的“塞尔布”（SS-N-5）导弹装备在G级常规动力弹道导弹潜艇和H级弹道导弹核潜艇上，该型导弹在水下实施发射。发射装置主要由发射筒和发射筒盖系统组成。发射导弹时，在水下打开发射筒盖，点燃在导弹底部的18个电点火“冷气”喷气发动机。导弹一旦出水，主发动机点火，“冷气”喷气发动机脱落，导弹飞向目标。该型导弹也是采用静力发射方式。1968年服役的SS-N-6导弹为一级液体弹道导弹，在水下实施发射时，先将发射筒内注满水，然后主发动机点火发射，其射程为2 400 km。那时苏联水下发射弹道导弹技术已落后于美国了。

美国在面临苏联严重的战略威胁的情况下，于1955年11月成立“特种计划局”，负责处理潜地导弹武器系统的各种问题。美国海军原来打算将陆军的液体推进剂的丘比特中程弹道导弹稍加改动装到潜艇上，后来考虑到在后勤、安全、发射和作战等方面存在许多问题而放弃了该方案。

1956年12月，美国国防部批准了北极星研制计划。1957年3月提出了“北极星”潜艇武器系统方案。1960年7月20日，第一枚射程为2 200 km的全功能“北极星A1”导弹从“华盛顿”号潜艇上发射成功，完成了全射程验证，1960年11月15日开始服役。这种首次装艇使用的潜地弹道导弹发射装置是MK-15型发射系统，主要由筒盖系统、筒体系统和发射动力系统3大部分组成。筒盖系统包括筒盖、开盖机构和筒口水密隔膜等。筒口水密隔膜为自裂式平板隔膜。当筒盖打开后，它起水密作用，不使海水进入发射筒。当发射导弹时，将平板隔膜引爆自裂，为导弹飞行让出通道。筒体为双筒结构，内筒由几十个液体弹簧和气动锁定筒用“U”形钩悬挂在外筒上，对内筒减振。发射动力系统采用MK－1型压缩空气弹射系统，其结构复杂，体积庞大。

1961年10月23日，射程为2 800 km的“北极星A2”导弹第一次成功地从“艾伦”号潜艇上发射，于1962年6月开始服役。采用的潜地弹道导弹发射装置为MK－17型发射系统，其结构和性能与MK－15型基本相同。

1963年10月26日，射程为4 600 km的“北极星A3”导弹首次从“杰克逊”号（619号）弹道导弹核潜艇上发射成功。1964年9月28日开始服役。它采用的潜地弹道导弹发射装置为MK－21型发射系统。它与MK－15型发射系统相比有较大的改进，主要有下列两方面：一是用聚氨基甲酸醋泡沫塑料代替了横向减振部分的液体弹簧减振器，其减振效果较好，而且结构简单，便于发射筒在艇上安装，改善了工艺；二是用MK－7型燃气-蒸汽弹射系统代替了原来的压缩空气弹射系统，从而取消了复杂的阀门和管路系统以及笨重的压缩空气瓶。

1971年3月，射程为4 600 km的“海神C3”导弹首批装备在“麦迪逊”号（627号）核潜艇上。“海神C3”导弹的直径由“北极星A3”导弹的1.37 m增至1.88 m，导弹的长度也由A3的9.85 m增至10.39 m，导弹起飞质量由A3的16.4 t增至C3的29.5 t。尽管导弹的长度、直径和起飞质量增加了，但由于“海神C3”导弹的抗振能力有一定提高，同时挖掘了潜地弹道导弹发射装置的潜力，对发射装置结构等方面做了较大改进，因此，“海神C3”导弹仍能装填到“北极星”潜艇的16个导弹发射筒内。“海神C3”导弹采用的是MK－24型发射系统。

1978年开始服役的“三叉戟Ⅰ（C4）”导弹武器系统在导弹性能上做了较大改进，如在“海神C3”导弹的基础上加上第三级火箭发动机等，因此其射程是“海神C3”导弹的1.6倍，达7 400 km，但由于弹的直径和弹长没有变化，弹的起飞质量由29.5 t仅增至31.5 t，因此，发射装置没有做什么明显的改进。

1987年1月开始研制性飞行试验的“三叉戟Ⅱ”（D5）导弹武器系统，在导弹性能上有了较大的改进，如增大有效载荷，射程可达12 000 km；提高命中精度，采用多弹头方案及其他一些新技术，同时在导弹发射装置上也做了明显的改进。其主要表现在下列3个方面：

1）在发射动力系统方面，采用了可调能量弹射动力装置，以适应不同发射深度的需要，从而提高了导弹发射装置的快速反应能力；

2）在自裂式球冠形壳内增加了能量吸收系统，这样在球冠形壳爆炸自裂时产生的能量，不至于影响筒内的弹头，从而使弹头离球冠形自裂球壳的距离缩短，有利于导弹长度的增加；

3）导弹的垂直支承也由原来的几个液体弹簧改成整体式导弹支座，这样提高了稳定性，压缩了轴向尺寸，也有利于导弹长度的增加。

法国进行研制的M－5潜地弹道导弹的发射系统与美国的“三叉戟Ⅱ”（D5）导弹发射系统基本类似。

（2）典型潜载战术导弹水下发射系统

①俄罗斯（含苏联）的水下发射飞航导弹发射系统

“沙道克”（SS－N－3）反舰导弹于20世纪40年代末开始研制，1958年开始服役。该导弹弹长10.8 m，弹径0.9 m，翼展2.4 m，射程为180 km，动力装置为两台固体火箭助推器、一台涡喷发动机，飞行速度为$Ma=0.9$。自1960—1963年，共改装了7艘W级常规动力潜艇。20世纪60年代中期，新建造的潜艇装备了双联装发射装置，在16艘J级常规潜艇上，每艘艇配备4具发射管；在30艘E级核潜艇上，每艘艇配备8具发射管。当时在役导弹约800枚。“沙道克”（SS－N－3）导弹都是在水面发射的。发射时，潜艇先浮出水面，发射管由水平状态仰起至某一要求角度后，发射管盖打开，导弹点火飞向目标。由于潜艇只有几分钟时间停留在水面上发射导弹，因而常使敌方措手不及。但是，由于水面发射导弹破坏了潜艇的隐蔽性，发射装置维护困难，加之作战使用不便，所以到20世纪80年代都相继退役，而由水下发射方式所取代。

“星光”（SS－N－7）中近程潜对舰导弹是苏联发展的第二代潜对舰导弹，由潜艇实施水下发射。该导弹于20世纪60年代初开始研制，1968年开始装备。该导弹长6.7 m，弹径0.55 m，动力装置为固体火箭发动机，有效射程45～53 km，飞行速度为$Ma=0.95$。“星光”导弹是世界上最先实现水下发射的飞航导弹，用专门设计的导弹发射管发射。它的8个发射管分两组配置在指挥台前略偏两舷的耐压壳体内，以45°仰角组成蜂窝式四联装发射装置。在前甲板可以看到一长方形舱口盖，在发射导弹时，舱口盖打开，导弹在潜艇内点火发射。由于导弹能在水下发射，因而可对敌水面舰艇发起突然袭击。该导弹于1968年开始装备，共装备了12艘C－1级核动力潜艇，有140枚导弹在役。

“海妖”（SS－N－9）中程反舰导弹于20世纪60年代初开始研制，1968年开始装备在纳奴契卡-Ⅰ、纳奴契卡-Ⅱ小型护卫舰和“蝗虫”级水翼艇上，20世纪80年代中期经改进发展为水下发射型。该导弹长9.18 m，弹径0.88 m，翼展2.5 m，动力装置为固体火箭发动机，射程75～275 km，飞行速度为$Ma=0.8$。发射装置与“星光”（SS－N－7）导弹发射装置基本相同，两个四联装发射装置分别置于舰桥前两侧。该导弹已装备了10艘C－Ⅰ和C－Ⅱ级核潜艇，到1980年已生产200枚导弹。

“毁舰者”（SS－N－19）远程反舰导弹是苏联发展的一种远程超声速掠海飞行的反舰导弹，它是继“沙道克”（SS－N－3）和“沙箱”（SS－N－12）之后苏联的第三代远程反舰导弹。该导弹于20世纪70年代初开始研制，1979年开始装备水面舰艇，1982年开始装备0级核潜艇。该导弹弹长9.5 m，弹径0.8 m，翼展2.5 m，动力装置为两台固体火箭助推器、一台涡喷发动机，射程为445 km，飞行速度为$Ma=2.5$。它是世界上最早服役的远程超声速飞航导弹。该导弹在专门设计的发射管中实施水下发射。24具导弹发射管分两列，每列12具，布置在耐压壳体和非耐压壳体之间，安装倾斜角为40°。每两个发射筒为一组，共用一个舱口盖，也就是在艇体上层建筑的每舷有6个铰链式或可移式舱口盖，舱口盖长 6.5 m，宽 2.0 m。

“桑普森”（SS－N－21）导弹是俄罗斯潜艇水下发射的飞航式导弹，属俄罗斯 Granat 武器系统，俄罗斯称其为 RKV－500 导弹，用于攻击陆上目标，惯性/地形跟踪飞行，射程 3 000 km，飞行速度为 $Ma=0.7$。导弹采用有动力运载器从标准鱼雷发射管中发射，发射深度可以从潜望深度到潜艇下潜工作深度。“桑普森”导弹水下运载器的水下段运动是靠火箭发动机产生的推力来实现的。在任何情况下，水下弹道都能保证运载器以 45°角冲出水面。运载器的水中姿态靠发动机喷管进行矢量控制。运载器出水后，其头盖在距水面约 30 m 的高度上靠爆炸螺栓起爆产生的 196 kN 的力与主体分离，而导弹与运载器的分离是采用连接弹器的爆炸螺栓所产生的推力来实现的。在弹器分离的同时，弹载主发动机点火，使导弹进入空中弹道，运载器落入水中。该导弹目前装备在 AK 级、SⅠ级、SⅡ级和Ⅷ级攻击型核潜艇上。

②美国的水下发射飞航导弹发射系统

“天狮星-Ⅰ”导弹是美国海军于 20 世纪 50 年代开始装备的一种潜（舰）对地飞航式导弹，它于 1947 年开始研究，1951 年研制成功，1955 年装备部队。该导弹长 10.04 m，弹径 1.37 m，翼展 6.4 m，射程 960 km，动力装置为助推火箭和涡喷发动机，飞行速度为 $Ma=0.96$。该导弹直接驮在潜艇上，采用水面发射方式。其发射系统主要是一座单轨式发射架和一座双层结构的旋转弹舱，装上第一枚导弹后，弹舱内壁转动 180°再装上第二枚导弹。由于该武器系统在技术和战术上存在不少问题，因此于 1958 年就停止生产，1964 年退役。

“天狮星-Ⅱ”导弹是Ⅰ型的改进型，弹长 17.38 m，弹径 1.83 m，翼展 6.10 m，射程 1 600 km，动力装置为助推火箭和涡喷发动机，飞行速度为 $Ma=2.0$。其发射系统对潜艇的航行阻力虽比Ⅰ型导弹减小了许多，但结构复杂、体积庞大。弹舱配置在艇首，贮弹 5 枚，几乎占据了艇首部分的整个舱室。发射导弹时，潜艇浮出水面，打开笨重的双层水密门，借助液压输弹机构将导弹装到发射架上，发射装置随之再带动庞大的弹体进行回转俯仰运动，以便发射导弹。该导弹于 1958 年开始装备部队，曾装备在“大比目鱼”“灰鲸”等潜艇上，后于 20 世纪 70 年代末退役。

“鱼叉”中程反舰导弹于 1969 年开始研制，其舰对舰型（RGM－84）于 1977 年开始装备，采用阿斯洛克反潜导弹发射架、小猎犬和鞑靼人舰空导弹发射架、四联装箱式发射架以及 MK－41 垂直发射系统发射。“鱼叉”潜对舰型（UGM－84）于 1981 年开始装备。该型导弹长 4.634 4 m，弹径 0.342 9 m，翼展 0.914 4 m，射程 100～130 km，动力装置为一台固体火箭助推器和一台涡喷发动机，飞行速度为 $Ma=0.75$，可从标准鱼雷发射管中发射。导弹装入无动力运载器内，运载器长 6.25 m，外径为 0.533 m，质量 400 kg，发射质量 682 kg。发射时，导弹运载器从鱼雷发射管中水平发射，运载器在水下是无动力的，靠水的浮力和运载器上的一对稳定翼使运载器滑向水面，并成 45°角出水。运载器上装有可指示运载器出水、头盖打开的传感器。在运载器出水、头盖打开的同时，导弹助推火箭发动机点火，导弹随之脱离运载器，因此，弹器分离采用的是自推力方式。导弹离开运载器后，其鳍板、舵面和尾翼立即展开，然后进入空中弹道。

"战斧"（BGM-109B）远程反舰导弹于1972年开始研制，1984年开始装备。该导弹长6.248 m，弹径0.517 m，翼展2.62 m，射程450 km，动力装置为一台固体火箭助推器和一台涡喷发动机，飞行速度为$Ma=0.72$。"战斧"导弹采用模块化设计，可以在潜艇、水面舰艇和地面车辆上发射。"战斧"导弹在潜艇上水下发射方式与"鱼叉"完全不同，它不采用运载器方式。该导弹既可用标准鱼雷管发射，也可由专门设计的垂直发射系统发射。"战斧"导弹由鱼雷管发射时，将导弹装在不锈钢密封容器中。发射前，用潜艇上的标准装填设备将内装导弹的密封容器装入0.533 m直径的鱼雷管中，再由MK117射击指挥仪对导弹进行检查，并调整制导设备。发射时，切断把导弹固定在密封容器上的两个紧固螺栓，解除密封容器对导弹的束缚。之后，把套筒移至适当位置，打开活门，让海水从容器后注入，接着利用液压投射系统将导弹从密封容器中推出。导弹冲破密封容器前盖离开发射管时，后边拖着一条12.2 m长的拉索，拉索的另一端连着密封容器。当拉索受拉时，助推器上的拉索开关解除保险，使助推器点火，通过助推器上的燃气舵推力矢量控制系统控制导弹在水下的运动，助推器工作一半时间导弹出水，出水后助推器将导弹推至305 m的弹道最高点。导弹出水后，抛掉发动机进气口和折叠翼槽上的盖以及导弹与助推器间的整流罩。4个尾翼展开后，助推器熄火，涡轮喷气发动机进气口从腹部伸出，发动机开始工作，使导弹进入空中弹道。在导弹离开鱼雷管之后，套筒被移到原来位置，关闭活门，再用液压抛射系统将密封容器从鱼雷管中抛出，密封容器随后便自然沉入海底。

③潜载防空导弹发射系统

（a）从潜望状态发射潜对空导弹

从潜望状态发射潜对空导弹的武器系统主要有英国的"斯拉姆"系统和苏联的SA-N-5潜空导弹武器系统。

英国的"斯拉姆"系统是一种在通气管状态或水面状态发射的低空导弹武器系统，主要用来对付反潜直升机和巡逻机。该系统于1968年开始研制，1972年进行海上飞行试验，1973年开始装艇使用。该系统由发射装置及其控制系统、导弹、目标指示系统、搜索跟踪系统和火控系统等组成。潜艇上采用的发射装置为六联装，可发射6枚改进的单兵对空"吹管"导弹。导弹在发射架上依靠控制系统进行360°旋转和－10°～＋90°范围内的俯仰；发射架靠液压升降桅杆升降（平时降下封闭在耐压容器中，作战时从容器中升起使用）。导弹发射和控制在舱内进行，当艇上的潜望镜、雷达或声呐捕获到目标后，观测员迅速将目标方位和距离信息传给"斯拉姆"控制系统和导弹射手，射手将发射装置升至发射位置并跟着潜望镜随动对准目标，射手操纵装置俯仰使电视摄像机捕获目标，一旦电视荧光屏上显示目标，射手即根据图像发射导弹。导弹升空后，利用发射架上的红外跟踪器跟踪导弹曳光，用无线电指令控制导弹进入电视摄像机标准线，采用三点法引导导弹飞向目标，直至摧毁目标。

俄罗斯的SA-N-5潜对空导弹系统是一种水下发射的红外制导导弹系统，在E级、O级、T级和K级潜艇上配备，1993年卖给伊朗的"基洛"级潜艇上装备了这种对空导弹系统。继 SA-N-5 导弹后，俄罗斯于 20 世纪 80 年代末又着手研制了 SA-N-8 和 SA-N-16 两型潜射对空导弹，用以加强潜艇的防空能力。

（b）水下垂直发射潜对空导弹

美国的“西埃姆”系统是一种水下垂直发射的近程低空导弹武器系统，主要用于对付反潜直升机和固定翼飞机等。该系统于 1977 年开始研制，1980 年成功地进行了首次发射试验，1986 年完成研制并开始生产和装备潜艇。“西埃姆”系统是一种全自动的对空导弹武器系统。导弹采用雷达主动寻的和红外线被动寻的的复合制导体制，为雷达-红外双模导引头，系统从搜索、跟踪目标、敌我识别、发射到引导导弹击毁目标，全由弹上的双模导引头自动完成，不需要任何地面火控系统支援。“西埃姆”系统的水下发射过程大致如下：潜艇使用侦察声呐发现直升机使用的主动吊放声呐的脉冲信号后，确定直升机临空位置，将信号传递给“西埃姆”；敌我识别器识别敌友，导弹加电，点燃助推发动机，将导弹由发射筒内垂直射出水面；导弹出水后，导引头导引其转向目标，主发动机点火，助推器脱落，导弹加速；导引头跟踪并锁定目标，当导弹接近目标时，改为红外被动制导，引导导弹摧毁目标。导弹发射前，如果雷达导引头没有捕捉到目标，则导弹发射后可在空中一定高度上借助于反作用力旋转，雷达导引头全方位搜索目标，发现目标后，导弹自动停止旋转，导引头锁定目标后，按以上程序继续工作。由此可看出，“西埃姆”导弹在水下采用裸弹自推力垂直发射。

（c）标准鱼雷管发射潜对空导弹

法国航空航天公司、德国航空航天公司和意大利导弹公司联合研制的“独眼巨人”系统是一种由水下标准鱼雷管发射的、由光纤制导的潜对空导弹武器系统，主要用于对付反潜巡逻机和直升机，也可攻击水面舰船和海岸目标。该系统于 1989 年开始联合研制，1996 年该导弹在德国的 206A 级潜艇上进行了首次飞行试验，并取得成功，于 2000 年装艇使用。“独眼巨人”潜空导弹系统主要由导弹、水下运载器和发射器 3 部分组成。水下运载器类似于法国 SM-39“飞鱼”导弹的运载器，其内部充有低压气体，并配有一套推进系统。该运载器可由鱼雷发射管从潜望深度至 300 m 水深的任一深度发射。发射系统为标准的 533 mm 鱼雷发射装置，发射位置不受限制。

第二节 有动力运载器水平发射系统

一、技术特点

有动力运载器自身具有动力推进装置（一般为水下固体火箭助推器），装弹运载器依靠发射离管初速和助推器动力实现水下的航行和爬升，该类运载器以法国飞鱼飞航导弹运载器为代表。

法国飞鱼导弹为高亚声速飞航式战术导弹，属于欧洲著名的一弹多用反舰导弹。潜射型飞鱼飞航导弹（SM－39）由法国航空航天公司于 1977 年开始研制，其水密运载器由法国吕埃尔公司设计制造。1984 年，该导弹武器系统进行潜艇发射验收试验，1985 年开始批量装备法国潜艇部队和有关国家海军部队，至今仍然是法国海军的主战战术武器。法国 11 艘阿戈斯塔级常规动力潜艇和 6 艘红宝石级攻击型核动力潜艇均装备了 SM－39 飞鱼反舰导弹武器，每艘艇上平均配备了 10 枚导弹。法国 1 艘凯旋级核动力战略弹道导弹潜艇也装备了飞鱼反舰导弹。所装备潜艇均为标准水平鱼雷管配置。

有动力运载器的主要技术特性如下：

1）结构相对复杂，研制维护费用较高；

2）布局较简单，一般采用钝头头部，四稳定或八稳定控制面尾翼，圆筒中段不设翼，尾翼不折叠，部分翼上设置舵板，翼展小于运载器直径；

3）净浮力可为零浮力或负浮力，所载导弹受净浮力值的限制；

4）水下有动力航行，噪声大，固体助推器不易适应大深度工作，隐蔽性差；

5）水中航行速度较高，运动稳定性受海流等干扰小，机动性能强；

6）通常采用主动制导程序控制，导弹与运载器在近水面实施动力弹射分离。

二、有动力运载器总体构成

有动力运载器由分离头部、中段圆筒舱体、收敛尾部、动力装置及控制系统等构成，其中，圆筒舱体是导弹的安装舱段，如图 6－1 所示。运载器尾部后半部内装有提供运载器水中推进动力的固体火箭助推器，其喷管口设置防护盖和扰流片，尾部中部内装有运载器控制系统，尾部前半部内安装的是供在空中使导弹飞离运载器的燃气发生器。运载器尾部壳体外部安装有运载器流体动力控制组件，还设置有向导弹运载器装定发射和攻击数据的设定电缆连接座。

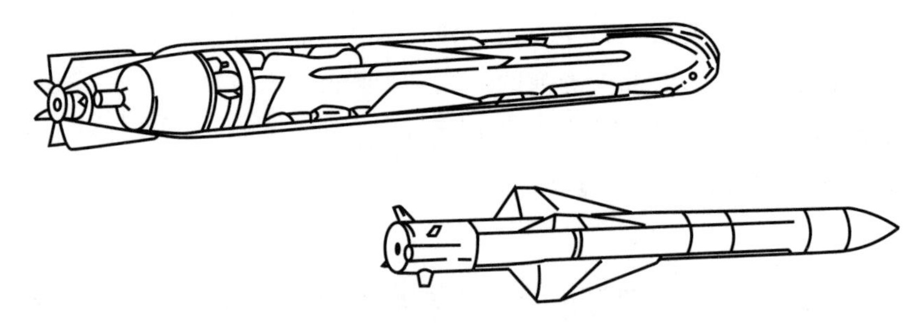

图 6－1　装有导弹有动力运载器透视图

飞鱼导弹有动力运载器总长为 5.8 m，直径为 530 mm，质量为 725 kg，装弹后质量为 1 350 ～1 375 kg，装弹后呈负浮力（负浮力在－1 500 N 左右）。通过运载器尾部一对充放气阀门，可向运载器内充填最大 0.03 MPa 的干燥空气或氮气，以提供导弹日常贮存的良好环境。运载器圆筒舱体是由优质合金钢材料加工制成的薄壁结构耐压壳体，在壳体内壁安装固定有导弹滑行导轨，在壳体外表面沿上母线装有与鱼雷管相匹配的导子。运载器尾部按“米”字形均布 4 对 8 片稳定尾翼（均为直形翼，不需折叠），展长不超过中段外径，左右水平尾翼后部为可动舵，而其余 3 对翼均为固定翼，上垂直翼的顶面前后分别装有离管信号传感器和匹配导子。通过前、后两组减振适配器（多孔下沉型，4 块/组，共 25 kg 左右），将导弹沿导轨装入运载器圆筒舱体内固定，导弹底部安装有在运载器筒体内可滑动的气密弹底板。

三、有动力运载器工作原理

运载器的发射使用深度从潜望状态一直延伸到水下 80～100 m，发射时最大艇速可达 5.1 m/s，允许发射海况最大至 6 级。按要求载弹运载器在潜艇鱼雷管内装填到位，连接好外部设定电缆。采用潜艇气动冲压式标准鱼雷管发射装置（IQ63A 型，管长 6.75 m），将运载器从鱼雷管快速水平发射出管，运载器离管速度（相对艇）超过 10 m/s。飞鱼导弹在潜艇鱼雷管内若处于作战值班状态，在接到发射指令后 60 s 内就可进行发射，紧急情况下在 20 s 左右可发射导弹。

载弹运载器被发射出管运行到距艇艏 10～12 m 时，运载器尾部固体火箭助推器点火工作。根据浅、中、深不同发射深度，运载器控制系统执行相应控制程序，电机操纵助推器扰流片和水平尾翼舵板，使运载器按不同的水下运动规律有动力航行并爬升，均能够以 45°的俯仰角冲出水面（图 6-2），出水速度高达 20 m/s。当运载器不偏航做平面运动航行时，水平运动 150～200 m 距离出水；当在水中做空间机动航行时，能够按转弯半径 100 m、偏航角最大±90°运动出水，助推器水中工作时间为 10～12 s。在载弹运载器冲出水面瞬间，头部出水传感器及时向运载器控制系统发出出水信号，运载器按降低俯仰角要求很快运动到距海面 20 m 高度的空中，并呈 12°的小俯仰角姿态（相当于舰射飞鱼导弹发射角），此时运载器头部通过火药迅速抛射分离，同时运载器尾部内的燃气发生器点火工作将导弹迅速弹出运载器，分离时间不超过 0.3 s。随后，导弹转入空中弹道飞向攻击目标，而运载器使命完成，其舱体和适配器等分离体相继沉入海中。

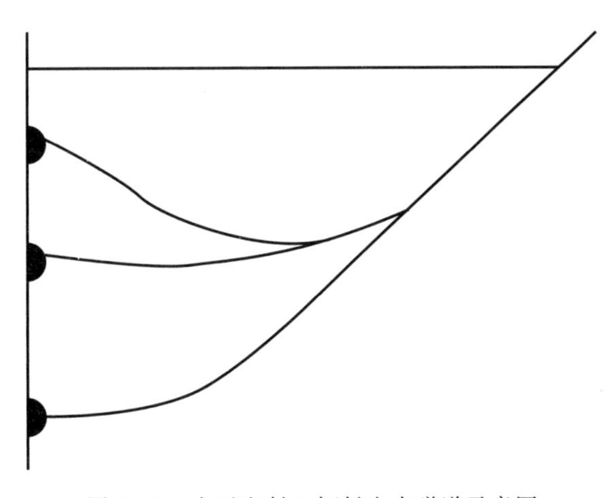

图 6-2　水平发射＋倾斜出水弹道示意图

第三节　无动力运载器水平发射系统

一、技术特点

无动力运载器水平发射是从潜艇鱼雷管水下发射，依靠自身正浮力和发射初速，按预定弹道出水并完成头尾分离，随即自动发出允许导弹点火信号，导弹助推器点火，实施弹器分离，导弹飞向目标，实现飞航导弹水下发射。

运载器是导弹的密闭容器、水中运载体及水面发射平台，其头罩与尾部的外形满足水弹道设计提出的要求；其结构强度和稳定性满足发射环境下的承载要求；其结构密封性满足贮存期间的气密性要求和发射过程中的水密性要求；其外部结构匹配性满足与潜艇、雷弹发射装置发射管的协调要求；其内部通过适配器满足弹器分离过程中导弹的支承与导向要求。

无动力运载器的主要技术特点如下：

1）系统构成相对简单，研制维护费用较低；

2）布局较为复杂，通常采用钝头头部，三稳定控制面尾翼，圆筒中段不设翼，尾翼为折叠或缩折式结构，翼上设置可动舵，展弦比较大，合拢包络直径不超过中段直径；

3）装弹后净浮力必须为正浮力，且足够大，所载导弹重量受净浮力值限制较大；

4）水下无动力航行时，寂静无噪声，更适应于大深度发射，隐蔽性好；

5）水中航行速度低，运动稳定性易受海流等随机因素干扰，机动能力不够强；

6）一般采用简单的时序控制方式，导弹与运载器在水面实施自推力热分离。

二、无动力运载器总体构成

运载器由平端面曲线头部、圆筒形中段、收敛形尾部（其上装有折叠翼、舵和鳍）、适配器和控制系统等组成。

（1）头部

头部由分离头罩及过渡段两部分组成，而分离头罩又由平头型塑料头罩、切割索组件及电引爆装置组成。过渡段用楔环与中段前端相连接。头罩平端面上装有控制系统的两只出水传感器。

运载器出水时控制系统进行头分控制，电引爆装置工作，引爆切割索组件，沿塑料头罩周向或径向将其分成两瓣，打开导弹与适配器的通道。

（2）中段

中段由 4 个圆柱段用楔环连接而成，内部装载导弹（含高度模拟器）。中段前端内装吸波护板，用于吸收导弹产生的雷达波，并可防止头罩分离时碎物撞击弹头。

助推器点火后，其推力达到一定值时，弹固定器的剪切销被剪断，弹器开始分离。

（3）尾部

尾部由尾舱和尾锥两大部分用爆炸螺栓连接而成，尾部用楔环与中段后端相连接。尾部具有良好的流体动力外形，其结构是各机构及控制系统主要组件的安装基座。各机构在运载器离开发射管后，按设定程序分别动作，以保证运载器在水中运动和出水时的姿态稳定性。

尾舱内下方装有电源保险机构，在其内腔的上、下和左、右分别安装有控制系统的匹配驱动器、电源、电源转换器和控制器等盒形件，相互间由电缆相连。在两侧上方还各有一个检查孔盖，视需要可以打开。

尾舱后端口是导弹助推器的排流通道。运载器出水时，按控制程序将尾舱与尾锥间的爆炸螺栓引爆，尾锥分离并脱落，大部分燃气流通过尾舱排流口排入水中。

尾锥上的左、右折叠翼是运载器水中运动状态保持稳定的主要构件。通过尾翼展开同步机构和操舵机构的工作，保证了运载器水中弹道和出水姿态的要求。

（4）适配器

适配器分布在导弹的上、下和左、右的规定部位。它通过其内表面上的挂弹销与弹上销孔相连接，而外表面的导槽与运载器中段内的适配器导向条相匹配，实现对导弹的支承和导向作用。

每一适配器上除装有挂弹销外，为了增加适配器初始分离力，还装有弹簧。当弹器分离时，气动力加上弹簧力及其本体惯性力，使适配器与导弹迅速脱离而不影响导弹的折叠弹翼和折叠舵的正常展开。

适配器是非封闭型，在弹器分离时有一部分燃气经适配器之间的间隙反喷，以降低导弹的背压，防止运动加速度激增，同时反喷气流也有利于头罩分瓣后迅速打开导弹的飞行通道。

（5）控制系统

控制系统在运载器爬升过程中实施操舵控制。当运载器出水延时控制使其达到一定高度时，按控制程序引爆火工品，分离头罩与尾锥相继分离，并向导弹发出无源的允许点火指令，以实现弹器分离。在危及潜艇安全的情况下按应急抛射程序对运载器实施自毁。

控制系统由控制器、出水传感器、工位传感器、匹配驱动器、电源及电缆组成。控制系统除实施程序控制外，还包括各种接口，以满足运载器与导弹及艇上发控设备之间的通信和检测的要求。

三、无动力运载器工作原理

载弹运载器由潜艇鱼雷管（或雷弹发射装置）在潜望深度实施水下发射，启动后距离解锁绳带开始释放，拔脱绳带将水密设定电缆从运载器尾端拔下；离管时运载器的电源保险机构接通电源，并提供离管信号。在艇速 4～6 节（1 节≈0.514 m/s）的条件下，运载器以相对潜艇不小于 13 m/s 的速度出管。离管后运载器距离解锁绳带长度在达到预定的安全距离 10.5 m 时，先后将折叠尾翼和弹出鳍解锁，随之左右尾翼在扭力杆扭力及流体动力的作用下并通过同步链轮展开到位、活动鳍被绳带拉曳到位；运载器通过绳带将安装于发射管后盖上的联接销拉断。

运载器在正浮力、舵力及抬头力矩的作用下不断爬升。运载器离管后 1 s 出水传感器启动，同时打开导弹助推器点火保险电路。运载器控制器实时接收来自导弹惯导平台的俯仰角信号，并将此信号电压与预定的操舵俯仰角 31°的信号电压进行比较，当输入值与预定值一致，且发射深度装定值大于 9.5 m 时，就发出操舵指令。操舵机构的电爆管起爆，将固定舵板解锁，舵板在流体动力的作用下由－17°转至－2°。

当运载器以俯仰角 25°～40°的范围出水时，头端两只出水传感器循环采用斜率判与零压力判两种出水判别准则实时发出出水信号；100 ms 后发出头罩分离指令，切割索组件的聚能炸药索沿周向和径向将头罩切割成两瓣；头分反馈信号后同时发出尾锥分离指令和允许导弹点火指令，连接尾锥与尾舱的爆炸螺栓起爆。导弹接到运载器发出的允许点火指令后，通过点火电路对其助推器实施点火，助推器即刻工作。助推器喷流将已解锁的尾锥吹掉，燃气排流主通道打开，同时燃气通过非封闭的适配器向前排流；导弹在推力的作用下剪断运载器弹固定器的剪切销，克服适配器摩擦力，不断加速向前运动；当前、后适配器随导弹运动至运载器前口时，在气动力与弹簧力的联合作用下迅速从弹体上分离脱开，而不与展开中的弹翼和尾舵相碰。当导弹底部离开运载器前口时，导弹与运载器分离过程结束，运载器使命完成，导弹则飞向目标。

第四节　水下垂直发射系统

一、水下垂直发射技术分类

目前在水下能用于垂直发射导弹的发射装置大致可分成两大类：一类是以发射战略弹道导弹为代表的发射装置，可称为舱段式发射装置；另一类则是以发射“战斧”巡航导弹为代表的发射装置，可称为座舱式发射装置。

舱段式发射装置的特点是，需在潜艇中专门设置导弹舱段，发射装置则成为该舱段的主体，如俄罗斯“北德文斯克”级核动力导弹潜艇上的八座巡航导弹垂直发射筒就是舱段式发射装置。这类发射装置已在弹道导弹发射装置中采用。

座舱式发射装置的特点是发射装置能和弹一起整体式地“坐”在潜艇上，如美国的战斧巡航导弹垂直发射系统就是采用座舱式发射装置。座舱式发射装置一般为单筒结构，有发射筒盖、发射筒体及内串式发射动力等作为其基本组成。根据导弹的特性及需求以及发射方式的不同，还可能包括减振系统、运载器和适配器等部件。

座舱式发射装置的技术特点主要有：

1）与潜艇的接口比较简单，因此适装于各类潜艇。当然，根据不同类型潜艇的特点，其接口也可重新设计。

2）可以进行干式发射（即带运载器），也可进行湿式发射，还可发射不同弹径的导弹，通用性比较好。

3）可采用整体吊装，导弹、发射动力与发射筒等的连接组装及维修可在技术阵地完成，因此，潜艇上的操作和维修比较简单，对潜艇后勤保障的需求也比较低。但同时对导弹、发射动力的可靠性要求较高，需要检测间隔周期也较长。

4）相对独立性较强，可以配置在潜艇的耐压壳体以外，因此其安全性较好。

二、潜载导弹垂直弹射动力系统

从发射动力系统的特点及发展看，在潜载导弹的发射中，弹射发射具有明显的优势。弹射发射经历了各种不同的发射动力源，从开始的炮式、液压式、压缩空气式、液压-气动式到后来的燃气式、燃气-蒸汽式和正在发展的电磁式（从 20 世纪 90 年代以来，国外研究机构已将电磁弹射技术应用于大质量、低速度物体的发射）。在各种动力形式中，燃气-蒸汽式具有能量利用充分、压力变化平稳、内弹道参数较理想、可靠性高、推力大等特点，而且技术上较成熟，被用于发射各种型号的潜射战略或战术导弹。

压缩空气式利用高压气体作为动力源，能将导弹高速弹出，但是需要在潜艇上布置设备庞大、笨重的发射装置，大容量的高压气瓶工艺制作上也是较困难的。美国在研制潜地弹道导弹发射的初期，曾成功地运用压缩气体作为发射工质，对潜地弹道导弹进行了发射。其主要组成及作用是：高压气瓶用于贮存高压气体，发射阀和爆炸阀则用于控制发射阀的工作。当发射导弹时，启动爆炸阀，电磁阀电路接通，开启发射阀，高压气瓶的气体工质经发射阀降压并按一定流量进入发射筒，在发射筒内建立压力形成弹射力，将导弹弹射出发射筒。

燃气式是将火药的化学能转化为推动导弹运动的动能，其可转化的能量大，但体积并不大，设备也不复杂。燃气发生器本质上是个固体火箭发动机，可直接装在发射筒内。其缺点是燃气温度高，不仅对本身热设计造成困难，也对弹上设备及发射装置构成威胁。尽管压缩空气弹射的压强、温度都较平稳，但工质质量需求太大，导致整个发射设备的体积太大，不便于运输及机动发射。燃气弹射尽管对工质质量要求较小，但是其发射筒内温度太高，会对弹上设备及发射装置构成威胁，需要经过特殊的热设计和热处理。

燃气-蒸汽式发射动力系统是目前技术最为成熟的发射动力，由燃气发生器和冷却器等部分组成。燃气发生器产生的高温燃气与冷却器中的水混合，一方面燃气的温度降低，另一方面水被热汽化直至过热。这一过程使产生的燃气和蒸汽温度降低到所需的状态并进入发射筒，按规定的内弹道参数指标将导弹弹射出发射筒，导弹到达一定高度时发动机点火起动。因此，能量得以充分利用，并可调，压力变化平稳，内弹道参数较理想。但是，燃气-蒸汽式发射动力系统结构复杂，体积较大，成本较高。

三、变深度弹射动力系统

1. 变深度弹射动力系统的特点

水下定深度发射采用的定深度弹射动力系统是不可调能量系统。它为被发射的导弹提供预定的压力冲量，由于弹射动力系统的部分能量用于克服海水静压，因此导弹的出筒速度将随发射深度的增加而减小，如图 6 - 3 曲线 2 所示。

水下变深度发射技术是先进的弹射发射技术，它要求在较宽的深度范围内均可以实施发射。变深度发射采用的变深度弹射动力系统是可调能量系统，考虑到对潜艇冲击的防护需要和导弹的空泡限制，对不同的发射深度有不同的出筒速度限制，如图 6 - 3 和图 6 - 4 中曲线 1、4 所示。变深度发射要求发射动力系统能够改变给予导弹的能量值，如图 6 - 4 曲线 2、3 所示。

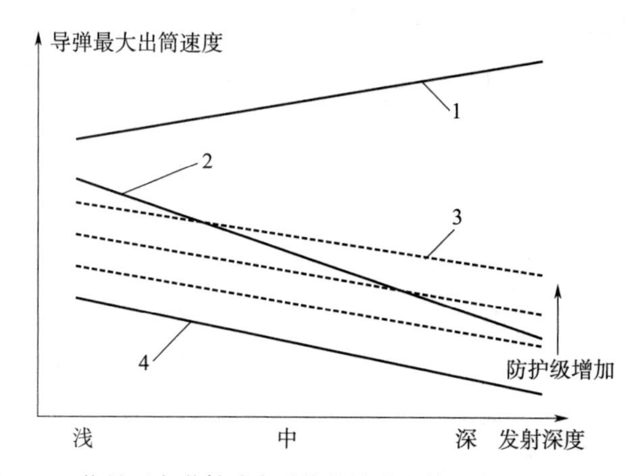

图 6 - 3　能量不变弹射动力系统的导弹出筒速度对深度的曲线图

1 —导弹空泡限制的出筒速度；2 —固定能量的导弹出筒速度

3 —增加对潜艇防护的导弹出筒速度；4 —对潜艇最低防护要求的导弹出筒速度

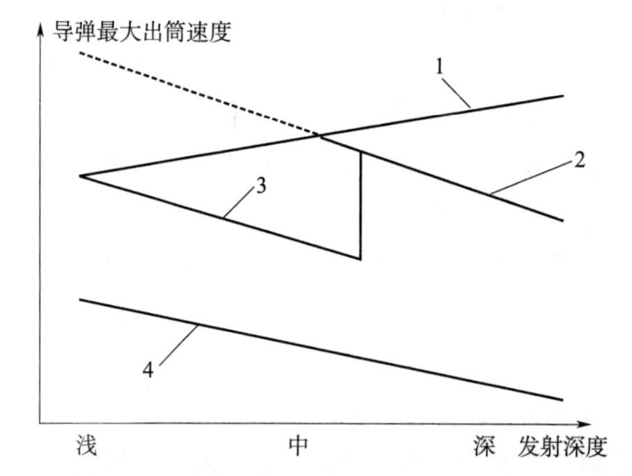

图 6 - 4　能量可调弹射动力系统的导弹出筒速度对深度的曲线图

1 —导弹空泡限制的出筒速度；2 —固定能量的导弹出筒速度

3 —能量可调的导弹出筒速度；4 —对潜艇最低防护要求的导弹出筒速度

如图 6 - 4 曲线 2 所示，若不改变给予导弹的能量值，则在浅深度发射时，将使导弹的发射处于危险状态，发射深度范围越宽，这种危险性越大。而采用能量可调的变深度弹射动力系统通过调节给予导弹的能量值（有用能量），可以在比较宽的深度范围内，使导弹的出筒速度处于最佳设计范围。

另外，变深度弹射动力系统能够适应“齐射”（即在很短的时间间隔内连续发射导弹）的需要，这在侦察手段与反潜技术越来越高明的现代战争条件下，在给敌方战略目标以致命打击后，使我艇能迅速撤离发射区，这无疑会大大提高导弹武器系统的适用性、快速作战反应能力和生存能力。

对定深度发射采用的燃气-蒸汽动力系统加以改进，增加喷水控制机构便可以改进为变深度发射动力系统。对不同的发射深度区段，通过调节喷入的冷却水量的多少能够调节燃气-蒸汽气体工质作用于导弹的有用能量，发射深度越深，喷入的水量就越少；发射深度越浅，喷入的水量就越多。利用这种方法可以使导弹的出筒速度在发射深度范围内，处于最佳设计范围。

与定深度发射动力系统相比，变深度发射动力系统的燃气发生器和冷却器在设计上有许多不同特点，最关键的是燃气发生器的有效装药量、装药增面比、燃气初始秒流量、喷管喉径、水药比（喷入的冷却水量与燃气发生器装药量之比）等重要参数必须优化设计且参数匹配，以扩大燃气-蒸汽气体工质有用能量调节范围，即扩大导弹出筒速度的调节范围；对于冷却器来讲，要增加能够自动跟踪艇深信息、自动调节某深度需要喷水孔数（即调节喷水量）的喷水控制机构。

2. 实现变深度发射的方法

实现变深度发射的方法较多，虽然在理论上都是可行的，但要在工程技术上得以实现还存在不少的问题，其方法大致可分为以下两类：

（1）改变发射动力系统的输入能量

改变发射动力系统的输入能量这类方法主要是改变燃气发生器的装药量，其具体方法有以下两种：

1）对燃气发生器的装药设定不同的长度和装药根数，根据不同的发射深度确定装药长度和装药根数。根据变深度发射的要求，其发射深度是在一定范围内随时变化的，在弹射动力系统装艇待发的情况下，这一方法是无法实现的。

2）采用两套或多套动力系统安装在一个发射筒上，按不同的发射深度，点燃相应的燃气发生器；或者用一套基本的弹射动力系统在不同的发射深度都采用，再按不同的发射深度配用辅助的不同燃气发生器在发射过程中控制使用。这必须做大量的试验，要耗费大量的经费。在此还需特别指出，燃气发生器点火延迟的规律一般是随机的，动力系统一多，则此随机因素也成倍增多，因此很难控制其筒内弹道参数达到预定的效果。同时导弹舱内的空间也是有限的，一个发射筒装一套弹射动力系统就很拥挤，若要装两套或多套弹射动力系统，其空间是不允许的，而且其安全性、可靠性将大大降低，甚至无法保证，因此这种方法也是无实用价值的。

（2）改变弹射动力系统的有用能，实现变深度发射

改变弹射动力系统的有用能，实现变深度发射这种方法主要是一个发射筒采用一套弹射动力系统，在发射过程中通过改变冷却剂的输入量来实现的。由于当燃气发生器装

药一定时，冷却剂的输入量越多，燃气的温度降低就越多，导致系统做功能力的降低也就越多；冷却剂的输入量越少，燃气温度的降低就越少，导致系统做功能力的降低也就越少。因此改变冷却剂的输入量来实现变深度发射，其实质就是通过改变发射动力系统的有用能来实现的，故这样的弹射动力系统是有用能可调系统，或者说是弹射能可调系统。

①抱闸式的喷水调节机构（图 6 - 5）

弹射动力系统冷却装置的喷水孔群分以下两个区域：一部分是常用喷水孔群区域；另一部分是根据发射深度需要随机调节的喷水孔群区域。按照不同的发射深度，事先由内弹道计算，确定堵孔多少，然后确定使用哪个抱闸进行堵孔，控制所需的喷水量。这种喷水调节机构结构简单可行，但由于堵孔集中某一区域，致使喷水区里流场不均匀，压力场不稳定，导致喷水规律不稳定，对筒内弹道参数有影响。

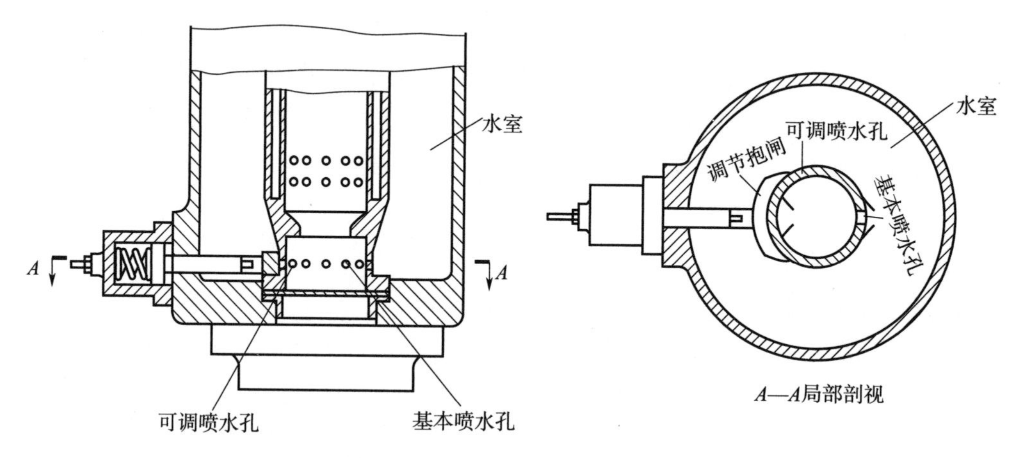

图 6 - 5　抱闸式的喷水调节机构

②导管阀门式喷水调节机构（图 6 - 6）

导管阀门式喷水调节机构也是将喷水孔分成两部分：一为基本喷水孔群，二为调节喷水孔群。

基本喷水孔群是常开的，如图 6 - 6 所示，调节喷水孔群是按照需要开启或关闭的。其方法是通过导管、阀门将调节喷水孔群与水室连接起来，以实现调节喷水量。打开阀门，可将水室中的水注入环形腔中，从而也增加了预加水量。

导管阀门式喷水调节机构在冷却器工作时，水室中的一部分水沿导管进入环形腔，在喷水压差的作用下，通过喷水管的孔喷入冷却水与燃气混合，形成燃气-蒸汽混合气体，再进入发射筒底部，推弹做功。这种方法缺点如下：不好控制，结构复杂；由于调节喷水孔群喷水都要通过阀门控制，阀门的开张程度也难以控制得当，因而在实际应用中，难以达到预定的效果，可靠性难以保证，其调节范围太小，流场也不均匀，喷水区中压力场不稳定，导致喷水流率不稳定，对筒内弹道参数有影响。

③机、电、液一体化喷水控制机构

采用机、电、液一体化喷水控制机构，来实现调节发射动力系统的有用能。它的原理

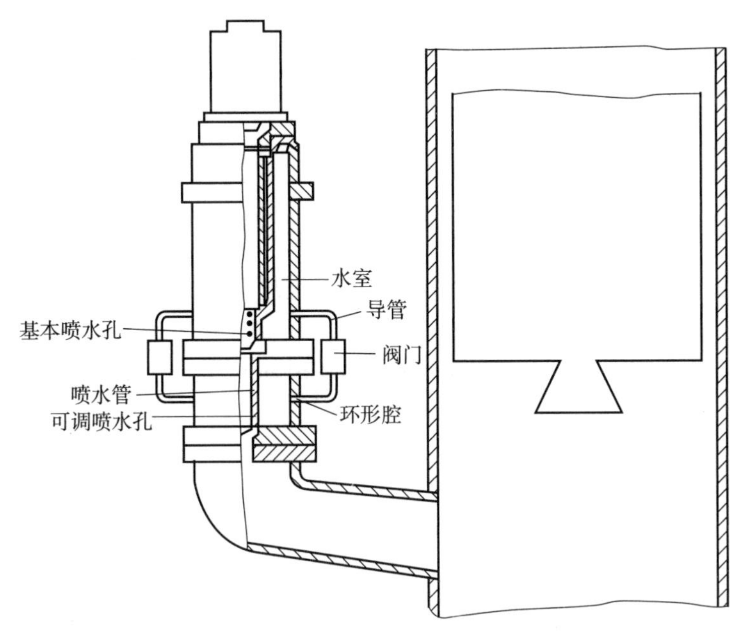

图 6-6　导管阀门式喷水调节机构

和功能如图 6-7 所示。其控制机构由 3 个分系统组成，即液压传动、计算机控制、集电环位置监视和信号显示 3 个分系统。

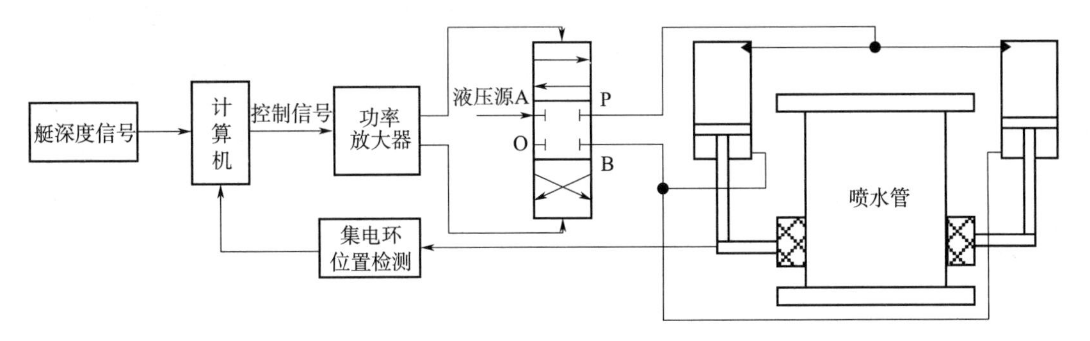

图 6-7　机、电、液一体化喷水控制机构的原理和功能图

(a) 液压传动系统

它主要由电磁阀、液压缸和集电环等组成。由液压源供给的高压液体工质（油）通过执行机构，驱动集电环向下、向上运动，按发射深度的要求，改变喷水孔数，完成变深度发射有用能的调节任务。

(b) 计算机控制分系统

该系统由计算机、功率放大器和继电器等组成。该系统将深度信号和反馈的集电环位置信号输入计算机进行比较判断后，输出控制信号进入功率放大器，推动两个继电器对电磁阀进行通电或断电控制。使液压油进入液压缸，推动活塞杆，带动堵孔集电环向下或向上运动，直至使堵孔的集电环锁定在与艇深要求相应的位置上。该系统动作迅速，工作安全可靠，原则上可以实现无级调节。

（c）集电环位置监视和信号显示系统

该系统采用工位传感器来监视控制机构集电环的位置。这种电路的输出信号可为计算机直接接收，也可直接推动发光二极管工作，便于计算机控制和信号直接显示。

第五节　潜载通用垂直发射系统

与舰载通用垂直发射系统的发展类似，潜载通用垂直发射系统是在潜载垂直发射系统的基础上，实现共架发射不同类型、不同弹种、不同用途导弹的垂直发射系统。

潜载水下通用垂直发射技术起源于“俄亥俄”级弹道导弹核潜艇改装，具有装载密度大、可兼容不同弹径武器、利于潜艇模块化设计建造等多方面的优点，成为美、俄等世界军事强国水下垂直发射技术的重要方向。

从 2002 年开始，美国将 4 艘“俄亥俄”级弹道导弹核潜艇（SS－GN726－729）改装为巡航导弹核潜艇。艇上的 24 个发射筒中的 22 个改装为巡航导弹多弹发射舱，再装入多弹发射模块，单个发射模块布置 7 个全备弹筒，共计装备 154 枚导弹，如图 6－8 所示。

图 6－8　“俄亥俄”级潜艇上的大口径通用水下垂直发射筒

通用垂直发射装置布置在潜艇耐压壳体外，在舷部的耐压艇体与球形声呐之间，主要用来发射潜载飞航导弹。垂直发射装置主要由垂直座舱系统、发射系统、电气液压控制系统及保障系统等 4 大部分组成。大筒四管外置式导弹发射装置结构示意图如图 6－9 所示。

（1）垂直座舱系统

垂直座舱系统主要由垂直座舱装置、筒盖装置及软支承定位装置等组成。导弹处于贮存状态时，它为导弹及其发射系统提供能承受潜艇极限下潜深度下的外压强度及密封性要求的容器；发射导弹时，它为导弹飞行提供通道。垂直座舱装置实际上是存放发射系统的容器，与潜艇非耐压壳体相连接，是整个大筒多管外置式导弹发射装置的安装基础；在潜艇大深度下潜时，能承受潜艇极限下潜深度下的外压，并满足强度、稳定性和密封性要

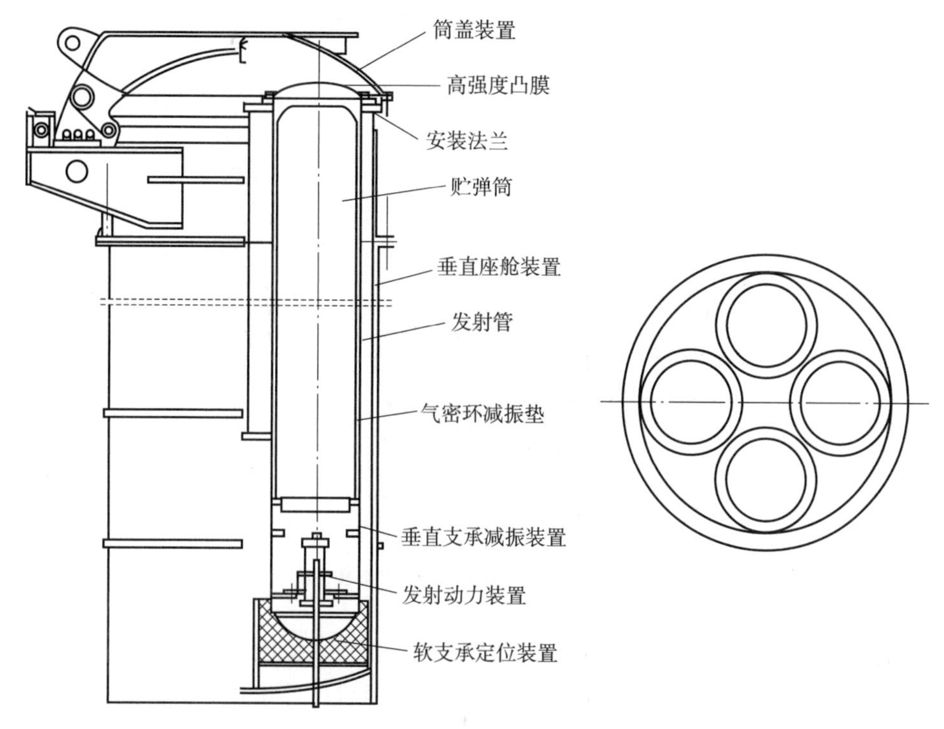

图 6-9　大筒四管外置式导弹发射装置结构示意图

求，使安装在其内部的发射系统不受外压变形的影响。垂直座舱装置的上部有连接法兰，以便安装筒盖装置。其本体是一个带底的加强肋的圆柱筒（大筒），与潜艇耐压壳体等强度，其大小能容纳多套（图 6-9 所示为 4 套）发射系统。其底部设置与发射系统相对应的软支承定位装置，发射系统的发射管底部分别嵌入在各自的软支承定位装置内。筒盖装置主要由筒盖围栏、筒盖开关盖机构、筒盖旋松旋紧机构、筒盖锁定机构、筒盖和舱口盖等组成，如图 6-10 所示。筒盖围栏是该筒盖装置的基础，其下部相应地与大筒多管垂直座舱装置的上法兰相连接，并在潜艇极限下潜深度下满足强度及密封要求；其上部设置一凸台，并装有安装法兰，多套发射系统的发射管的悬挂法兰与安装法兰相连接；筒盖围栏的内径与大筒多管垂直座舱装置的内径相同，并在外载荷的作用下两者等强度。筒盖的旋松旋紧机构、开关盖机构和筒盖开盖到位后的锁定机构均采用液压缸作为动力装置。

（2）发射系统

发射系统的主要功能是导弹存贮期间为导弹提供存贮环境，特别是当潜艇受到水中兵器攻击时起减振作用，其冲击振动响应值应满足导弹安全性要求；在发射导弹时，由发射动力装置提供弹射动力，并使其管内弹道参数满足导弹要求，同时为导弹在管内段运动提供导向等。发射系统主要由发射管、气密环减振垫、垂直支承减振装置、筒口水密装置及发射动力装置等组成。

发射管是发射系统的基础，其上端采用悬挂法兰结构，与垂直座舱系统的筒盖围栏上的安装法兰连接，其下端嵌入垂直座舱装置的软支承定位装置，管内安装导弹。发射管平时用来贮存导弹，发射导弹时为导弹的出筒提供飞行导向。

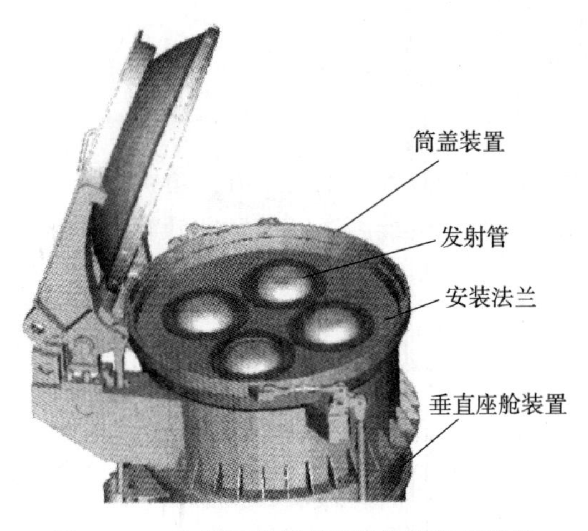

图 6－10　大筒四管筒盖装置的结构示意图

筒口水密装置安装在发射管上端筒口，当筒盖在均压系统配合下打开后，对筒内导弹起水密作用。筒口水密装置由水密隔膜、夹紧环和锁紧机构等组成。水密隔膜采用高强度凸膜，其原因在于：发射导弹时，当筒盖打开后，多套发射系统上的筒口水密隔膜就全部暴露在外，当一套发射系统发射导弹时，其余的筒口水密隔膜就会受到发射筒口压力场的作用，为了保证这些筒口水密隔膜的安全，水密隔膜必须采用高强度凸膜。发射导弹时，高强度凸膜裂开，为导弹出管飞行让开通道。高强度凸膜能够承受较高的外压，而承受内压的能力较低。也就是说，当邻管发射导弹时，高强度凸膜能够承受邻管产生的筒口压力场的高压，而当本管发射导弹时，很容易被冲破，从而为导弹出管飞行让开通道。

气密环减振垫位于发射管与导弹之间，平时对导弹起适配、横向支承、定位和减振的作用，发射时起密封发射动力装置燃气压力的作用，同时对导弹在发射管内的运动起导向作用。

垂直支承减振装置设置在发射管下段，对导弹起垂直支承定位及垂直方向的减振作用。该装置由支承环、碟簧减振器及支承基座等组成。

发射动力装置采用内置式，布置在发射管底部。它是发射导弹的动力源，使其管内弹道满足导弹要求。发射动力装置主要由燃气发生器和水冷却器等组成。发射动力装置可根据需要采用固定能量或能量可调的技术发射。

(3) 电气、液压控制系统

电气、液压控制系统的基本功能是控制筒内外的均压、筒盖的开启和关闭、发射装置状态检测及信号显示、控制发射系统发射导弹、接收/发送相关信号及信号显示等。电气、液压控制系统的结构主要包括液压控制设备、电气控制设备、控制柜、状态信号显示设备以及相关控制软件等。

（4）保障系统

保障系统的主要功能是保障大筒多管外置式导弹发射装置的正常工作。保障系统主要包括液压系统、均压系统和防腐系统等。液压系统的基本功能是为各液压执行元件（即各液压机）提供液压源。均压系统是实施筒盖装置在水下正常、安全开关盖所必需的保障系统。均压系统一般由注疏水系统、充放气系统、均压控制系统以及各种水气管路、电磁换向阀、压力传感器等组成。筒盖装置开盖或关盖时，均压系统应正常工作。防腐系统的主要功能是提高发射装置耐海水腐蚀的能力，以满足发射装置长期浸泡在海水中工作的可靠性要求，解决发射装置结构件表面的防腐，以及发射装置各传动机构的润滑防护问题等。

（5）导弹发射装置贮弹筒

大筒多管通用化导弹发射装置贮弹筒是为多种型号潜载导弹提供贮存、运输和发射的容器，并在水中段承受外压，保护导弹安全，其结构如图 6－11 所示，其主要由贮弹筒头部、贮弹筒本体、导弹横向支承定位及导向装置、导弹纵向支承定位装置及下部的水下助推器或尾翼等组成。导弹装在贮弹筒内，由纵向定位装置支承；导弹与贮弹筒本体之间有导弹横向支承定位及导向装置，该装置平时对导弹起横向支承定位的作用，弹筒分离时对导弹起导向作用。

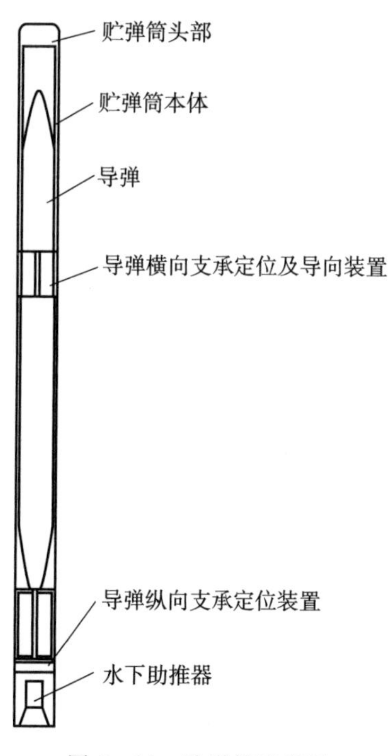

图 6－11　贮弹筒示意图

贮弹筒本体实际上是一个耐压薄壁结构的圆柱壳体，要求内外光顺，因此一般采用蜂窝结构或双层薄壁结构。在较浅深度发射时，贮弹筒下部一般设置尾翼，以满足贮弹筒水中弹道的要求；在大深度发射时，贮弹筒下部一般需安装有水下助推器，当贮弹筒离发射管一段距离后，水下助推器点火，贮弹筒在水下助推器的控制下完成水中弹道，并按要求出水；当贮弹筒头部出水时，头部上的出水信号传感器发出信号；当贮弹筒头部完全出水时，由控制系统发出点火指令，实施头部与贮弹筒本体分离，并将分离后的贮弹筒头部抛向一边落入水中，为导弹飞行让开通道。在贮弹筒头部与本体分离的同时，导弹发动机点火，贮弹筒尾部堵盖打开，实施筒弹分离，导弹飞向目标。

思考题

1. 潜载导弹发射方式一般有哪几种？

2. 有动力运载器水平发射的技术特点和工作原理是什么？

3. 无动力运载器水平发射的技术特点和工作原理是什么？

4. 潜载导弹垂直弹射一般采用哪些发射动力技术？

5. 潜载通用垂直发射系统一般由哪几个部分组成？

6. 潜载通用垂直发射系统与舰载通用垂直发射系统在设计理念、系统结构、关键技术等方面有何异同？

第七章　导弹发射控制系统

第一节　概　述

为了使导弹的发射能顺利进行，提高发射成功的可靠性及导弹命中概率，在发射以前，需由射前检查设备对弹上的控制设备和电气设备进行综合自动检查。当证实弹上设备工作正常，并在各项发射条件都满足的情况下，由发射控制设备实施对导弹的发射。

因此，射前检查和发射控制设备是导弹发射不可缺少的重要组成部分，这两部分设备通常简称“发控系统”或“射检发控系统”。

一、发控系统的功能

发控系统是由舰（地）面发控设备和弹上有关的控制执行部件组成的电气控制设备。发控系统是导弹武器系统重要的组成部分，发控系统的功能、自动化程度和可靠性直接决定导弹完成发射准备和发射成功概率的大小。

发控系统的基本功能如下：

（1）设备自检

为了保障发控系统的良好状态，不论平时或战时，都要对发控设备进行功能性检查。只有确定设备处于正常状态时才能确保导弹发射成功。一般利用导弹模拟器检查发控设备和发控程序是否处于良好状态。

（2）射前准备

不同的导弹有不同的发射准备要求，即要满足不同的发射条件，才允许按压“发射”按钮。这些条件通常有：

1）弹上部件预热加温。给弹上某些需预热的部件，如弹上电池、惯性测量组合等提前加温。

2）参数装定。给弹上制导系统装定参数，如末制导雷达天线预定角、惯测组合的修正参数等。

3）导弹在位和通电检查。按程序为导弹提供所需的各种交直流电源，并对加电进行管理、控制，对导弹的工作状态进行检查。

4）火工电路检查。对弹上各类电爆管和引信战斗部进行状态检查，相应的检测电路必须具备保险和安全措施。

5）发射装置已做好发射前的准备，如发射装置已瞄准、箱式发射装置已开盖、潜艇发射管已注水均压。

6）安全机构转入发射状态。

7）飞行准备命令，向弹上计算机装定飞行参数并检查回答数据的正确性。

8）启动控制系统，例如弹上控制系统的陀螺启动解锁等，接通“待发”开关。

9）在多联装系统中，进行待发导弹的逻辑选择。

10）目标处于导弹发射扇面内，载体的姿态在给定的发射区域内摆动。

（3）发射实施

给出“发射”命令后，发控程序进入不可逆程序，发控电路按顺序完成以下动作：

1）激活弹上电池，并将导弹的电源由载体提供转为弹上电池组，或导弹自身提供的其他能源；断开地面供电，检查“转电”工作情况。

2）启动弹上能源（例如液压能源系统）。

3）导弹解锁。

4）弹上惯性导航系统进入导航状态，以确保导弹发射出去以后弹体姿态有一个基准。

5）凡是给导弹装定的射击诸元应停止装定，并保持所装定的数值。

6）发动机点火。

7）导弹与载体连接的电连接器分离。

8）导弹起飞，检查发射是否正常，如为正常发射，导弹已离架，则使发射架复位。若出现发射故障，则给出故障信号，待排除。

（4）状态监控

（5）应急处理

应急处理是指当存在发射故障或发射过程中导弹出现故障的情况下，所进行的应急状态处理和应急发射。在应急情况下，发控系统应自动切断导弹的供电电源，并使导弹转入安全状态。当一发导弹出现发射故障时，或者处于发射禁区而不能发射时，为了保证不失战机，发控系统应能自动切断该枚导弹发射装置的电路而接通另一发射装置的电路，继续实施发射。

二、允许发射条件与发射条件

导弹发射时必须有一定的限制条件（根据导弹武器系统的总体要求确定），并由导弹武控系统严格按限制条件控制导弹发射。如果不满足条件，则不允许发射导弹，否则影响导弹的命中概率。

一般飞航式导弹的发射条件分为允许发射条件和发射条件两种。

（1）允许发射条件

导弹的允许发射条件是按压“发射”按钮前，必须满足的条件。这些条件通常有：

1）由载体向导弹供电，导弹预热，射前检查正常；

2）导弹武器系统各设备工作正常，导弹射击诸元已精确计算；

3）所有向导弹装定的参数和指令均已装定；

4）弹上火工品检查结果正常；

5）弹上点火安全装置已解除保险；

6）发射装置已做好发射前的准备；

7）目标已处于导弹发射扇面内，载体的姿态在允许的发射范围内。

（2）发射条件

导弹的发射条件是指按下“发射”按钮以后直至导弹起飞，使导弹发射出去所需的条件。这些条件通常有：

1）弹上电源已激活，并将导弹的电源由载体提供转为弹上电源；

2）弹上制导系统进入导航状态；

3）导弹的射击诸元已停止装定，并保持所装定的数值；

4）导弹点火；

5）导弹与载体连接的电连接器分离。

对于不同的导弹和载体，发射导弹的条件又有所区别，但前提条件是共同的。也就是说，要发射的导弹都是经过射前检查且最终给出“导弹正常”指示信号才能进入发射程序。

第二节　发射程序

导弹发射由发射控制系统按发射命令和设计好的发射程序实施自动控制，发射过程包括从导弹进入发射准备直到导弹飞离发射装置的整个过程。发控系统的设计必须保证导弹能在规定的时间内按预定的逻辑程序完成各项准备动作，并能迅速地执行发射命令，使导弹按给定的发射条件准确、安全地发射出去，同时还要考虑到出现发射故障时的应急处理程序，确保阵地设备和人员的安全和不失时机地连续作战。

导弹的发射程序有正常发射程序、应急发射程序及解除发射程序。程序就是有一定的时序关系，一个动作接着一个动作，动作之间不能随意颠倒，而且一个动作没有完成，不能进行下一个动作。

一、正常发射程序

正常发射程序指按下“发射”按钮后，直到导弹起飞进行一切动作的时序关系。不同的导弹，发射程序不完全相同，不同的装载对象，发射程序也不同。图 7-1 所示为典型反舰导弹的发射程序图。

图 7-1 中，横轴是时间 t 。0 点为起始点，即按压“发射”按钮时刻。横轴下方所示动作是导弹武控系统发出的指令或判断条件。横轴上方所示的动作是由导弹动作后返回的信号。

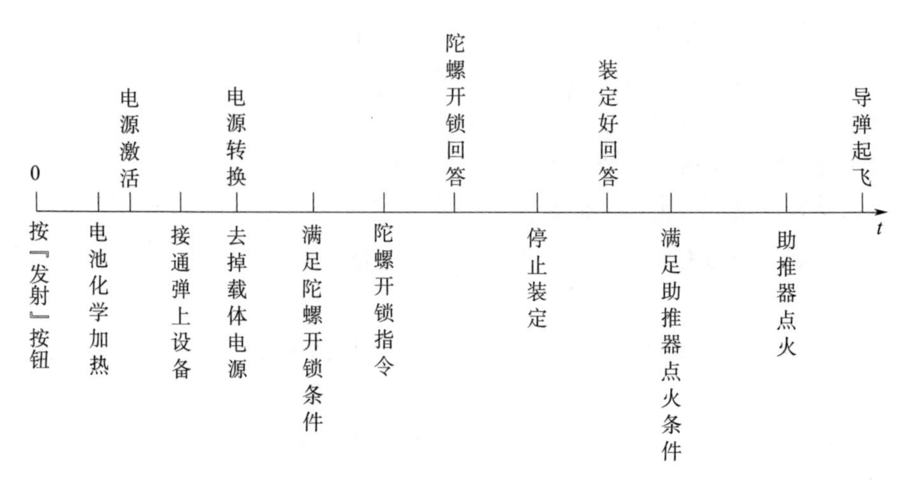

图 7-1　典型反舰导弹的发射程序图

程序图中所示动作全部是自动进行，逻辑关系非常严格。必须前面的动作都完成以后才能进行下面的动作。譬如，要发出“陀螺开锁”指令，必须是在电源转换之后，而且满足开锁条件。这两个条件同时满足才行。电源转换条件是在弹上电池已激活，并且电池电压达到所需数值后，武控系统才给出“接通弹上电池”的指令。实际上，“陀螺开锁”指令是在它以前的所有发射程序均完成的情况下才发出的。

按压“发射”按钮后，首先要进行电源转换，将载体供电转换为导弹自身供电。弹上电源一般是电池组，而且常用的是一次电池，即平时处于非激活状态，没有电流，只有激活之后才能放电。为了加速电池激活，通常采用加热的办法。可以电加热，也可以化学加热。电池激活后，电池电压逐渐上升，上升到所需值（额定值）便由它向弹上设备供电。武控系统发出“接通弹上电池”指令。但此时，载体电源并未去掉，实际上是由载体电源和弹上电池同时供弹上设备用电，即重合供电。约 0.3 s后才去掉载体电源，实现电源转换。

弹上陀螺开锁有一定的限制条件，通常是指对载体纵横摇角度的限制。这要根据要求的控制精度、载体的摇摆特性，以及开锁概率等因素确定。一旦确定了开锁条件，则发射时通常应加以限制。但是为了提高发射概率，武控系统一般都设置两种状态：“有限制”和“无限制”。有时，在某些海情条件下，载体的纵横摇始终满足不了开锁条件，可是由于战情需要，又必须发射导弹，这时，只好将开锁限制置于“无限制”位置。这种情况对导弹的命中精度有一定影响，甚至会导致导弹入水。

助推器点火的条件是对载体纵横摇角度及角速度的限制。一般应控制导弹在载体抬头时发射，低头发射容易使弹入水。

同样地，对助推器点火的条件往往也设置一种对载体纵横摇角度无限制的状态，以提高发射概率。有的导弹发射时，陀螺开锁条件与助推器点火条件合并为一个条件。也有的载体横摇或纵摇始终比较小，则可以对它不提限制条件。总之，需根据导弹及载体的具体情况确定。

二、应急发射程序

当导弹在载体上危及载体或人员的安全时，需将导弹应急发射出去。应急发射就是不管导弹是否正常，满不满足发射条件，只要设法把它抛射出去就行。

由于应急发射是为了载体自身的安全，而不需要命中目标，打击敌人，所以应急发射时，一般要做到两点：一是弹上设备不供电，将弹上电池与弹上母线断开，即使弹上电池已激活，也不能向弹上供电；二是不允许弹上战斗部引爆。因为应急发射有可能在我海区范围，如果战斗部引爆，就可能危及友邻舰艇或载体本身，所以应急发射前需将弹上引信熔丝切断，使引信不能工作。

应急发射是在紧急情况下使用，其发射程序（见图 7－2）必须简单、可靠，而且反应时间短。

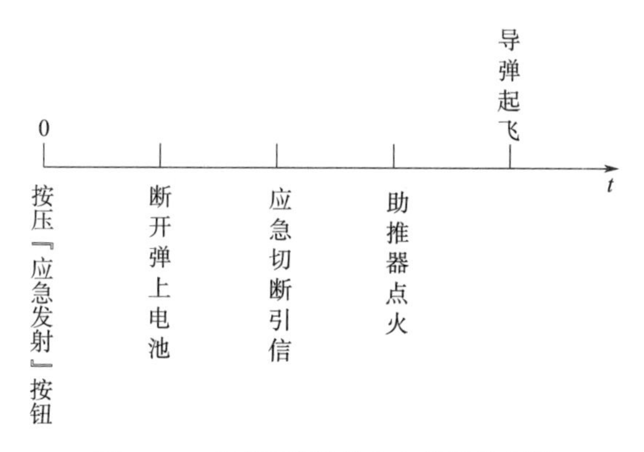

图 7－2　典型反舰导弹应急发射程序图

尽管应急发射时不需要满足所有的发射条件，但为了确保导弹安全可靠地发射出去，有些必要的发射准备工作还必须要做。如采用箱式发射装置时，必须首先将发射箱盖打开，发射箱上的限制器需拔出。有助推器安全保险机构的导弹，发射前需解除保险，使助推器处于战斗状态。只有这些准备工作做好，按压“应急发射”按钮后，导弹才能按应急发射程序进行，直到导弹脱离载体。

由于切断弹上引信保险需一定的时间并给予一定的电流，所以在给出“应急切断引信”的指令后，往往要延迟一段时间，才能给出“助推器点火”指令。延时时间取决于电流大小及弹上所采用的熔丝特性。不同的导弹时间不一致。

三、解除发射程序

在发射程序执行过程中，由于导弹或武控系统出现故障，使发射程序中断，导弹未能发射出去。这时，如果没有必要实施应急发射，而希望保存这发弹，则可以解除发射。解除发射实质上是将发射控制电路恢复到按压“发射”按钮以前的状态，去掉发射自保线路，同时将弹上电池与弹上母线断开，并将助推器安全机构转为保险状态。

解除发射以后，需查找发射程序中断的原因。如果是由于武控系统的故障，则经排故后，可继续发射；如果是导弹的故障，则需返回技术阵地维修。但是，如果实施解除发射，弹上电池已激活，那么解除发射以后，首先需将弹上电池的电能逐渐放掉，待电池电压降到很低以后，再将导弹送回技术阵地，更换电池并对导弹进行清洗（如电解液没有流出，则不需清洗）。

第三节　发控设备的功能与组成

一、发控设备的功能

发控设备是武控系统和发射架上导弹的接口设备，通过它把武控系统和发射架上的导弹连接在一起。发控设备通过一套逻辑电路与弹上控制执行部件连接起来，在武控系统的控制下完成导弹发射准备和导弹发射，其功能是：

1）选取导弹并检测发射架上的导弹是否“在位”以及检查脱落插头是否连接好。

2）产生导弹的加电程序并对导弹进行加电准备，同时检测弹上各种返回参数、信号是否正确。

3）对寻的制导导弹，通过导弹调谐装置对导弹进行调谐，使导引头接收机的频率与对应的照射雷达频率相一致；而对于指令制导的导弹，则选取制导指令的频率和编码。

4）根据导弹装定参数对导弹进行装定。不同制导体制的导弹的装定参数种类不同，综合寻的制导和指令制导的导弹，装定参数通常有：

a）导弹的自毁时间；

b）导引头天线的初始高低角和方位角；

c）导引头截获的多普勒频率；

d）导航参数。

5）为了保证导弹的发射及阵地上设备和人员的安全，以及火力转移的需要，必须检查导弹、制导设备以及发射装置等设备之间电气系统信号的协调性和正确性。

6）确定点火电路是否处于良好状态并依照弹上设备的工作要求，给出各类电爆管的点火指令。

7）产生导弹的发射程序，提供武器系统各种时间指令，并对导弹进行发射。

8）报告导弹的技术状态和发射进程，以控制和显示发射过程。

二、发控设备的组成

发控设备按控制元器件的类型分，主要有：纯继电器逻辑控制；小型继电器、晶体管和集成电路混合控制；微处理器控制，这也是导弹武器系统发控设备 3 个技术发展阶段的标志。

根据导弹和发控系统功能的要求，发控设备主要由发控操纵台、执行单元、导弹模拟单元和电源设备组成。

发控设备的组成框图与连接关系如图 7 - 3 所示。

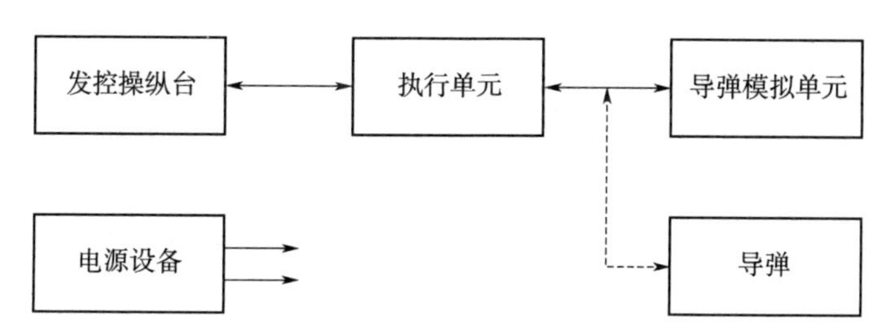

图 7 - 3　发控设备的组成框图与连接关系

(1) 发控操纵台

发控操纵台又称为发射控制台，简称发控台。发控台是导弹的发射控制、显示和测试中心，由它判定导弹正常与否和决定导弹是否发射。

由于要求不同，发控系统的控制方式也不同，故发控台的组成也不尽相同。尽管不同型号发控台的控制电路和控制内容不一样，但其基本框架大体相同。以下根据图 7 - 4 所示的发控台原理框图，说明发控台的组成。

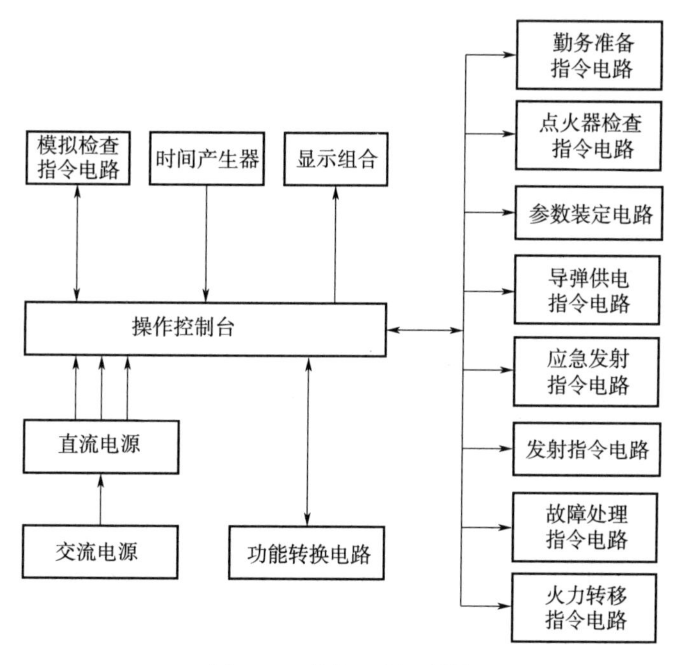

图 7 - 4　发控台原理框图

①时间产生器

时间产生器主要由晶体振荡器和分频电路组成，产生不同数值的分或秒信号，作为各种指令电路的时间标准。如采用计算机，则可利用其时钟信号，经处理后送出各种时间指令。发控设备的时间标准就是从时间产生器获得的。

②模拟检查指令电路

模拟检查指令电路就是产生系统内部有关设备模拟信号的电路。发控设备进行自身功能检查时，应能实施模拟发射检查。由于系统内有些设备进行功能检查时不能随时提供发控程序需要的真实信号，因此只能采用人工模拟的方式，以满足发控程序功能检查时所需的指令和信号。

③显示组合

显示组合一般采用指示灯、数码管、CRT或LCD显示器等。显示组合按总体布局的要求应能够显示各种信号、指令和参数。显示的主要内容有指挥命令、时间、允许发射条件、导弹检测信号、控制指令和发射指令等。

④操作控制台

操作控制台是发控设备的操作控制中心，面板上设置各种控制按钮，主要用以确定设备的工作状态（模拟检查状态、战斗状态），导弹发射模式（单发、连发），以及发出对导弹进行各种检查、供电和发射等工作指令。

⑤功能转换电路

与操作控制台配合转换成发射程序需要的电路。

⑥指令电路

根据不同型号的导弹，选择不同的指令电路，以满足导弹发射所需的各种指令和信号。

⑦直流电源

在导弹武器系统中，400 Hz中频电源应用得较多，故一般采用中频电源作为一次电源，二次电源是将其变换后得出。常用的直流电源有两种：一是线性电源，它是将中频交流电经变压、整流、滤波后得到；二是开关电源，它省去了交流变压器，具有体积小、效率高、重量轻的特点。

⑧交流电源

为保证电源质量，一般由一个400 Hz中频发电机独立给发控设备供电。中频发电机的操纵控制和监视元件宜设置在发控台上，以便于操作和检查。

（2）执行单元

执行单元又称为执行组合。执行组合是接收发控台送来的指令，经过转换输出弹上所需要的各种信号，完成弹上设备的信号检查、转换、供电和点火等任务。由于执行组合执行的各种指令直接输入导弹，必须特别注意其安全性和可靠性。

①电爆管检查电路

根据弹上需要检查的电爆管数量和检查方式（单个或合并串联）的要求，确定各电爆管的安全检查电流。实际检查电流一般应小于规定的安全检查电流。为了保证电爆管的安全，平时电路两端应处于短路状态，仅在检查瞬间将短路断开。电爆管检查电路不仅有检查通路的功能，还需有检查电爆管桥丝断路或与壳体搭接的功能。

②电爆管点火电路

各种导弹所采用的电爆管型号和数量均不一样。有的电爆管点火电压和电流的要求较宽，交流、直流均可，只要电压或电流达到一定值，即能可靠起爆。而有些为防止外界感应电压引爆，则采用钝感式电爆管，即点火电流达到一个相当数值时才能起爆。有的起爆电流值限定在一个规定范围内才能可靠起爆，太大或太小起爆概率均极小。除限定起爆电流值的电爆管外，电爆管点火电路设计时只要满足一定的电流数值要求就能可靠起爆。但在点火电路中，必须设置熔丝，以防止电爆管起爆后因两极短路而烧坏地面电源，并影响其他发控程序。对于起爆电流为一定范围的电爆管，由于设备中使用的电源规格不能太多，一般都用一个主电源供点火和控制用，因而须对点火电路进行精确计算，如线路电阻太小，则应在线路中串联限流电阻，将起爆电流限定在一定数值范围内。导弹发射时，最后一个电爆管点火指令，即导弹发动机点火指令，必须在弹上返回信号全部正常时才能送出，这样就能保证只有在导弹处于完全良好状态时，才允许起飞。

③发射程序测量与显示

导弹发射前，凡是与弹上电路有联系的信号均处于正常状态时，发控程序方能进行，否则便自动停止。实施发射时，即按下发射按钮后，导弹与地面信号的交换通常用继电器进行转换，而且严格按发射程序进行。一旦出现异常，导弹发动机便不能点火，并在发控台上出现故障指示。为了能较快地判定故障原因，如判定故障是由发控设备引起的还是弹上设备引起的，或者是时间序列不正常引起的，一般采用外接仪表测量，也可由发控系统附设的检测设备进行检测显示。当采用计算机时，可由计算机进行故障诊断和故障定位，并显示。

④供电转换电路

弹上电源可采用蓄电池、涡轮发电机或其他形式电源。当需要弹上电源供电时，执行组合必须发出电源转换指令。有些导弹在弹上电源开始供电时，在利用弹上信号自保的同时切断地面供电电源；而有些导弹在未起飞前，始终由地面电源供电。为了判别弹上电源供电的正确性，应在执行组合中设置检测电路。

⑤断相保护电路

对于需要三相电源的导弹，在通电准备时，若出现断相状态，将会造成弹上用电设备的工作状态不正常，甚至损坏。因此，地面执行组合中应设有断相保护电路，保证地面电源断相时，迅速断开电源，以保护弹上设备。

（3）导弹模拟单元

导弹模拟单元又称为导弹模拟器，主要是模拟弹上与发控有关设备的工作状况和发射程序。由于发控设备的性能直接影响导弹发射的成功与否，在发控系统与导弹正式对接之前，首先使用导弹模拟器完成发控设备的功能检查。导弹模拟器主要由开关、指示灯、继电器和电子线路等构成，也可采用计算机实现。导弹模拟器具体功能根据需要而定，有局部的、定性的、功能性的、通路性的模拟。

导弹模拟器的设计要求一般如下：

1）弹上比较简单的负载，应选择与真实负载相同的模拟负载。负载的功能应反映到发控设备上。因此，在模拟器中需要模拟与真实负载一样的信号，并将其传输至发控设备。

2）弹上较复杂的负载能同时产生多种功能。导弹模拟器应模拟各种信号，且这些模拟信号的输出时间应与真实导弹基本相同，应尽量使模拟检查与实弹发射状态相一致。

3）导弹可能发生的故障，凡是可用发控设备检查的，导弹模拟器均应有产生模拟故障的功能。

4）每个发控程序在导弹模拟器上都应有相应的信号显示，以表示程序是否正常进行。

5）凡是舰（地）面与导弹连接的插头、直通信号线以及各种交直流地线，在导弹模拟器中均应能够进行导通检查。

6）导弹模拟器的输入端应能够直接与脱落插头相连接，以最大限度地检查传输线路。对于箱式发射的导弹，由于在技术准备阵地已将发射箱内的脱落插头与导弹对接好，因而无法进行全传输线路的检查，只能检查到发控接口。

7）导弹模拟器显示面板上应设有发控设备无法显示的指示信号，并按照发射顺序的先后排列。应能通过模拟器面板上的开关，模拟设置弹上一些功能的正常和故障状态，以检查弹上设备故障状态时，发控设备判别故障的能力和发控程序的正确性。

（4）电源设备

电源设备用于提供发控设备和导弹使用的各种交、直流电，一般指二次电源，其类型由发控设备与导弹的要求确定。

第四节　计算机发射控制系统

计算机发射控制就是使用计算机替代发控设备中的发控台。它不仅可以完成发控设备的功能，而且可以对多枚导弹进行加电准备和检测；自动对导弹进行射前参数装定；对导弹的各种参数进行监视；记录发射程序和参数；数传通信；故障诊断、定位、显示等。计算机发控台的实现方案一般有以下 4 种：

（1）采用通用的微型计算机系统

采用通用的微型计算机系统是一种较容易实现的方案，但需要根据发控功能的特殊要求进行针对性配置，如内存、硬件接口以及应用软件等。

（2）采用通用的单板机进行扩展

在通用单板机的基础上，根据需要进行功能扩展，如扩充适当的存储器，配置满足要求的过程输入输出通道和接口等。

（3）采用标准功能模块构成系统

标准模块具备一般测控要求的通用功能，并具有统一的机械结构。所有功能模块采用相同的系统总线连接起来，构成不同要求和不同配置的系统。这种方案构成的系统灵活，检测、调试和开发都比较容易，可以共享大量硬件和软件资源，有利于缩短研制周期。

（4）采用芯片集成构成系统

采用芯片集成构成系统这种方案是将微处理器、存储器、过程输入输出通道和接口等芯片根据发控设备的功能要求集成在一起，形成满足专门要求的系统。这种方案一般还需要配置特殊功能的模拟输入输出电路。

一、计算机发控系统技术要求

计算机发控系统方案和技术要求主要取决于发控程序，即由武器系统的作战程序决定。发控系统的主要技术要求如下：

（1）快速自检功能

发控设备是完成作战过程的核心设备之一，为缩短作战反应时间，要求具有快速自检功能，确保发射设备能随时发现故障，以便及时排除故障，使发射设备始终处于良好状态，确保导弹发射成功。

（2）很高的可靠性

发控设备要执行发射准备和发射过程中的一系列功能检查，信号和指令的传输和转接，直至按程序控制导弹的陀螺起动、电源切换、电爆管起爆、解锁、发动机点火和故障应急处理等过程，其中的任何一项功能不正常都会导致发射失败。因此，要求设备有十分高的可靠性。在发控设备的构成中，无论是机械结构还是电气线路，都应力求简单，尽量减少失效率较高的元器件（如继电器和断路器）数量，以无触点开关线路取代触点开关线路，特别是采用数字式控制取代模拟逻辑线路，以大幅度提高可靠性。

（3）确保发射安全性

设计中应采用各种安全措施，确保在没有下达发射指令之前不能进入不可逆程序。一旦出现发射故障，应能保证自动进行应急处理，切断发射点火线路。还应具备准备和检查过程中的安全措施，保证导弹和设备不损坏，如陀螺供电的断相保护电路，应保证地面电源断相时，能迅速断开其他两相电源，以保护弹上设备；电爆管检查时的安全限制电流，在电路设计时应保证实际检查电流小于规定的安全检查电流。发射进入不可逆程序时，任何一步出现故障，应立即自动停止程序运行，切断所有电爆管的供电电路，确保发射安全性。

（4）完善的信号指示

操作手在执行发射准备和发射过程中，应能通过显示控制台上的信号变换和显示，判明程序执行是否正常。显示控制台应按照总体设计和布局要求具备显示各种信号、指令和参数的功能。主要的显示内容有：指挥命令，过程时间，允许发射的条件，导弹检测信号，控制指令，发射指令，发射故障信号等。若采用微机发控设备，在产生故障时，应由微机进行故障诊断和故障定位，并在显示屏上予以显示。

二、计算机发控系统构成与原理

计算机发控系统的主要设备有计算机、发控台、通用的外部设备以及实施对导弹发射控制的专用发控过程通道。其中，发控台和发控过程通道都是在计算机基本系统的基础上，根据导弹发控的具体需求而开发出来的专用设备。发控过程通道是实施对弹的发射控制以及在发射前完成对控制系统的供电、检测、装定控制等功能的专用通道，该通道的典型结构主要有：用来实现对弹的发射逻辑控制的组合逻辑功能设备；用来实现导弹在发射前地面供电与检测的控制功能设备；用来对弹上诸元参数实现装定控制的功能设备；用来实现导弹发射过程控制的功能设备。图 7－5（a）、（b）所示为两种较典型的计算机发控系统组成框图。

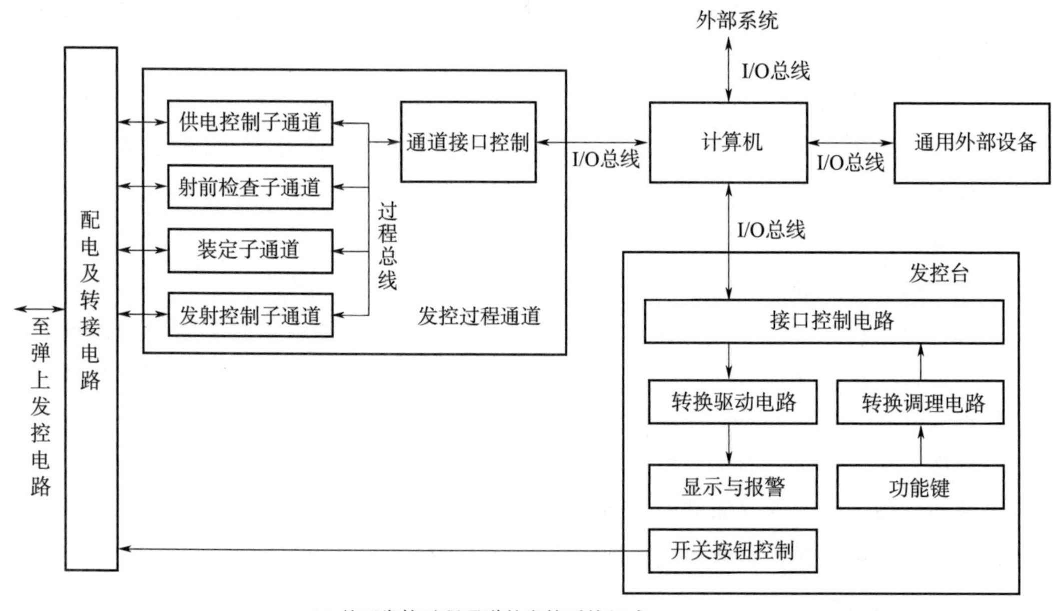

(a) 基于发控过程通道的发控系统组成

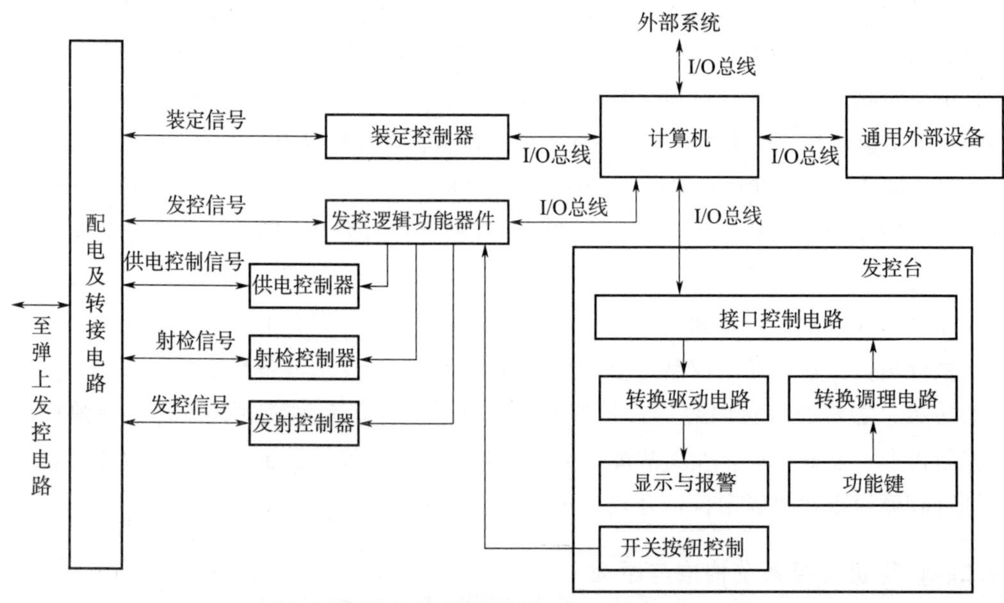

(b) 基于发控功能仪器的发控系统组成

图 7－5　计算机发控系统组成框图

在图 7－5（a）所示的典型结构中，发控过程通道是具体实施对弹发射控制的基础，其中的供电、检测、装定和发控子通道是实现对弹供电、射前检查、参数装定、发射过程控制的子通道，这些子通道具有通道接口电路，以便在通道控制器的转接控制下，执行计算机的控制命令。这些子通道是在计算机的控制下按照具体的发射条件逻辑工作的，这种系统结构具有硬件设备简单、外部连线少且系统的灵活性好等特点，较好地体现出用计算机实现自动发控的优越性。在计算机的可靠性很高或采用双机冗余的系统中，这种结构组成具有较高的合理性。图 7－5（b）所示的结构组成特点是将各种专用的功能电路设计为独立的控制器，如图中的发射逻辑控制电路就设计为专用的接口功能仪器，计算机只需向它提供各种启动发射控制的命令，具体的控制逻辑是由它内部的具体逻辑控制电路来实现的。图中的供电控制、射前检查控制、发射过程控制则是与计算机无接口关系的独立器件，计算机是通过对具有接口功能的发控逻辑功能仪器中相应开关的转接而实现对供电控制器、射前检查控制器、发射过程控制器提供启动命令的。具体的供电控制、射前检查控制、发射过程控制都是由对应的器件完成的。装定控制是通过一个单独的通道进行的，即通过计算机对专用的装定控制器之间进行配合控制，实现对弹上诸元参数的装定。在系统中，发控逻辑功能器还可以在脱机情况下，直接受发射控制台的手动信号控制而工作，即系统可提供一个手动控制发射的备用通道。这种发控系统的实现比较容易，可靠性也较高，具有很好的实用性。

（1）发控计算机

图 7－6 所示为典型发控计算机构成框图，该计算机系统采用模块化设计，内部装有 CPU 板、通信板、数-模转换板、模-数转换板、开关量输入板、开关量输出板及其他用户板等插板，各插板通过总线构成一个整体。发控计算机常用的总线有 MUTIBUS、CPCI 等。发控计算机作为发控系统的核心设备，完成与武器控制系统和弹上计算机的通信联络，通过指令分析、逻辑关系处理，完成各项控制及检测指令的发送，作战时收集各设备实时监测的信息并记录作战过程。发控计算机一般采用专用军用加固机。

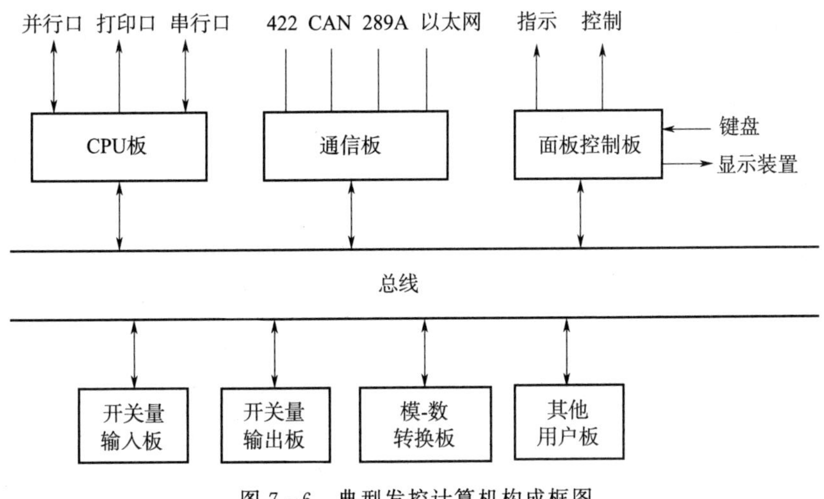

图 7－6　典型发控计算机构成框图

CPU 板作为控制计算机的中枢，发控软件固化在 CPU 板的固态存储器中，用于实现对导弹所需完成功能的控制；CPU 板为系统的核心，是总线的主控器，其他 I/O 为总线受控器。在 CPU 板的控制下，通过各种 I/O 板与外部系统或设备交换信息和控制信号，CPU 板上运行各种测试程序、应用程序以及作战程序。在加电/复位时，CPU 板自动进行自检。

通信板用于同武器控制系统、导弹及其他设备的通信。通信板多使用具有同步或异步传输功能的 RS－422A 总线接口、CAN 总线接口、GJB289A 总线接口或以太网接口等。发控计算机通过总线接口接收武器控制系统的控制指令和射击诸元等数据，根据指令控制导弹的工作流程，并通过装定通道式装定控制器将变换后的射击诸元数据等参数装定到导弹上。同时，发控计算机通过总线接口收集导弹的工作状态，综合后经过通信接口反馈给武器控制系统。

开关量输出板用于接通弹上电源、点火电源、测试信号、装定通道等。开关量输入板用于检测电源、测试电路及装定电路的工作状态，以确保相关电路正常工作或用作对相关测试结果的检验。其工作过程均是在计算机逻辑控制下进行的。

模-数转换板用于电源的工作参数等模拟量的测试。

(2) 发控台

图 7－5 中所示的发控台是对导弹测试与发控的操控中心，也是测试发控系统重要的人-机对话接口。发控台通过计算机接收指挥控制系统发来的控制命令，并可通过面板上的功能键和开关、按钮向系统发出各种测试发控命令和任务调度的信号。它还对测试与发控的各种工作阶段及重要的技术状态与参数提供面板显示。有的系统还将发控台设计为具有组织发控的逻辑条件和实施具体发射控制的能力。

对于不同的系统结构方式，发控台的电路功能有所不同，与计算机的接口关系也不同。这里介绍的是与计算机直接接口类型的发控台。

发控台的电路，至少需由两个基本部分组成。一部分是作为计算机的专用外部设备而与计算机相接口的电路部分，主要包括接口控制电路、转换驱动电路、转换调理电路等。当通过接口的开关量信号较多时，可与计算机之间传送编码信号，这时就需在发控台内设置对开关量进行编码和译码的电路。此外，还应设有功能键，用以作为外部给计算机输入控制命令的手段。发控台通过这些电路可实现对计算机送来信号的显示，并可将控制命令发送给计算机。当计算机自 I/O 口送来信号时，首先通过发控台的接口控制电路，由开关量输出与数码缓存等电路将信号接收，再经驱动后送至面板的指示灯，便可起到信号的面板监视作用。由发控台发出的控制命令信号，是通过操纵面板上的功能键实现的，这种功能键不同于普通的手控开关、按钮，它的作用是为计算机的专用 I/O 口提供外部的开关量输入信号。发控台通过开关量输入电路将这些信号接收后，先对信号进行消抖处理，然后再通过接口控制电路将信号送给计算机。由以上说明可知，发控台的这部分电路体现了系统的人-机交互功能。

发控台的第二部分电路是与计算机无直接联系的电路，主要有普通的手动开关、按钮及各种指示灯、表头等电路，用来对某些关键设备和重要电路进行直接的控制和监视。诸如，对地面供电电源的接通控制，对紧急切电电路的控制，对各种保险装置的开闭控制等，通常都设有单独的手动控制开关或按钮。对地面供电电压及总耗电的监视，以及对伺服机构反馈电压值的监视等，则是通过面板上相应的表头来实现的。此外，在发控台的面板上通常还具有供电、装定、安全机构控制等专用控制仪的单独手控开关，并有相应的指示灯监视其工作状态。这些手控与监视电路，都可在没有计算机参与的条件下独立地进行控制与监视，这不但灵活方便，而且也起到了发控台对导弹发射控制的手动备份作用。

对于具有组织发控逻辑条件和实施具体发射控制功能的发控台，还应包括相应的控制电路部分。

(3) 发控逻辑功能器件

发控逻辑功能器件的主要部分是发控逻辑控制电路。发控逻辑控制电路是由各种发射准备信号组成的条件逻辑控制电路。由于导弹的发控具有严格的步骤和各种准备条件，且各种条件与步骤之间都是互成条件链锁关系的，因此这部分电路需要周密的逻辑设计和信号的全面综合技术，在电路性能上特别强调高可靠性。这种电路通常是接收发控台和计算机提供的“接通”“射前检查令”“发射准备令”“发射令”“紧急断电”等命令信号而执行具体的控制。“接通”控制逻辑的主要作用是：检查导弹的初始状态，若初始状态正常，则控制弹上各供电电路接通，并检查相应的供电情况是否正常。“射前检查令”的主要作用是：对控制系统的仪器给予接通并进行相应的状态检查。“发射准备令”，打开各种保险装置的控制与检查，综合检查其他参与发射准备的各外部系统的信号等。“发射令”实施对地面供电转为弹上供电的控制与结果检查，除需综合导弹自身发控电路的各种条件之外，还必须综合发射载体所处状态的各种条件信号。在所有这些信号的逻辑链锁关系都得到满足时，才能实施具体的发射主令控制。

发射逻辑控制的实现可以有多种方法。在图 7 - 5 所示的结构中，这一功能主要是以发控过程通道中的各子通道的设备作为硬件支持，由计算机根据发控的逻辑条件算法模型，对发控过程通道进行一系列逻辑指令控制而实现的。图 7 - 5 所示结构中的发控逻辑功能仪器则可有两种实现方法。一种方法是将它设计成具有接口控制电路的专用硬件组合逻辑控制设备。这种设备只需由计算机提供发控的有关命令信号，信号由接口电路接收后，控制其相应的硬件组合逻辑电路，独立地完成对导弹的发控链锁逻辑控制。这种仪器的控制逻辑是固定的，不能由计算机的软件编程而改动。另一种方法则是采用可编程的逻辑控制电路，比如采用工业控制机中的可编程控制器之类的设备作为发控逻辑功能仪器，通过对该仪器的软件编程，便可组成所需的发控条件逻辑控制程序，当发控台通过计算机给它某个发控命令时，它便可通过其接口控制电路将命令信号接收，并按命令要求执行相应的逻辑条件组合和实施具体的控制。采用这类可编程的逻辑组合控制设备，可为电路设计、修改以及逻辑条件的更改带来很大方便。同时，控制逻辑一旦确定，又可方便地实现固化，因此相当安全可靠。

（4）供电、射检、发控和装定控制设备

供电控制设备、射前检查设备和发射控制设备多是以开关量输入输出为主的控制电路。供电控制设备有两类，一类是导弹发射前控制地面电源接通与断开的设备，另一类是导弹发射时控制导弹上火工品点火电源接通与断开的设备。从发射安全性的角度考虑，两者之间通常独立设计。射前检查控制设备控制送往弹上的激励信号和弹上反馈信号的接通和断开。发射控制设备以开关量的形式控制弹上相关设备。以上这部分电路主要通过计算机的开关量输入输出和模拟量数字量转换通道实现。

装定控制设备控制地面设备计算的导弹射击诸元等参数向弹上装定，传统的装定控制设备是以模拟量的形式结合弹上模拟存储设备完成数据装定，但随着导弹技术的发展，导弹多采用了弹上计算机，以模拟量进行装定的形式已基本淘汰。从计算机系统中数据传输的角度看，对弹上的诸元装定实质上就是实现两个计算机之间点对点的串行数据通信。具体地说，是由地面计算机向弹上计算机传送串行的装定数据。这项工作可以通过在地面发控通道中设置数传子通道来实现。但是，由于装定的控制设备对弹上计算机的检查测试工作还需要在单独调试和局部测试的情况下进行，因此，装定控制设备通常是设计成一台单独的装定控制仪。在导弹发射之前，通常是由装定控制仪配合地面计算机对弹上计算机进行诸元装定和检查。在图 7－5 所示的结构中，装定控制仪是一个具有接口控制电路的功能设备，它自发控通道接收地面计算机的数据而实施对弹上计算机的装定控制，即地面计算机通过通信通道将武器控制系统提供的装定数据发送给装定子通道。该子通道的装定控制设备将数据进行接收与校验等处理后，通过对弹上计算机的装定接口将数据发送给弹上计算机，并进一步对其装定数据的正确性进行可靠的检查核对。在图 7－5 所示的结构中，装定方式的主要特点是为装定控制提供了一条单独的通道，即计算机通过专门设置的装定口，向具有相应接口电路的装定控制仪直接提供装定数据，这样设计的目的是保证装定的可靠性。

第五节　导弹发射控制系统的通用化

一、导弹发射控制系统通用化思路

导弹发射控制系统接收武器控制系统的指令，完成对导弹的通信、参数装定等导弹发射准备以及电池激活、发动机点火等发射控制。一般来说，不同的导弹其发射控制过程是不一样的，因此其发射控制系统也不一致，即发射不同的导弹需采用不同的导弹发射控制系统。因此，现有的型号导弹发射控制系统的典型特征是只能接收本型号武器控制系统的指令，完成本型号导弹的发射控制任务。专用导弹发射控制系统与武器控制系统及导弹的关系如图 7－7 所示。

通用导弹发射控制系统能受控于多种型号导弹武器控制系统，可以同时发射多枚不同型号导弹，能同时接收多个（多型号）武器控制系统的指令，完成一个发射装置上多型号、多枚导弹的发射控制。

通用导弹发射控制系统一般由发控计算机、输入/输出接口等组成，向上挂接以太网，向下与筒弹连接。通用导弹发射控制系统与武器控制系统及导弹的关系如图 7－8 所示。

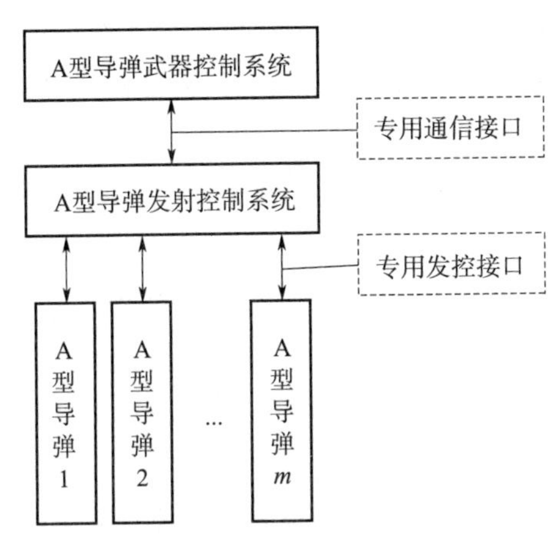

图 7－7　专用导弹发射控制系统与武器控制系统及导弹的关系

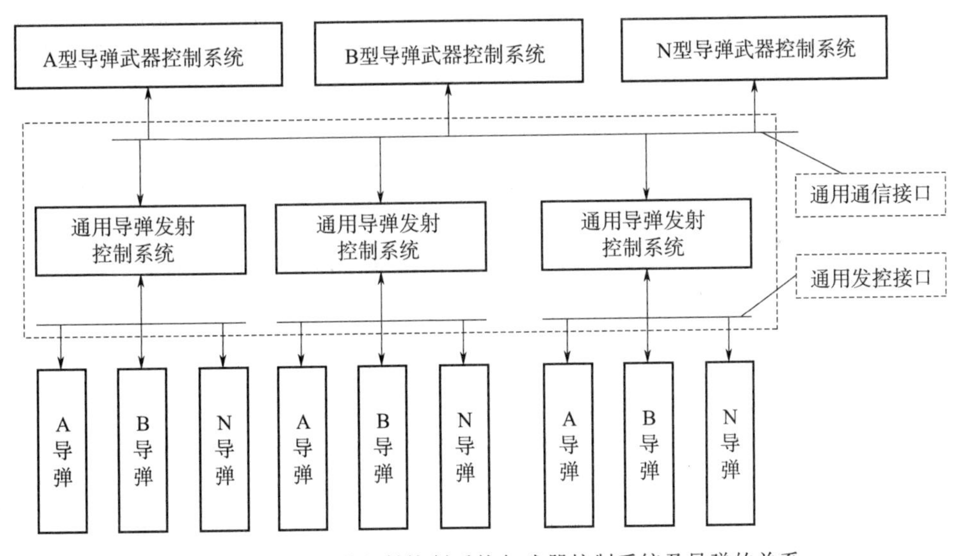

图 7－8　通用导弹发射控制系统与武器控制系统及导弹的关系

通用导弹发射控制系统是实现武器通用发射的关键，完成武器控制系统与导弹、发射装置之间的控制指令和数据传输。它与专用发射控制系统的区别是：通用导弹发射控制系统使得不同的武器控制系统能使用统一的接口去控制对应类型的导弹，从而统一了不同种类导弹的发射控制流程。虽然发射控制系统与发射装置各模块的连接关系相对固定，但各类导弹在发射装置或者发射模块中的装填位置灵活可变，可随意选择。

因此，根据作战系统的任务需求和舰艇作战使命特征和性能要求，对通用导弹发射控制系统的基本需求是：

1）不仅要实现防空、反舰、对陆攻击、巡航等导弹通用发射控制，还要考虑到其他多种常规武器（如火箭助飞鱼雷）的使用；要适应导弹冷、热发射的发射控制要求。

2）可正确处理各型武器共架发射时的战术关系和信息关系，能对武器系统所提出的各种命令和指令做出正确反应。

3）在后续新增武器时，不能对通用导弹发射控制系统的软件和硬件做任何改动，以避免对原有的武器产生影响。

二、导弹通用发射控制系统的关键技术

（1）总体技术

总体技术研究的是根据多种类型导弹通用化垂直发射的技术需求，对通用导弹发射控制系统的技术实现进行综合论证，提出总体方案并将其分解到各分系统，与各武器控制系统和导弹系统进行综合协调，确定与它们的接口，并制定有关的标准，使通用导弹发射控制系统能达到其技术指标，实现其功能。

与传统的导弹发射控制系统相比，通用导弹发射控制系统是一个全新概念的导弹发射控制系统，有一系列新要求。为此通用导弹发射控制系统必须与多种武器控制系统和导弹进行大量的协调，重新确定武器控制系统、通用导弹发射控制系统和导弹之间的任务分工界面，进行大量的接口协调，并且要制定一系列新的标准。这些工作都直接影响通用导弹发射控制系统是否能实现“通用”、是否能满足高的性能指标等，因此它是一个关键技术。

对于通用导弹发射控制系统总体技术的解决，必须全面地了解各种导弹发射控制系统及其武器控制系统和导弹系统的特点，与各武器控制系统和导弹系统进行充分研究和协调，在综合权衡的基础上，重新划分武器控制系统、导弹发射控制系统和导弹系统之间的任务分工界面，制定通用的有关标准。同时应用一系列新技术，确保通用导弹发射控制系统先进合理可行，达到通用发控的性能指标。

（2）即插即用技术

“即插即用”技术是指任何一种类型的导弹装载到通用导弹发射控制系统上，即可以被通用导弹发射控制系统识别，完成发射控制。主要的研究内容是通用导弹发射控制系统对隔舱所装导弹类型的要求，如满足共架要求，无论哪种类型导弹均可实现控制；另外，研究内容还包括通用导弹发射控制系统对一种新插入发射模块隔舱中的导弹是如何识别的，如何将识别的导弹回报给相应的武控台，在武控台选定该发导弹时如何安全可靠地将这发导弹发射出去等一系列技术。

按照通用导弹发射控制系统的技术需求，在新增一种导弹时，要求通用导弹发射控制系统无须任何软件和硬件方面的改变就能进行这种导弹的发射，这同时也意味着在不同的时刻在一个发射模块的弹舱中装入任何导弹时，无须任何人为的干预，通用导弹发射控制系统就能在武控台的指令控制下，安全可靠地将这发导弹发射出去。

“即插即用”技术包括通用导弹发射控制系统如何自动正确识别导弹，如何记忆在位导弹的配置，如何向相应的武控台回报，如何在武控台的指令下生成相应的发控程序，如

何在武控台的指令下安全可靠地发射导弹等一系列重要的技术，是实现通用化发控的关键技术。

对于“即插即用”技术，可充分利用武控台、通用导弹发射控制系统和导弹上的计算机技术解决。对于通用导弹发射控制系统对导弹的识别，通过在导弹插入发射模块弹舱时对其计算机进行询问，导弹计算机将其自身型号报告给通用导弹发射控制系统。对于发控程序，通用导弹发射控制系统将建立一个通用、可配置的发控软件，在它接收到武控台关于导弹发控的有关参数时，能自动完成该型导弹的发射程序。

对于安全可靠地发射导弹，通用导弹发射控制系统在执行发射程序时，制定多种安全可靠的发射措施。

（3）多武控响应技术

传统的导弹发射控制系统只接受一个固定的武控台的控制，而一个通用导弹发射控制系统要接受多个武器控制系统的控制，并且这些武控台是不同种类、不同型号导弹的武控台，它们发射导弹的过程、所要求的技术指标、装定参数等都存在很大的差别，如何正确响应并执行这些武控台的指令是通用导弹发射控制系统实现的又一个关键技术。

在武控台和通用导弹发射控制系统之间采用以太网进行连接，并且根据各种导弹发控的特点，制定出通用的通信协议，这样各种导弹发控的差异将体现为通信协议中的具体内容。在通用导弹发射控制系统总的框架下，通过武控台、通用导弹发射控制系统、导弹系统统一的界面划分和任务分工、发控步骤的统一、制定一系列标准、制定统一的通用通信协议等，实现通用导弹发射控制系统对多种不同武控台进行正确的响应。

（4）多弹发控技术

在一个发射模块中可以发射多枚导弹，一个通用导弹发射控制系统必须能完成装在这个发射模块中的所有导弹的发射任务。

目前一个导弹发射控制系统可以控制多联装同种类型的导弹，而现在要求一个通用导弹发射控制系统能控制更多类型的导弹。通用导弹发射控制系统这种能力要求的大幅度提升，带来了一系列技术难题，尤其是多弹发控技术要实现多枚多种导弹的发射控制，是通用导弹发射控制系统的关键之一。

（5）多弹齐射技术

多弹共架发射时，面对不同的作战任务，存在不同类型多枚导弹的齐射要求，即“多弹齐射”。

现有各种导弹的发射控制系统只能实现同一类型导弹的齐射，但是要实现多类型导弹的齐射，要求通用导弹发射控制系统必须同时运行多个不同的不可逆程序。相比现有的导弹发射控制系统，在功能上需要进行很大的扩充，将带来通用导弹发射控制系统的硬件、软件上很多的变化，是多弹共架发射需要解决的关键技术之一。如何同时运行多个不同的发射程序，可以采用软件的方式进行实现，利用多线程控制技术，可以同时运行多个不同导弹的发射程序。

(6) 发射协调技术

导弹通用发射控制系统可以完成多种类型、多枚导弹的发射控制，在导弹共架发射时，多发导弹的初始飞行弹道会存在交叉，刚飞离发射隔舱正处于上升段的导弹发动机燃气可能会对相邻隔舱中正在发射出筒的导弹产生影响，如何在时域上和空域上进行共架武器的发射是急需解决的关键技术之一。通过对导弹的初始发射进行时域和空域协调的影响因素、协调准则、协调模式和协调方法等进行研究分析，建立相应的数学模型，对多武器的发射进行协调，确保导弹和载舰的安全。

思考题

1. 什么是导弹发射控制系统？它的概念中包括哪两个方面内涵？
2. 导弹发射控制系统的功能主要有哪些？
3. 什么是允许发射条件？常见的允许发射条件有哪些？
4. 什么是发射条件？常见的发射条件有哪些？
5. 什么情况下启动应急发射程序？主要做法是什么？
6. 什么情况下启动解除发射程序？主要做法是什么？
7. 发控设备的组成包括哪些？有哪两种典型的计算机发控系统？
8. 导弹通用发射控制系统的关键技术有哪些？

第八章　导弹通用发射协调方法

第一节　概　述

发射系统从单一化“专弹专用”向通用化“多武器共架发射”转变，除了进一步强调模块化、标准化的设计理念与方法以外，在发射控制方面还需要解决一个关键问题——发射协调问题。

对于传统的非共架发射系统，由于舰上各武器系统相对独立，发射装置的位置较分散，不存在共用发射架的情况，武器发射的一般流程是：舰艇指控系统发现目标并将目标指示给各武控台，各武控台分别进行射击诸元解算等待发射时机，一旦发射条件满足，立即向各自的发控单元下达发射命令。出于安全考虑，各武控台只需要接收全舰火力兼容控制设备的指令，必要时进行武器禁射，不需要再进行发射协调，发控单元只听从各自武器控制系统的命令。

对于共架发射系统，各武器系统没有各自独立的发控设备，而是采用通用发控单元。各武控台都向通用发控单元下达发射命令，为了安全起见，此时需要对多武器的发射进行协调，因此，必须通过一个发射协调管理机对各武控台发射令时间进行控制，经过发射协调管理机给出允许发射指令后，武控台才可以向通用发控单元下达发射命令。

多类型武器共架发射带来的安全威胁主要是，它们在发射及飞行过程中可能发生相互干扰。主要表现在以下方面：

一是武器的初始飞行弹道可能存在交叉。第一种情况是，当弹位距离间隔较近的两武器处于垂直上升段时，由于扰动和误差等干扰因素导致两武器发生碰撞；第二种情况是，由于目标类型和所在方位不同，各武控台在选弹时可能会出现一个武控台选择舰艏隔舱发射导弹攻击舰艉方向目标，同时另一个武控台选择舰艉隔舱发射导弹攻击舰艏方向目标的情况，从而导致导弹的初始飞行弹道交叉，威胁舰艇和武器的安全。

二是燃气排导可能会对邻近隔舱中正在发射出筒的导弹产生影响。由于导弹发射时排出的燃气是带有大量铝离子的“高温、超声速”的“多相流”燃气，此时若邻近隔舱导弹正在发射出筒，导弹头部刚出发射筒时速度很小，则燃气排导会将邻近隔舱正在发射出筒的导弹吹坏。另外，当邻近隔舱导弹导引头为光学或电视导引头时，燃气排导也会对邻近隔舱正在发射出筒的导弹导引头有遮蔽影响。

因此，为了保证发射载舰和武器的安全，必须在空间和时间上进行共架武器的发射协调。在空间上，通过协调各武控台合理地选择武器隔舱，使得多武器在发射和飞行过程中不出现初始飞行弹道交叉的情况，不出现燃气排导对邻近隔舱导弹发射影响的情况；在时间上，通过协调各武器发射点火时刻，控制武器发射间隔时间，以保证安全。

需要说明的是，发射间隔时间越长，载舰和武器越安全，因此不进行发射协调，仅将武器发射间隔时间取某个较大的固定值是不行的。因为发射间隔时间取长固然可以保证安全，但是在多目标来袭的密集作战条件下，不能快速打击所有来袭目标，会使舰艇长时间地处于一定的威胁等级，舰艇的作战火力通道长时间地被占用，共架发射系统的作战能力没有得到有效发挥。

综上所述，发射协调问题就是如何协调各武器发射空域、时域，以保证多武器共架发射时载舰和武器安全且不影响系统作战能力的问题。

第二节　空域协调方法

一、空域协调的定义及影响因素分析

空域协调是共架发射系统发射协调所做的第一步工作，是指在空间上通过协调各武控台合理地选择武器（弹位），划分武器飞行过程中的安全空域，避免共架武器之间发生干涉，从而保证系统安全。因此，空域协调的实质就是武器（弹位）选择。

影响空域协调的主要因素有两个，一是燃气排导，二是初始飞行弹道交叉。

（1）燃气排导的影响

燃气排导是导弹垂直发射系统设计的关键技术之一。导弹发射时会产生大量的高温燃气，迅速有效地将这些燃气排导出去是至关重要的。因为这些燃气对发射装置和有关设备都会产生很严重的烧蚀。以美国“标准”舰空导弹为例，燃气流温度高达 2 400 K，排出物中的 40%是硬度高、吸附力强的氧化铝粒子，还含有 76 000 mg/kg 的极其活泼的氯化氢气体。高温、高速粒子的碰撞和扰动所产生的热交换传给发射装置的巨大热量对发射装置的使用寿命是极其不利的。

目前，燃气排导问题的研究重点是燃气排导对发射装置结构和参数设计的影响，又分为两个方向：一是同心筒燃气排导；二是公共燃气排导，前者是目前研究的热点。本书经过研究发现，燃气排导对武器发射的影响与共架发射系统燃气排导结构密切相关。系统的燃气排导结构不同，其对武器发射的影响有很大差异。

以公共燃气排导结构和同心筒结构的共架发射系统为例，由于两者燃气排导系统结构尤其是燃气排导口形状不同，武器发射时，燃气排导的影响区域也不同。如图 8-1 所示，图（a）表示公共燃气排导结构的共架发射系统，任一隔舱武器发射会对“矩形”阴影区域，即同模块内所有武器的发射产生影响；图（b）表示同心筒结构的共架发射系统，任

一隔舱武器发射会对“环形”阴影区域即相邻隔舱武器的发射产生影响。

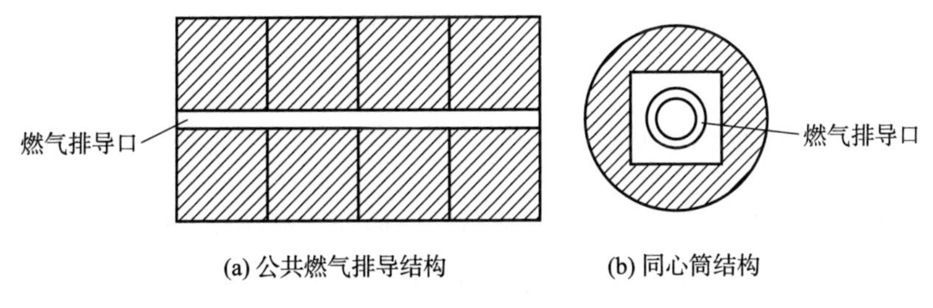

图 8-1　燃气排导对武器发射的影响

（2）初始飞行弹道交叉的影响

研究多武器共架发射可能发生弹道交叉问题时，比较关心的是弹道交叉对邻近舰艇空域的安全构成的威胁，因此，只考虑导弹的初始飞行弹道，包括垂直上升段和转弯段。在这两个阶段，共架发射武器之间都有可能发生相互干扰，对舰艇和武器安全不利。具体分析如下：

在垂直上升段，导弹的理想初始条件为俯仰角 $\vartheta_0=\pi/2$、偏航角 $\varphi_0=0$，但由于各种因素的影响，会使初始条件发生偏差。在这些因素中，主要有舰艇的摇摆、发射定向器的振动、发动机推力偏心、火箭喷气从障碍物反射又作用在弹体上的扰动、风的影响等。这样，在导弹完全离开发射架并且开始在空中飞行时，它的运动初始条件将具有随机分布的特征。这些随机的初始条件的扰动总称为初始扰动。由于初始扰动的影响，当隔舱距离间隔较近的两导弹都处于垂直上升段时可能会发生碰撞，引起危险。

在转弯段，由于目标类型和所在方位不同，各武控台在没有协调的情况下可能会出现一个武控台选择左舷导弹发射打击右舷目标，同时另一个武控台选择右舷导弹发射打击左舷目标的情况，从而造成导弹在程序转弯时发生弹道交叉。图 8-2 所示为在舰艇坐标系 $OXYZ$ 下，对目标 m_1，m_2，m_3，m_4 打击时导弹初始飞行弹道交叉的示意图。

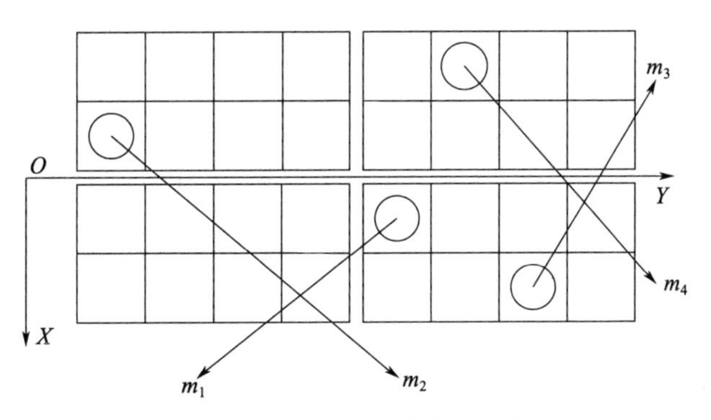

图 8-2　初始飞行弹道交叉示意图

那么，初始飞行弹道发生交叉主要与哪些因素有关？如何判断两导弹的弹道会发生交叉呢？目前，从国内发表的文献来看，在判断和求解弹道交叉问题时主要有 3 种方法：一是二维平面解法，即把空间弹道的三维交叉问题简化为弹道在平面上投影线或弹道所在铅垂面的交叉；二是三维简化解法，即把弹道简化为一个规则的立体模型与一条直线或者两条直线相交处理；三是三维完全解法。由于直接解算两个空间模型交叉是十分困难的，目前还未见该方法的相关文献发表。

二、坐标系的建立与隔舱参数

基于上述空域协调的定义及影响因素分析，下面分别对同心筒结构和公共燃气排导结构的共架垂直发射系统空域协调方法进行研究。首先需要建立统一的坐标系，并明确隔舱参数，这对时域协调方法也同样适用。

（1）舰艇坐标系与隔舱坐标系

在发射协调的研究中，需要经常使用的坐标系主要有以下两个：

一个是舰艇坐标系 $OXYZ$，原点 O 为作战系统对准参考点，位于舰艇中心平面上，OY 轴与舰纵轴即舰艏艉线相平行，指向舰艏方向；OX 轴与舰横轴平行，指向舰的右舷；OZ 轴垂直 XOY 平面指向天顶。该舰艇坐标系也可称为作战系统对准坐标系，是垂直发射系统武器对准的参考系。

另一个是隔舱坐标系 $O_cX_cY_cZ_c$，原点 O_c 为隔舱顶盖中心点，隔舱顶盖平面 $X_cO_cY_c$ 上 O_cY_c 轴与平面上靠近舰艏艉线的一边平行，以靠近舰艏方向为正；O_cX_c 轴与平面上另一边平行，以靠近舰右舷方向为正；O_cZ_c 轴为隔舱中心线，即隔舱顶盖中心点与底盖中心点的连线，垂直 $X_cO_cY_c$ 平面以指向顶盖方向为正。

舰艇坐标系与隔舱坐标系如图 8-3 所示。

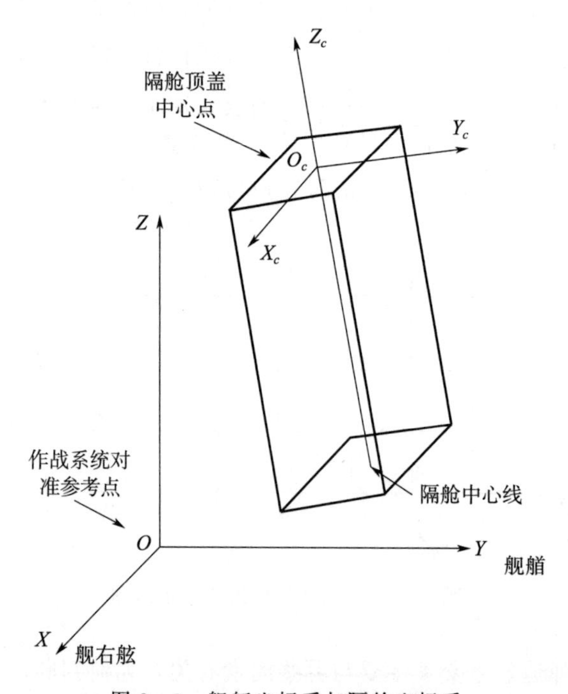

图 8-3　舰艇坐标系与隔舱坐标系

(2) 隔舱位置参数与隔舱对准参数

隔舱参数主要包括隔舱位置参数、隔舱对准参数及隔舱号。通过隔舱参数可计算出导弹从发射前至飞行过程中的具体位置，因此，隔舱参数对发射协调是至关重要的。

隔舱位置参数，就是隔舱顶盖中心点 O_c 在舰艇坐标系 $OXYZ$ 中的位置坐标。一般而言，隔舱位置参数是由舰艇设计时确定的，对同一个型号的所有舰艇隔舱位置参数都相同。如图 8-4 所示，将舰艇坐标系的 3 个轴 OX 、OY 、OZ 平移到以隔舱顶盖中心点 O_c 为原点，得到新的三个坐标轴 O_cX_c' , O_cY_c' , O_cZ_c' ，则隔舱在舰艇坐标系中的位置参数为 (x_c , y_c , z_c) 。

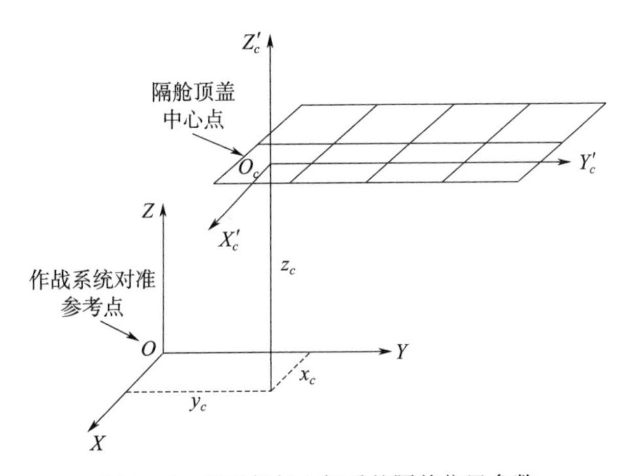

图 8-4　相对舰艇坐标系的隔舱位置参数

隔舱对准参数是隔舱相对作战系统对准坐标系的俯仰、偏航、滚动角误差。隔舱对准参数一般是在舰艇建造完成后，通过对垂直发射系统各隔舱进行实际测量后确定的。由于建造时的误差，每一艘舰艇隔舱对准参数并不相同。

如图 8-5 所示，将舰艇坐标系平移到隔舱顶盖中心点，即 $O_cX_c'Y_c'Z_c'$ ，经过 3 次坐标轴旋转，变换到隔舱坐标系 $O_cX_cY_cZ_c$ 。3 次旋转角度分别为滚动角 φ 、俯仰角 θ 、偏航角 ψ ，则隔舱相对舰艇坐标系的对准参数为 (θ, ψ, φ) 。

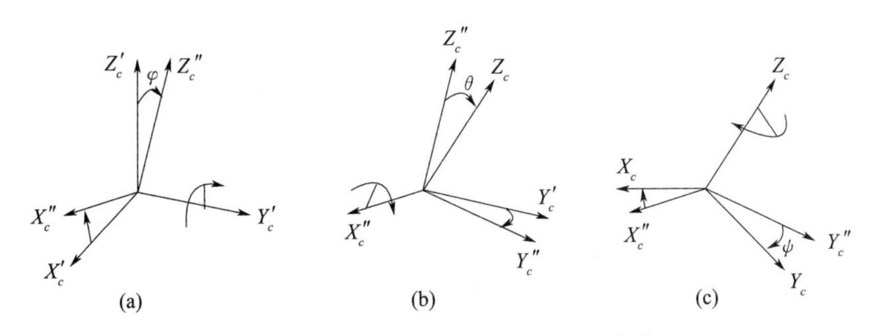

图 8-5　舰艇坐标系到隔舱坐标系的变换

理想情况下，隔舱中心线垂直于舰艇坐标系 XOY 平面，隔舱坐标系的 Y_c 轴平行于舰

艇艏艉线 Y 轴，也就是隔舱坐标系与舰艇坐标系的三轴分别平行。然而，由于建造误差，一般情况下，隔舱中心线并不垂直于舰艇坐标系 XOY 平面，Y_c 轴与舰艇艏艉线 Y 轴也不平行，这种误差程度可以通过测量隔舱垂直度和隔舱所在模块的方位角获得。

图 8－6 所示为隔舱垂直度测量的示意图。O_cC 为隔舱中心线，O_c 为隔舱顶盖中心点，C 为隔舱底盖中心点，$O_cX'_c$，$O_cY'_c$，$O_cZ'_c$ 轴分别平行于舰艇坐标系的 3 个轴，则平面 O_cAD 为舰艇横剖面，平面 O_cAB 为舰艇纵剖面。

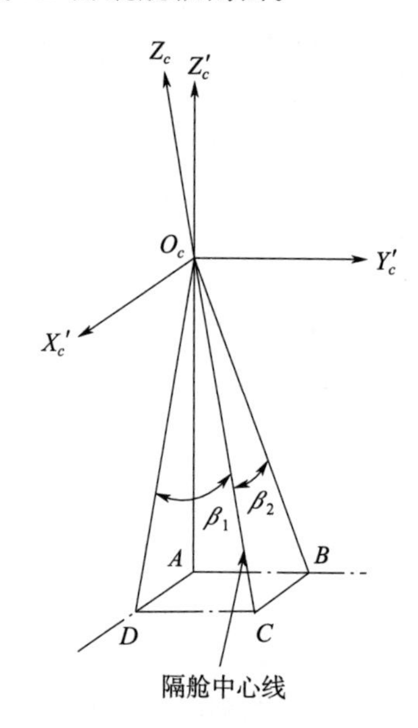

图 8－6 隔舱垂直度测量的示意图

隔舱垂直度测量包括横倾角和纵倾角。横倾角是指隔舱中心线与其在舰艇纵剖面上投影的夹角，即 β_2；纵倾角是指隔舱中心线与其在舰艇横剖面上投影的夹角，即 β_1。

图 8－7 所示为模块方位角测量示意图。通过在模块靠近舰艏艉线的一条边上设两个光学目标，则过目标的垂直平面与舰艇中心平面之间的夹角即为模块方位角 β_3。显然，同一模块内所有隔舱 β_3 都相同。

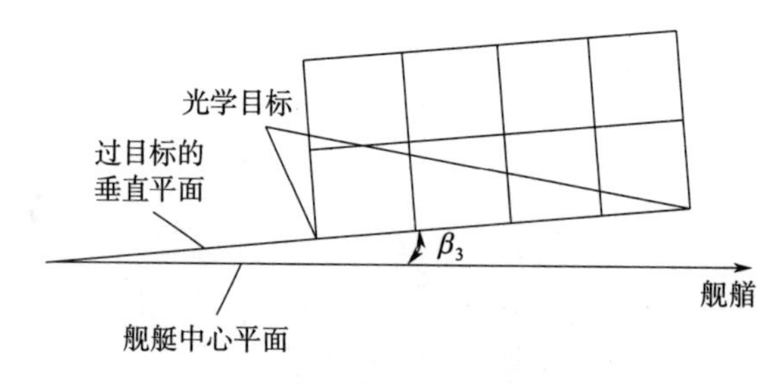

图 8－7 模块方位角测量示意图

通过坐标系的变换并解三角形，可以将隔舱的对准参数用测量出的 β_1，β_2，β_3 表示为

$$\begin{cases}\varphi = \arcsin \dfrac{\sin\beta_2}{\cos\beta_1} \\ \theta = \beta_1 \\ \psi = \arctan \dfrac{\tan\beta_3 \cos^2\beta_1 - \sin\beta_1 \sin\beta_2}{(\cos^2\beta_1 - \sin^2\beta_2)^{1/2}}\end{cases} \tag{8-1}$$

式中　β_1，β_2——隔舱纵倾角、横倾角；

β_3——隔舱所在模块的方位角。

可以看出，每一个隔舱的滚动角 φ 、俯仰角 θ 都不同，由实际测量的隔舱纵倾角 β_1、横倾角 β_2 决定，而偏航角 ψ 与模块方位角 β_3 的值非常接近，实际上一般常用模块方位角来表示隔舱偏航角，因此，可以认为同模块内所有隔舱有相同的偏航角。

另外，由于 8 个隔舱模块中每边 4 个隔舱盖的开启方向分别是向模块外侧，在同一个模块中导弹的方向不同，一般有两个不同的方向，因此，还需要对隔舱的偏航对准参数进行二元角度修正，即将这种修正加到隔舱对准参数的偏航角中，用以补偿同一模块内筒弹的不同方向。

图 8-8 所示为模块在舰艇上不同布局时，模块内导弹的方向性。图中标识的箭头方向为隔舱中导弹的正方向，偏航角定义为导弹正方向顺时针旋转到舰艏方向的角度。因此，隔舱 1、2、3、4 的对准参数中偏航角要分别加上导弹正方向导致的偏航角修正值，即 0°、90°、180°、270°。

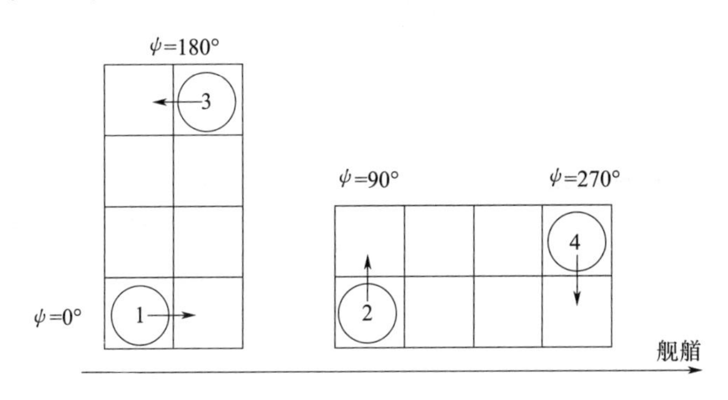

图 8-8　模块内导弹的方向性

（3）隔舱号的定义

假设某共架垂直发射系统在舰艇甲板上的配置如图 8-9 所示，共 8 个发射模块，每个模块共 8 个隔舱，可装载 64 枚导弹。为了研究方便，可定义模块/隔舱号如下，隔舱号一般由模块号和模块内隔舱编号组成，如隔舱 c_{36} 代表第 3 模块内第 6 隔舱。

本章有关发射协调方法的表述均以以上建立的坐标系与定义的隔舱参数为依据。为了方便起见，仅以前发射架的 4 个模块为例，分别对同心筒结构、公共燃气排导结构的共架发射系统发射协调方法进行阐述。

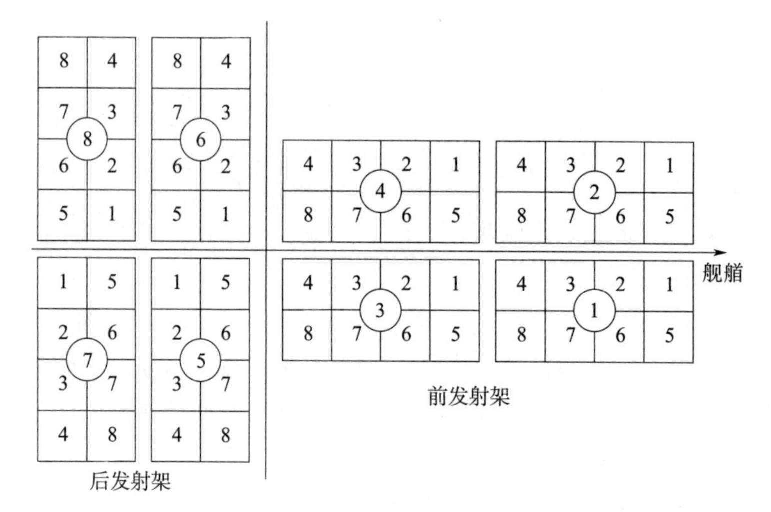

图 8-9　模块/隔舱号定义

三、基于同心筒结构的空域协调方法

（1）问题描述

假设某同心筒结构的共架发射系统有 d 个弹位，由 4 个模块组成，每个模块有 8 个隔舱，可搭载防空导弹 A、反潜导弹 B、反舰导弹 C 3 种武器，武器在舰艇上任意布局。已知系统已发射弹位数 d_0，防空导弹 A 的弹位数 d_A，反潜导弹 B 的弹位数 d_B，反舰导弹 C 的弹位数 d_C，则 $d=d_0+d_A+d_B+d_C$。

当有目标来袭时，舰艇指控系统发现目标并将目标指示给各武控台，各武控台进行射击诸元解算的同时向发射协调管理机下达武器选择命令，发射协调管理机根据发射协调模型解算出武控台应选择的最优隔舱，并将选择建议发送给武控台，武控台根据作战条件采纳建议或不采纳建议，并将最终选择结果反馈给发射协调管理机。

因此，空域协调要解决的问题是，当舰艇面临空中、水下或水面威胁时，各武控台操作员先后向发射协调管理机发出武器选择命令和导弹发射方位信息，要求分配一个合适的弹位。发射协调管理机不能确定下一时刻是否有其他的武控台发出武器选择命令，只能根据已经发生的发射活动给出武器选择建议。

（2）空域协调的原则

由上文分析可知，同心筒结构的共架发射系统中任一隔舱武器发射会对“环形”阴影区域即相邻隔舱武器的发射产生影响。因此，总结出基于同心筒结构的共架发射系统空域协调的原则如下：

1）系统中无发射活动时，可在对应武器隔舱中随机选择一个状态良好的隔舱进行武器发射。

2）系统中有发射活动时，尽量不选择与当前发射活动隔舱相邻的隔舱进行武器发射，以避免燃气排导对相邻隔舱的影响。

3）系统中有发射活动时，尽量不选择与当前发射武器初始飞行弹道交叉的武器。

4）系统中有发射活动时，尽量选择与当前发射活动隔舱距离最远的隔舱进行武器发射，以避免隔舱距离较近的两武器发射和飞行过程中发生碰撞、干扰。

（3）空域协调的步骤

①判断当前是否有发射活动

发射协调管理机接收到某武控台武器选择命令后，首先判断当前共架发射系统是否正在进行发射活动。

如果当前无发射活动，则其所有对应武器隔舱均为“优先级”隔舱，武控台可从任意对应隔舱中随机选择 1 个发射。

如果当前有发射活动，假设正在进行发射活动的武器为防空导弹 A，其打击目标为 m_1，隔舱号为 c_i，舰艇坐标系中隔舱位置参数为(x_i，y_i，z_i)。此时需要分配隔舱的武器为反潜导弹 B，其打击目标为 m_2，则反潜导弹 B 的可选隔舱有 d_B 个。

②隔舱距离排序

分别计算这 d_B 个隔舱与隔舱 c_i 之间的距离 l，并由大到小排序。

设反潜导弹 B 的可选隔舱中任一隔舱号为 c_j，隔舱位置参数为（x_j，y_j，z_j），则隔舱 c_j 与 c_i 间的距离为

$$l_{ij}=\sqrt{(x_i-x_j)^2+(y_i-y_j)^2+(z_i-z_j)^2} \tag{8-2}$$

排序后距离 l 的最大值设为l_1，最小值设为 $l_{d\mathrm{B}}$，即 $l_1\geqslant l_2\geqslant\cdots\geqslant l_{d\mathrm{B}}$，对应的反潜导弹隔舱号为 c_{l1}，…，c_{ld_B} 。

③隔舱属性赋值

为了明确反潜导弹 B 的所有可选隔舱 c_{l1} ，…，c_{ld_B} 与当前正进行发射活动的隔舱 c_i 的关系，定义可选隔舱的属性 a， 且有：

当 $a=0$ 时，表示随机选择隔舱，无关系；

当 $a=1$ 时，表示隔舱不相邻、初始飞行弹道不交叉；

当 $a=2$ 时，表示隔舱不相邻、初始飞行弹道交叉；

当 $a=3$ 时，表示隔舱相邻、初始飞行弹道不交叉；

当 $a=4$ 时，表示隔舱相邻、初始飞行弹道交叉。

则对每一个可选隔舱都有一个属性 a，表示该隔舱与隔舱 c_i 的关系。其中，对隔舱相邻、初始飞行弹道交叉的判断方法如下：

④隔舱相邻的判断

隔舱相邻的判断较简单，主要依据隔舱号进行判断。共架发射系统中每一个隔舱的相邻隔舱是固定的。如 c_{45} 的相邻隔舱有 8 个，分别是 c_{41} ，c_{42} ，c_{46} ，c_{32} ，c_{31} ，c_{14} ，c_{28} ，c_{24} ；而 c_{15} 的相邻隔舱有 3 个，分别是 c_{11} ，c_{12} ，c_{16} 。

将正进行发射活动的隔舱 c_i 的所有相邻隔舱置为“次优先级”隔舱，表示不首先参与选弹。

⑤初始飞行弹道交叉的判断

由于各种干扰和误差的存在，武器飞行弹道实际上是“空间管道”，直接解算其交叉情况是十分困难的。而且，空域协调关心的只是判断初始飞行弹道是否交叉，并不需要对其进行解算，因此，将飞行弹道的交叉简化为飞行弹道所在铅垂面，即射击平面的交叉。初始飞行弹道交叉的判断方法如下：

如图 8－10 所示，在舰艇坐标系 $OXYZ$ 下，假设所有隔舱顶盖平面都在同一个平面上，即忽略隔舱位置参数在 OZ 轴上的差异。设有任意两隔舱 c_i，c_j，靠近舰艏方向的隔舱设为 1 号隔舱，较远的隔舱设为 2 号隔舱。可通过隔舱位置参数判断如下：

如 $y_i > y_j$，则 $y_i = y_1$，$x_i = x_1$；$y_j = y_2$，$x_j = x_2$；

如 $y_i < y_j$，则 $y_j = y_1$，$x_j = x_1$；$y_i = y_2$，$x_i = x_1$；

如 $y_i = y_j$，进一步比较 x_i，x_j，如 $x_i > x_j$，则 $y_i = y_1$，$x_i = x_1$；$y_j = y_2$，$x_j = x_2$；如 $x_i < x_j$，则 $y_j = y_1$，$x_j = x_1$；$y_i = y_2$，$x_i = x_2$。

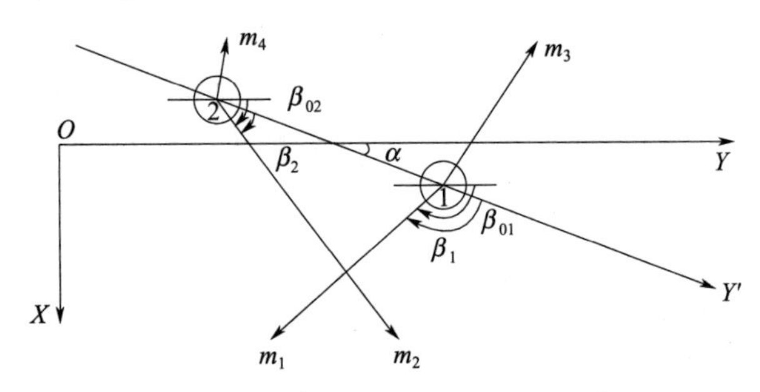

图 8－10　初始飞行弹道交叉判断示意图

连接隔舱 1、2 成一条直线，以指向隔舱 1 的方向为正方向建立 Y' 轴，则 Y 轴与 Y' 轴之间的夹角为

$$
\begin{cases}
\alpha = \arctan\left(\dfrac{x_1 - x_2}{y_1 - y_2}\right) \in (-90°, 90°), y_1 \neq y_2 \\
\alpha = 90°, y_1 = y_2
\end{cases}
\tag{8-3}
$$

若隔舱 1、2 分别打击目标 m_1，m_2，各武控台根据目标相对我舰舷角 q_{w1}，q_{w2} 解算出导弹射击方位 β_{01}，β_{02}，则 β_{01}，$\beta_{02} \in [0, 360°]$，是舰艇 Y 轴在地理水平面内的投影顺时针旋转到导弹射击方向的角度。一般对于防空导弹，导弹射击方向是发射点与目标在水平面的投影点的连线方向；对于反舰导弹，导弹射击方向是发射点与第一个航路转向点的连线方向。

令 $\beta_1 = \beta_{01} - \alpha$，$\beta_2 = \beta_{02} - \alpha$，则：

若 $\beta_1 < 0°$，$\beta_1 = \beta_1 + 360°$，若 $\beta_1 > 360°$，$\beta_1 = \beta_1 - 360°$；

若 $\beta_2 < 0°$，$\beta_2 = \beta_2 + 360°$，若 $\beta_2 > 360°$，$\beta_2 = \beta_2 - 360°$。

即 β_1，$\beta_2 \in [0, 360°]$。

当 β_1，$\beta_2 \in [0, 180°]$ 时，目标 m_1，m_2 位于 Y' 轴的右侧，若 $\beta_1 > \beta_2$，则两飞行弹道交叉。

当β_1，$\beta_2 \in [180°, 360°]$时，目标m_1，m_2位于Y'轴的左侧，若$\beta_1 < \beta_2$，则两飞行弹道交叉。

在其他任意情况下，两飞行弹道都不交叉。

由图 8-10 可知，当隔舱 1、2 分别打击目标m_1，m_2时，则其飞行弹道交叉；当分别打击目标m_3，m_4时，则其飞行弹道不交叉。

⑥空域协调结果

反潜导弹 B 的可选隔舱c_{l1}，…，c_{ld_B}及其属性列表见表 8-1。

表 8-1　可选隔舱及其属性

可选隔舱	隔舱属性
c_{l1}	2
c_{l2}	1
c_{l3}	1
c_{l4}	2
c_{ld_B}	3

由于可选隔舱c_{l1}，…，c_{ld_B}是按照与发射隔舱c_i的距离由大到小排序的，则发射协调管理机向武控台建议的反潜导弹 B 应选择的最优隔舱就是表中由上至下第一个属性为 1 的隔舱c_{l2}。

由此可见，在当前有发射活动时，武器选择的最优隔舱是与当前隔舱“不相邻、不交叉”中距离最远的隔舱，而“不相邻、交叉”“相邻、不交叉”及“相邻、交叉”的隔舱不选。

然而，当没有属性为 1 的隔舱存在时，说明系统必须选择“相邻”或“交叉”的导弹发射，燃气排导对相邻导弹发射的影响或初始飞行弹道交叉不可避免，那么，此时仅仅通过空域协调保证武器发射安全是不够的，还需要进行时域协调，延长反潜导弹的发射点火时刻，直到前一枚防空导弹燃气排导对相邻导弹发射的影响消失，或者飞过预定的弹道交叉点为止。

综上所述，基于同心筒结构的空域协调流程如图 8-11 所示。

（4）算例

假设某同心筒结构的共架发射系统武器布局如图 8-12 所示。系统总弹位数$d=32$，已发射弹位数$d_0=3$，用黑色实心框表示，防空导弹 A 弹位数$d_A=14$，反潜导弹 B 弹位数$d_B=9$，反舰导弹 C 弹位数$d_C=6$。目标参数见表 8-2。

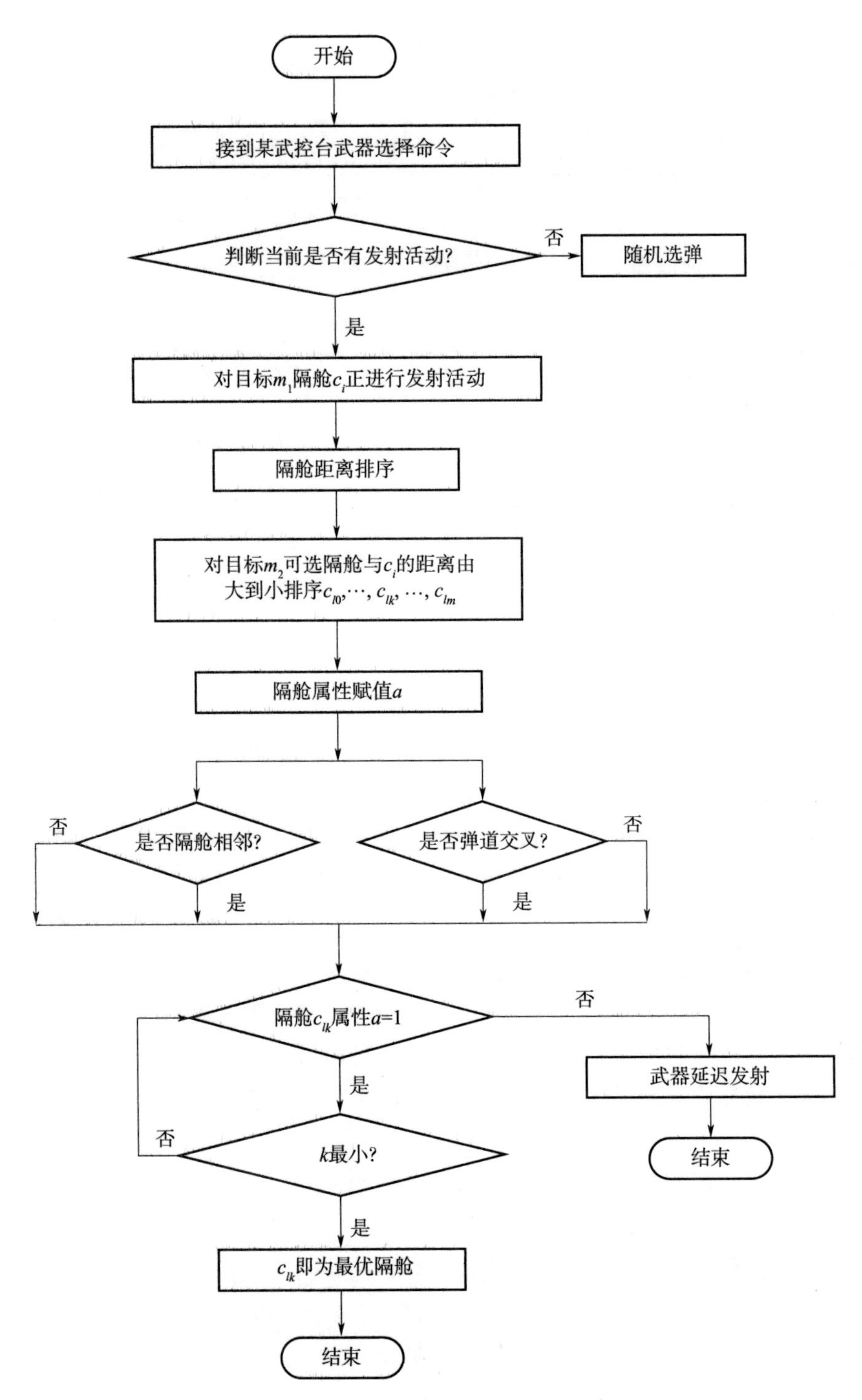

图 8-11　基于同心筒结构的空域协调流程

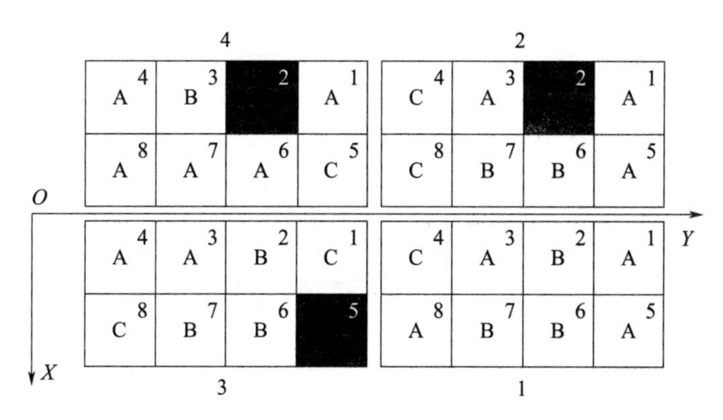

图 8－12　假设某同心筒结构的共架发射系统武器布局

表 8－2　目标参数

目标排序	斜距离 D /m	我舰舷角 q_w /(°)	高低角 ε /(°)	速度 v /(m/s)	类型
m_1	87 605	67.043 1	0.011 1	250	反舰导弹
m_2	55 217	103.429 5	－0.472 9	15	潜艇
m_3	162 841	－22.365 4	0	12	舰艇

假设在多目标来袭的密集作战条件下，发射协调管理机在较短的时间内先后接到武器选择命令的顺序是对空武控台、反潜武控台、反舰武控台，各武控台解算的导弹射击方位分别为 $\beta_{01}=67°$，$\beta_{02}=103°$，$\beta_{03}=338°$，且都要求分配 1 个弹位。

在上述条件下，发射协调管理机给出武器选择建议的过程和结果如下：

对反舰导弹目标 m_1，在 d_A 个防空导弹弹位中随机选择状态良好的隔舱 c_{46} 发射，如图 8－13 所示。

对潜艇目标 m_2，首先将反潜导弹所有可选隔舱按其与 c_{46} 的距离由大到小排序，隔舱顺序依次为：c_{16}，c_{12}，c_{26}，c_{17}，c_{27}，c_{37}，c_{36}，c_{43}，c_{32}。然后，依次判断这 9 个隔舱与 c_{46} 是否相邻，判断这 9 个隔舱武器打击目标 m_2 的弹道是否与隔舱 c_{46} 武器打击目标 m_1 的弹道出现交叉，得到可选隔舱属性，见表 8－3。结果表明，选择前 5 个隔舱均会出现弹道交叉，而 c_{37} 是第一个属性为 1 的隔舱，因此，c_{37} 为应选择的反潜导弹的最优隔舱。

表 8－3　可选隔舱及其属性

可选隔舱	隔舱属性
c_{16}	2
c_{12}	2
c_{26}	2
c_{17}	2
c_{27}	2
c_{37}	1
c_{36}	1

续表

可选隔舱	隔舱属性
c_{43}	3
c_{32}	3

对舰艇目标 m_3，用同样方法可得 c_{24} 为应选择的反舰导弹的最优隔舱。

空域协调结果如图 8－13 所示。其中，黑色圆表示 c_{46} 的相邻隔舱处于“次优先级”位置，不首先参与选弹。

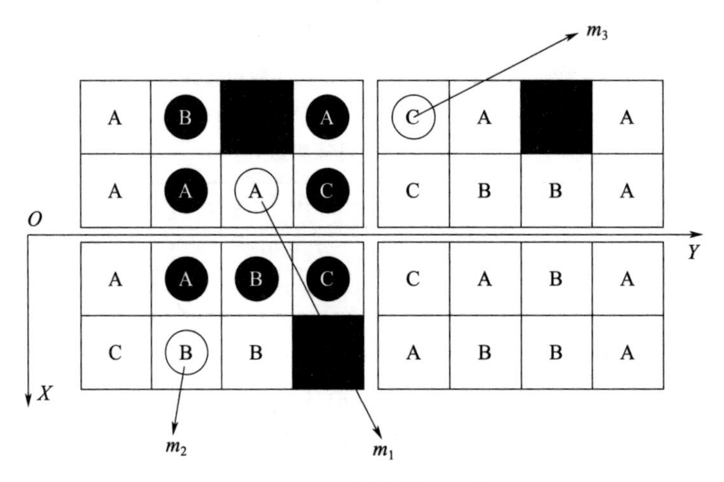

图 8－13　空域协调结果

四、基于公共燃气排导结构的空域协调方法

(1) 公共燃气排导对武器发射的影响

由上文分析可知，公共燃气排导结构的共架发射系统中任一隔舱武器发射会对“矩形”阴影区域，即同模块内所有武器的发射产生影响，具体表现在以下方面：

①对同模块内武器发射的影响

对于公共燃气排导结构的共架发射系统，其在结构上采用 8 个隔舱公用 1 套燃气排导系统，任一隔舱武器发射可能引发模块内其他武器点火，因此安全措施技术难度大。尤其是当某一隔舱武器发射出筒后隔舱盖还处于开启状态时，同模块内其他武器不能进入点火程序，直到武器离架且隔舱盖关闭为止。否则，燃气会从公共排气道和未关闭的隔舱口排出，引发危险。因此，公共燃气排导结构的共架发射系统在选择模块内、外发射的区别较大，同模块的两武器相继发射，其间隔时间一般要比不同模块的两武器相继发射的间隔时间长。

②对模块烧蚀值的影响

由于导弹发动机推力和温升越来越大，而系统共用排气道和增压室，模块抗烧蚀、耐高压高温及抗冲击能力有限，超过上限以后，模块将不能重复使用，需要重新更换。因此，任一隔舱内导弹离架都会使同模块所有隔舱烧蚀值增加，如标准 2BLKⅡ导弹离架对隔舱烧蚀值的影响见表 8-4。模块内所有隔舱烧蚀值之和为模块总的烧蚀值。当模块烧蚀值达到其最大值时，该模块将不能使用。

表 8-4　标准 2BLKⅡ导弹离架对隔舱烧蚀值的影响

烧蚀值增加值		影响隔舱							
		1	2	3	4	5	6	7	8
发射隔舱	1	2	0	2	2	4	2	0	2
	2	2	0	2	2	2	2	0	2
	3	2	2	0	2	2	0	2	2
	4	2	2	0	2	2	0	2	4
	5	4	2	0	2	2	0	2	2
	6	2	2	0	2	2	0	2	2
	7	2	0	2	2	2	2	0	2
	8	2	0	2	4	2	2	0	2

(2) 空域协调的原则

综合分析公共燃气排导对武器发射的影响，总结出基于公共燃气排导结构的共架发射系统空域协调的原则如下：

①尽量避免选择有发射活动的模块

判断当前是否有模块或隔舱正在进行发射活动，如果没有任何模块进行发射活动，则所有模块均为“优先级”，武控台可从任意模块中选弹；如果有某隔舱正在进行发射活动，则其所在模块为“次优先级”，武控台不宜在“次优先级”模块选弹，如图 8-14 所示；当该隔舱武器离架且隔舱盖关闭以后，即发射活动结束，其所在“次优先级”模块重新置为“优先级”模块。

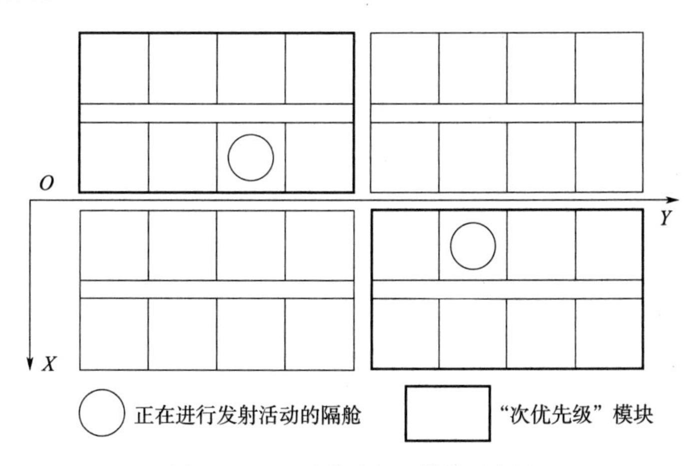

图 8-14　“次优先级”模块示意图

②选择对应武器数量较多的模块

设共架发射系统有 n 个模块，装载防空导弹 A、反潜导弹 B、反舰导弹 C 3 种武器，

对各模块现有武器数量 d_i 和已离架武器数量 d_{i0} 进行监控，则

$$d_i = d_{iA} + d_{iB} + d_{iC} \text{ , } i \in [1,n] \tag{8-4}$$

$$d_{i0} = d_{i0A} + d_{i0B} + d_{i0C} \text{ , } i \in [1,n] \tag{8-5}$$

式中 d_{iA}，d_{iB}，d_{iC}—— 现有武器 A，B，C 的数量；

d_{i0A}，d_{i0B}，d_{i0C}—— 已离架武器 A，B，C 的数量。

若此时需要打击空中目标，则必须选择 $d_{iA} > 0$ 的模块。

③选择烧蚀值较小的模块

对各模块烧蚀值 δ_i 进行监控，则

$$\delta_i = f(d_{i0}) \text{ , } i \in [1,n] \tag{8-6}$$

即模块烧蚀值与已离架武器类型、数量有关。设模块可承受最大烧蚀值为 $\delta_{\max}$ ，则必须选择 $\delta_i < \delta_{\max}$ 的模块。

④确定可选模块与最优模块

设某时刻系统中模块 $j \in [1, n]$ 正在进行发射活动，则综合上述 3 条原则得到需打击空中目标时武器的可选模块 i 条件为

$$\begin{cases} i \neq j \\ d_{iA} > 0 \\ \delta_i < \delta_{\max} \end{cases} \tag{8-7}$$

设可选模块 i 的集合为 S ，则当 $\delta_i = (\delta_S)_{\min}$ 时，模块 i 为最优模块。

⑤选择与发射隔舱距离最远的隔舱

在选择的最优模块中，进一步选择与发射隔舱距离最远的隔舱，以减少多武器发射的相互影响。

由此可见，公共燃气排导结构的共架发射系统武器选择在很大程度上就是选择“无发射活动、对应武器数量较多、烧蚀值较小”的模块。由于需打击目标类型的随机性，为了使对应武器数量较多，在武器布局上尽量在模块内将各型武器平均分布，使得各型武器数量都较多。为了使模块烧蚀值较小，在武器选择上尽量依次在不同模块发射武器，使得武器离架对各模块烧蚀值影响都较小。只有这样才能保证每次武器发射可供选择的模块较多，且各模块使用的时间较长，在保证舰艇和武器安全的同时，不同模块内武器发射时间间隔最小。

（3）算例

假设某公共燃气排导结构的共架发射系统由 4 个模块组成，每个模块 8 个隔舱，根据作战任务需要装载防空导弹 A、反潜导弹 B、反舰导弹 C 的数量分别为 16 枚、8 枚、8 枚。为了比较不同的武器布局对空域协调结果的影响，算例分别对武器集中布局和分散布局两种情况进行分析，示意图如图 8－15 和图 8－16 所示。

根据空域协调的原则，分析舰艇在打击不同类型和数量目标时，武器集中布局和分散布局时隔舱选择结果，见表 8－5。

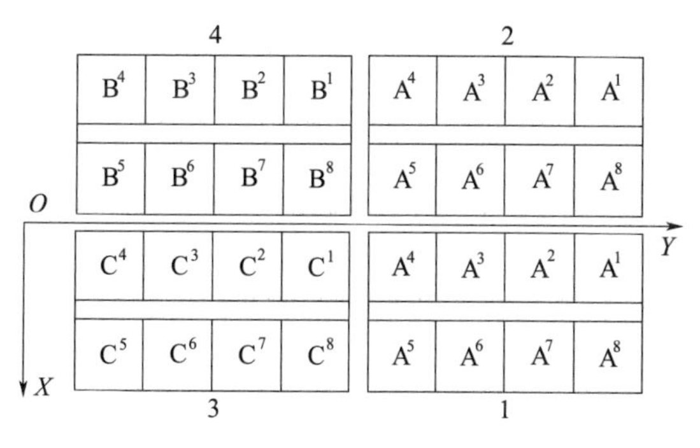

图 8-15　集中布局示意图

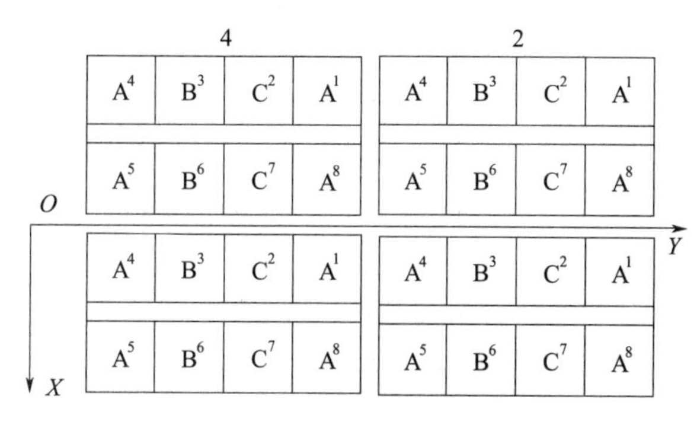

图 8-16　分散布局示意图

表 8-5　不同武器布局下隔舱选择结果

打击目标			选择隔舱							
			集中布局				分散布局			
导弹	潜艇	舰艇	A	B	C	是否同模块	A	B	C	是否同模块
1	1	1	c_{18}	c_{44}	c_{38}	否	c_{18}	c_{43}	c_{37}	否
2	1	1	c_{18}，c_{24}	c_{45}	c_{38}	否	c_{18}，c_{44}	c_{36}	c_{22}	否
1	2	1	c_{18}	c_{44}，c_{48}	c_{35}	是	c_{18}	c_{43}，c_{36}	c_{22}	否
1	1	2	c_{18}	c_{44}	c_{38}，c_{34}	是	c_{18}	c_{43}	c_{37}，c_{22}	否

通过算例验证，得到以下结论：

1）集中布局限制了武器可选的模块数量，增加了同模块选弹的概率，延长了武器发射间隔时间，降低了共架发射系统的发射速率。

2）分散布局，尤其是各型武器在模块中平均分布，可保证任一模块中都有所有类型武器，使武器可选的模块数量最多，减少了同模块选弹的概率，武器发射间隔时间较短，提高了共架发射系统的发射速率。

3）随机布局，视布局的随机性，武器选择结果介于集中布局和分散布局之间，无法保证总是处于对系统的有利状态。

4）在平均分布的情况下，对由 4 个模块组成的共架发射系统，其武器选择的理想顺序是 1、4、3、2，即按照模块号为 1、4、3、2 的顺序依次交替发射；对 8 个模块组成的共架发射系统，其武器选择的理想顺序是 3、8、4、7、2、5、1、6，即按照模块号为 3、8、4、7、2、5、1、6 的顺序依次交替发射。

综上所述，公共燃气排导结构的共架发射系统受结构设计的局限性，在武器发射时需考虑模块内、外区别，烧蚀值的影响等诸多限制条件，从而对武器选择、武器布局方法产生了较大影响。因此，对舰载共架发射系统武器选择及布局时，不能单纯地从舰艇适装性、装弹方便性或以前的习惯经验出发，要根据系统结构形式的不同具体分析，采取最有利于系统作战效能发挥的武器选择及布局方法。

第三节　时域协调方法

一、时域协调的定义及影响因素分析

仅仅进行空域协调对保证舰艇和武器安全是不够的，还需要进行时域协调。

时域协调是共架发射系统发射协调所做的第二步工作，是指在时间上通过协调各武控台发射点火时刻，控制武器发射间隔时间，以保证系统安全。因此，时域协调的实质就是控制发射间隔时间。

同空域协调一样，时域协调的影响因素主要也是考虑燃气排导和初始飞行弹道交叉。

(1) 燃气排导的影响

由上文的分析可知，燃气排导对发射空域的影响是指燃气排导对武器发射的影响范围和程度。对于同心筒结构的共架发射系统，影响范围是，任一隔舱武器发射会对所有相邻隔舱武器的发射产生影响；影响程度是，武器发射时排出的带有大量铝离子的“高温、超声速”的“多相流”燃气，会将邻舱正在发射出筒的导弹吹坏。对于公共燃气排导结构的共架发射系统，影响范围是，任一隔舱武器发射会对同模块内所有武器的发射产生影响；影响程度是，当武器发射出筒后隔舱盖还处于开启状态时，同模块内其他武器不能进入发射点火程序，直到武器离架且隔舱盖关闭为止。

而燃气排导对发射时域的影响是指燃气排导对武器发射的影响时间。因此，时域协调要解决的问题是，当必须选择相邻隔舱或同模块的武器进行发射时，其发射点火时刻需要延迟多长时间才能使燃气排导对武器发射的影响消失。

对于同心筒结构的共架发射系统，导弹发射时排出的燃气会吹坏邻舱正在发射出筒的导弹，那么为了保证安全，一方面邻舱导弹不能出筒，也就是说易碎盖不能破裂，导弹不能点火；另一方面燃气排导的影响要基本消失，由于导弹发射后处于垂直上升段时排出的燃气流会对刚出筒初速很小的导弹有一定的冲刷影响，直到导弹开始转弯，燃气流方向改变为止。由此可见，影响时间是当前导弹点火必须在上一枚导弹开始转弯以后。

对于公共燃气排导结构的共架发射系统，当导弹发射出筒后隔舱盖还处于开启状态时，如果此时要在同模块内再发射导弹，由于已发射隔舱与公共排气道相连通，那么再发射导弹排出的燃气将不仅从公共排气道排出，也会从未关闭的隔舱盖处排出，这将给舰艇安全造成威胁。因此，导弹发射出筒后必须确定已关闭隔舱盖，同模块内导弹才能再发射，即影响时间是当前导弹点火必须在上一枚导弹离架且隔舱盖关闭以后。

为了表示上述燃气排导对发射时域的影响，对于同心筒结构的共架系统，当无发射活动时，系统将所有隔舱置为“优先级”，表示可任意选弹；当有隔舱正在进行发射活动时，其相邻隔舱被置为“次优先级”，表示不建议选弹；当发射时产生的燃气排导影响消失后，即经过影响时间后，相邻隔舱重新被置为“优先级”。对公共燃气排导结构的共架系统，当无发射活动时，系统将所有模块置为“优先级”模块，表示可任意选弹；当有隔舱正在进行发射活动时，其所在模块被置为“次优先级”，表示不建议选弹；当发射时产生的燃气排导影响消失后，即经过影响时间后，该模块重新被置为“优先级”。

（2）初始飞行弹道交叉的影响

初始飞行弹道交叉对发射空域的影响是指由于目标类型和所在方位不同，各武控台在没有协调的情况下可能会出现一个武控台选择左舷导弹发射打击右舷目标，同时另一个武控台选择右舷导弹发射打击左舷目标的情况，从而造成导弹在程序转弯时发生弹道交叉。因此，空域协调就是判断武器的初始飞行弹道是否会发生交叉，并选择初始飞行弹道不交叉的武器进行发射。

而初始飞行弹道交叉对发射时域的影响是指当必须选择初始弹道交叉的导弹进行发射时，为了避免初始弹道交叉的发生，当前导弹的发射点火时刻需要延迟一个适当的时间。也就是说，当前导弹点火必须在上一枚导弹转弯且过预定的弹道交叉点以后，则它们不会发生初始弹道交叉，此时导弹发射对舰艇和武器是安全的。因此，时域协调就是求解预定的弹道交叉点及导弹飞过弹道交叉点的时间，并控制当前导弹点火在上一枚导弹过弹道交叉点之后，从而避免初始弹道交叉的发生。

二、时域协调的原则

由上述分析总结出时域协调的原则如下：

（1）保持适当的发射速率

舰艇上保持一定的发射速率是非常重要的。如美国 MK－41 垂直发射系统的平均发射速率可达到 1 发/s。发射速率不能太快或太慢。如果太快，舰艇和发射架不能承受多枚导弹几乎同时发射时带来的冲击和振动的影响；如果太慢，共架发射系统不能应对多目标密集作战的要求，其作战能力也得不到充分发挥。因此，发射速率通常规定导弹发射的最小时间间隔，要求上一枚导弹离架后经过合适的时间延迟，当前导弹才可发射。

（2）考虑燃气排导对武器发射的影响

对同心筒结构的共架发射系统，当必须选择相邻隔舱导弹发射时，当前导弹点火必须在上一枚导弹开始转弯以后。对公共燃气排导结构的共架发射系统，当必须选择同模块内导弹发射时，当前导弹点火必须在上一枚导弹离架且隔舱盖关闭以后。

(3) 考虑初始飞行弹道交叉的影响

当必须选择初始飞行弹道交叉的导弹发射时，当前导弹点火必须在上一枚导弹转弯且过预定的弹道交叉点以后。

(4) 防空导弹发射优先

防空导弹发射优先是保证防空导弹比其他类型导弹更具有发射优先权。当几乎同时有多种类型导弹进行发射申请时，防空导弹优先发射。

三、两种时域协调模式

针对武器发射程序是由武控台人工操作控制的，还是由发射协调管理机自主控制的问题，可以将发射时域的协调区分为以下两种模式。

一种是武控台进行了武器/隔舱选择以后，对隔舱内导弹进行发射准备：由舰上系统向导弹加电，发控设备向导弹装定初始参数，弹上设备进行射前检查及初始状态设定等。发射准备好后，向发射协调管理机提出发射申请，等待发射协调管理机向武控台发送“发射安全”信息。一旦接到“发射安全”信息，武控台可在“发射安全”时间内下达发射令。随后，导弹进入不可逆发射过程：导弹上电池激活，发动机安全驱动机构保险解除，发动机点火推力达到一定值后导弹弹动，随后进入导弹飞行阶段，数秒钟后导弹离架、转弯，初始弹道结束。由此可见，武控台必须下达发射令，在发射准备工作完成的情况下，导弹开始点火、弹动。发射协调管理机是通过控制发射令时刻进行时域协调的，因此，这种模式可称为“基于发射令控制的时域协调”，如图 8－17 所示。

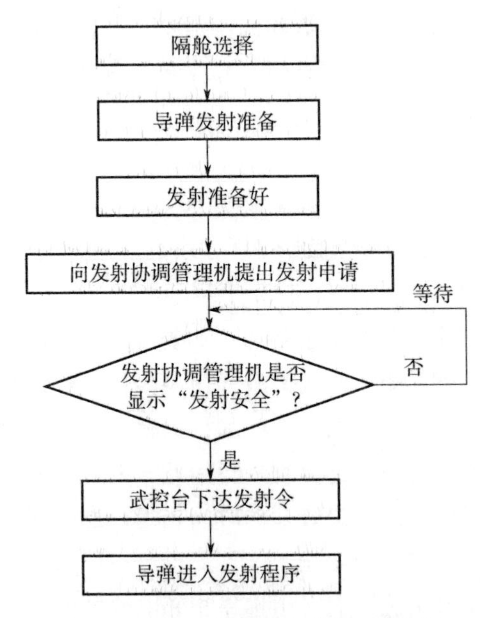

图 8－17　基于发射令控制的时域协调

另一种是武控台进行了武器/隔舱选择以后，对隔舱内导弹进行发射准备。导弹准备好后向发射协调管理机申请点火，发射协调管理机根据时域协调结果决定是否对该导弹进行点火授权。一旦给予点火授权，则导弹弹动、离架。否则，拒绝授权，则导弹重新初始化等待。由此可见，这种模式下从导弹的发射准备到发射离架是自动、连续的过程，不需人为干预，是发射协调管理机通过控制点火授权自动地对导弹发射时域进行协调，可称为“基于点火授权的时域协调”，如图 8-18 所示。

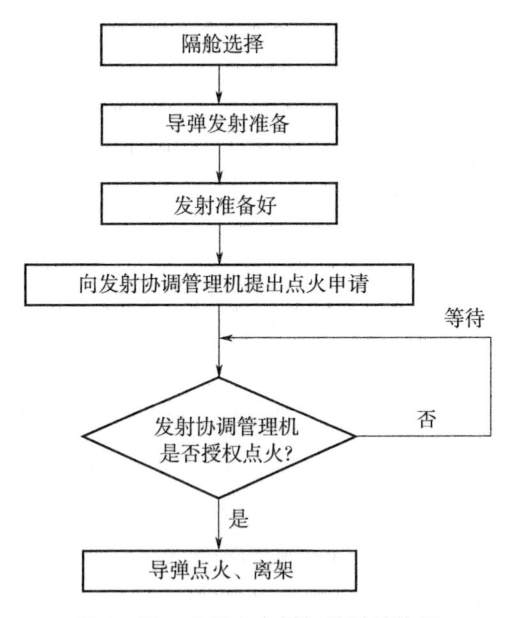

图 8-18　基于点火授权的时域协调

下面将分别针对这两种模式进行时域协调方法的研究。

四、基于发射令控制的时域协调方法

(1) 发射时序模型

导弹的发射时序反映了导弹武器系统的固有特性，各型导弹的发射过程及时间都不尽相同。通过分析发控系统从接到发射令到导弹初始弹道结束的基本过程，可总结出基于发射令控制的发射时序通用模型，如图 8-19 所示。

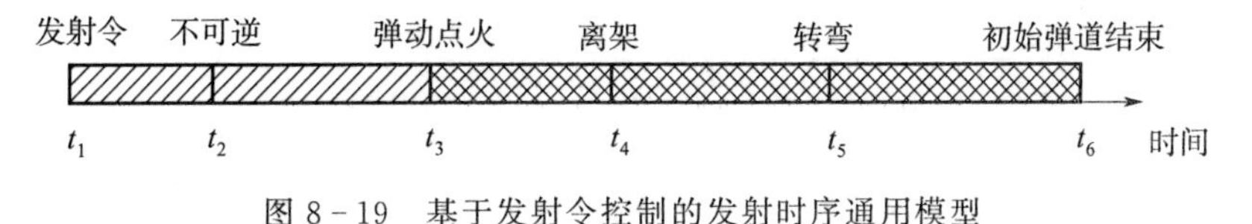

图 8-19　基于发射令控制的发射时序通用模型

可以看出，导弹的发射时序可分为以下两个阶段：

第 1 阶段：发射控制阶段（$t_1 \sim t_3$）

导弹发射准备好后，从发控设备接到发射令至导弹弹动为发射控制阶段，如某武器发射控制过程为：筒弹解锁、安全保险解除、电池激活及弹动点火。一般地，导弹电池激活则进入不可逆发射过程。

第 2 阶段：初始飞行阶段（$t_3 \sim t_6$）

导弹从弹动开始，进入初始飞行阶段。导弹弹动的同时，剪断挡弹销及电连接插头，此时作为飞行计时零点；随后导弹冲破发射筒易碎盖离架；导弹离架后展开折叠舵，先垂直上升，随后根据姿态控制系统的控制指令，由燃气舵和空气舵的联合作用，控制导弹滚转、拐弯，数秒后转到预定姿态与航向，初始弹道结束。

（2）发射时间间隔模型

对只能发射一种武器的舰载垂直发射系统而言，无须发射协调设备控制导弹的发射时间间隔，一般只是在充分考虑舰艇安全的基础上，根据实际情况规定某个固定的发射间隔时间。

而可发射几种，甚至十几种的共架垂直发射系统，可根据战场环境、武器配置及武器发射顺序的不同确定发射时间间隔，这也是发射协调的重要功能之一，因此发射间隔时间是变化的，如美国 MK－41 垂直发射系统可实现十几种武器共架，在多目标密集作战条件下，其平均发射速率可达到 1 发/s。

可以看出，从提高射速的角度，发射间隔时间越短越好。但每发射一发弹，由于发射系统重量和重心位置都要改变，以及燃气流对发射系统的冲击等，必然会引起发射装置振动。如果发射时间间隔确定不恰当，将使发射精度下降，弹丸散布增大。另外，两发弹飞行相距太近时，前发弹的燃气流将对后一发弹飞行造成不利影响，甚至有可能引起后发弹早炸。因此，发射时间间隔的大小要全面分析确定。

在基于发射令控制的时域协调模式下，发射协调管理机是通过控制发射令时刻进行时域协调的，因此，发射时间间隔是指第一枚导弹接到发射令到第二枚导弹接到发射令的时间间隔，也可称为发射令时间间隔。

如图 8－20 所示，假设前一枚导弹发射时序为 t_{1p}，t_{2p}，…，t_{6p}，当前导弹发射时序为 t_{1c}，t_{2c}，…，t_{6c}，则发射时间间隔 t_{sp} 可定义为

$$t_{sp} = t_{1c} - t_{1p} \tag{8-8}$$

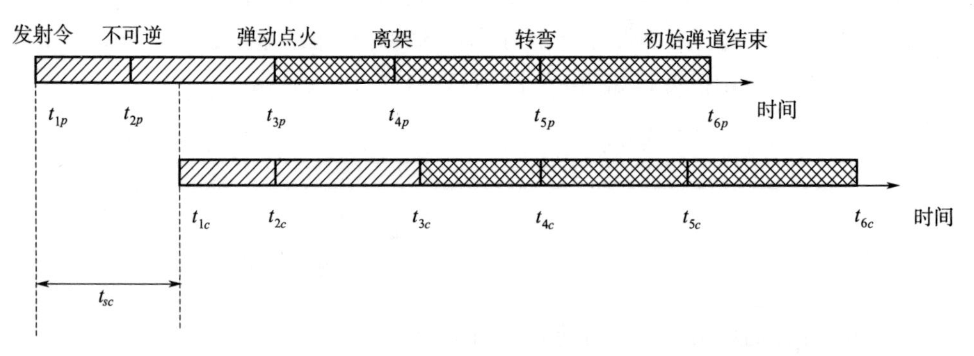

图 8－20　发射时间间隔的定义

下面分别讨论同心筒、公共燃气排导结构的共架发射系统发射时间间隔模型。

①针对同心筒结构

根据同心筒结构的共架发射系统空域协调的结果，发射时间间隔可分为以下 4 种

情况：

1）如果当前导弹与前一枚导弹“不相邻、不交叉”，则当前导弹点火必须在前一枚导弹离架且经过适当的时间延迟以后。假设延迟时间为 Δt_{δ} ，则发射时间间隔为

$$t_{sp} \geqslant (t_{4p} - t_{1p}) - (t_{3c} - t_{1c}) + \Delta t_{\delta} \tag{8-9}$$

2）如果当前导弹与前一枚导弹“相邻、不交叉”，则当前导弹点火必须在前一枚导弹开始转弯以后，即发射时间间隔为

$$t_{sp} \geqslant (t_{5p} - t_{1p}) - (t_{3c} - t_{1c}) \tag{8-10}$$

3）如果当前导弹与前一枚导弹“不相邻、交叉”，则当前导弹点火必须在前一枚导弹转弯且过预定的弹道交叉点以后。假设前一枚导弹从开始转弯到过预定弹道交叉点所需时间为 Δt_{pj} ，则发射时间间隔为

$$t_{sp} \geqslant (t_{5p} - t_{1p}) - (t_{3c} - t_{1c}) + \Delta t_{pj} \tag{8-11}$$

4）如果当前导弹与前一枚导弹“相邻、交叉”，则发射间隔时间取上述两式的最大值。即发射时间间隔为

$$t_{sp} \geqslant (t_{5p} - t_{1p}) - (t_{3c} - t_{1c}) + \Delta t_{pj} \tag{8-12}$$

注意：t_{sp} 可以为正，也可以为负。为正时，代表前一枚导弹先离架的情况下，当前导弹后接收发射令；为负时，代表前一枚导弹先离架的情况下，当前导弹先接收发射令但后离架。

因此，基于发射令控制的同心筒结构的共架发射系统发射时间间隔模型如图 8－21 所示。

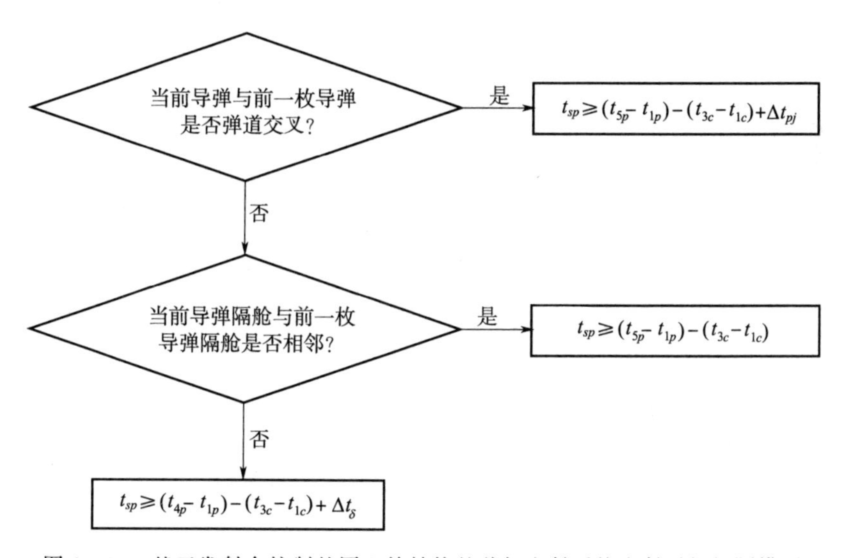

图 8－21　基于发射令控制的同心筒结构的共架发射系统发射时间间隔模型

②针对公共燃气排导结构

由上文的分析可知，在公共燃气排导结构的共架发射系统中，当某一隔舱武器发射出筒后隔舱盖还处于开启状态时，同模块内其他武器不能进入点火程序，直到武器离架且隔舱盖关闭为止。否则，燃气会从公共排气道和未关闭的隔舱口排出，引发危险。因此，该

系统的导弹发射时间间隔有其特殊性。

假设在发射时序模型中导弹离架且隔舱盖关闭时刻为 t_{cc} ，此时发射架设备管理系统向发射协调管理机发出“系统安全”信息，表示燃气排导对同模块发射的影响消失，此时发射导弹是安全的。

根据公共燃气排导结构的共架发射系统空域协调的结果，发射时间间隔可分为以下 4 种情况：

1）如果当前导弹与前一枚导弹“不同模块、不交叉”，则当前导弹点火必须在前一枚导弹离架且经过适当的时间延迟以后。假设延迟时间为 Δt_{δ} ，则发射时间间隔为

$$t_{sp} \geqslant (t_{4p} - t_{1p}) - (t_{3c} - t_{1c}) + \Delta t_{\delta} \tag{8-13}$$

2）如果当前导弹与前一枚导弹“不同模块、交叉”，则当前导弹点火必须在前一枚导弹转弯且过预定的弹道交叉点以后。假设前一枚导弹从开始转弯到过预定弹道交叉点所需的时间为 Δt_{pj} ，则发射时间间隔为

$$t_{sp} \geqslant (t_{5p} - t_{1p}) - (t_{3c} - t_{1c}) + \Delta t_{pj} \tag{8-14}$$

3）如果当前导弹与前一枚导弹“同模块、不交叉”，则当前导弹点火必须在前一枚导弹离架且隔舱盖关闭，即“系统安全”以后，则发射时间间隔为

$$t_{sp} \geqslant t_{ccp} - (t_{3c} - t_{1c}) \tag{8-15}$$

式中，t_{ccp} 代表前一枚导弹离架且隔舱盖关闭时刻，一般隔舱盖开启或关闭需要 3 s 的时间。

4）如果当前导弹与前一枚导弹“同模块、交叉”，则发射时间间隔取上述两式的最大值，即发射时间间隔为

$$\begin{aligned} t_{sp} &\geqslant (t_{5p} - t_{1p}) - (t_{3c} - t_{1c}) + \Delta t_{pj} \\ t_{sp} &\geqslant t_{ccp} - (t_{3c} - t_{1c}) \end{aligned} \tag{8-16}$$

注意：t_{sp} 可以为正，也可以为负。为正时，代表前一枚导弹先离架的情况下，当前导弹后接收发射令；为负时，代表前一枚导弹先离架的情况下，当前导弹先接收发射令但后离架。

因此，基于发射令控制的公共燃气排导结构的共架发射系统发射时间间隔模型如图 8-22 所示。

可以看出，上述两种发射时间间隔模型中都需要确定两个参数：一是离架后的延迟时间 Δt_{δ} ，二是从开始转弯到过预定弹道交叉点的时间 Δt_{pj} 。

对于延迟时间 Δt_{δ} ，主要是考虑发射时振动冲击的影响，可由多次试验的经验值确定。对于过弹道交叉点时间 Δt_{pj} ，主要有两种方法：一是建模仿真法，通过建立坐标系，用四元数表示坐标变换，对导弹垂直发射初始弹道进行建模仿真，从而得到弹道交叉点的位置和时间，在此不再赘述；二是解析法，见下文。

（3）解析法求过弹道交叉点时间

导弹的初始飞行弹道可以分为垂直上升段和转弯段。其中，在垂直上升段，导弹要经历从弹动到出筒离架、离架到垂直段结束两个阶段；在转弯段，导弹要经历从开始转弯到

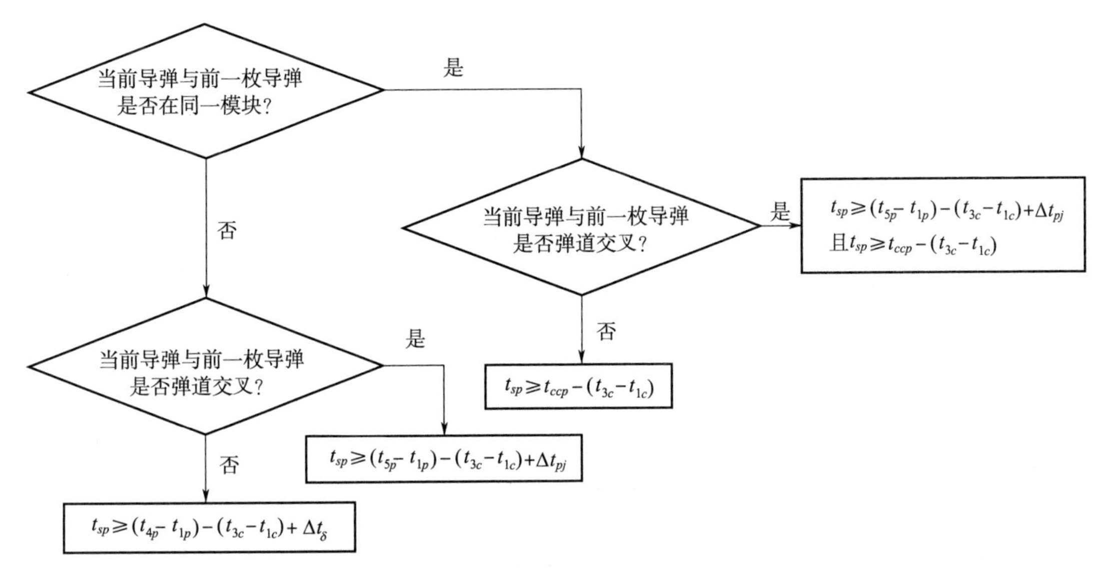

图 8-22　基于发射令控制的公共燃气排导结构的共架发射系统发射时间间隔模型

过弹道交叉点阶段。分别将导弹在这 3 个阶段的飞行时间设为 Δt_1，Δt_2，Δt_3，则导弹过弹道交叉点时间 $\Delta t=\Delta t_1+\Delta t_2+\Delta t_3$，表示从导弹点火到飞过弹道交叉点的时间。

① Δt_1 的求解

考虑到共架发射系统要适应“冷”“热”两种发射方式并存的情况，导弹在垂直上升段的飞行过程会因发射方式的不同而有区别。因此，对 Δt_1，Δt_2 的求解要分两种情况讨论。

“热”发射也称为自力发射，即导弹发动机在隔舱里点火，燃气通过发射装置的燃气烟道排出。优点是适合各种战术导弹的发射；缺点是燃气排导设备复杂，需要一套处理燃气流的安全设备。“冷”发射也称为外力发射或弹射，即导弹在隔舱里由气体助推器弹出，离开隔舱后一段时间，导弹发动机点火。优点是可免去燃气排导系统，设备简单，且发射后低速转弯控制方便，耗能少；缺点是冷发射所产生的动能有限，不适合大而重的导弹。

对于“热”发射导弹，Δt_1 主要与导弹的质量和发动机推力等有关，由导弹本身的性能决定。对于“冷”发射导弹，Δt_1 主要与导弹的质量和气体助推器弹力等有关，由导弹与弹射系统的性能决定。

② Δt_2 的求解

对于“热”发射导弹，由于导弹在垂直上升段飞行速度较慢，空气阻力比较小，导弹基本只受发动机推力和自身重力的作用，所以可认为导弹弹动后的短时间内在做匀加速运动。

假设导弹的出筒速度为 v，加速度为 a，导弹垂直向上飞行距离 h 后开始进入转弯段，则导弹从离架到垂直段结束所需的时间为

$$\Delta t_2=\frac{\sqrt{v^2+2ah}-v}{a} \tag{8-17}$$

对于“冷”发射导弹，导弹经弹射后先是无控飞行只受重力和空气阻力，垂直上升一段距离后发动机点火，在发动机推力的作用下导弹继续上升，随后进入转弯段。因此，导弹弹动后先做匀减速运动，后做匀加速运动。

假设导弹的出筒速度为 v ，无控段飞行距离为 h_1，发动机点火后加速度为 a ，飞行距离 h_2 后开始进入转弯段，则导弹从离架到垂直段结束所需的时间为

$$\Delta t_2=\frac{v-\sqrt{v^2-2gh_1}}{g}+\frac{\sqrt{v^2-2gh_1+2ah_2}-\sqrt{v^2-2gh_1}}{a} \tag{8-18}$$

③ Δt_3 的求解

如图 8-23 所示，在舰艇坐标系 $OXYZ$ 下假设所有隔舱顶盖平面都在同一个平面上，即忽略隔舱位置参数在 OZ 轴上的差异。设有任意两隔舱 c_i、c_j ，靠近舰艏方向的隔舱设为 1 号隔舱，较远的隔舱设为 2 号隔舱，隔舱 1、2 中分别发射导弹 1、2 打击目标 m_1、m_2。连接隔舱 1、2 成一条直线，以指向隔舱 1 的方向为正方向建立 Y' 轴，则 Y' 轴顺时针旋转到目标 m_1、m_2 对应导弹射击方位的角度分别为 β_1、β_2，β_1、$\beta_2\in[0°, 360°]$ 。

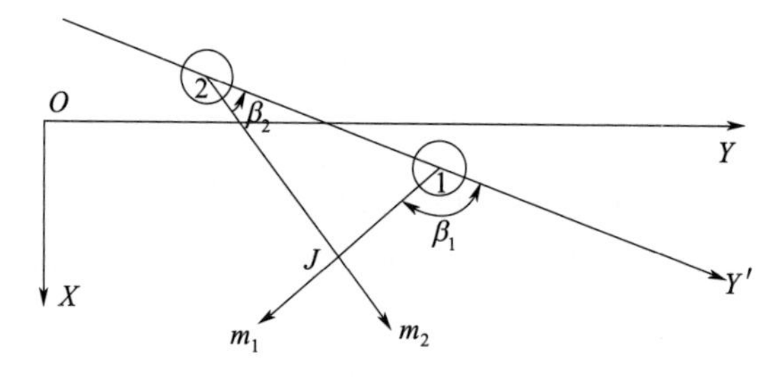

图 8-23 过弹道交叉点时间的求解

设隔舱 1、2 的距离为 d_{12} ，预定的弹道交叉点为 J ，导弹 1、2 转弯飞行时的平均速度分别为 v_1，v_2，速度在水平方向上的分量为 v_{1s} ，v_{2s} ，则导弹 1 从开始转弯到过弹道交叉点所需的时间为

$$\Delta t_{pj1}=\frac{d_{12}\sin\beta_2}{v_{1s}\sin(\beta_1-\beta_2)} \tag{8-19}$$

导弹 2 从开始转弯到过弹道交叉点所需的时间为

$$\Delta t_{pj2}=\frac{d_{12}\sin\beta_1}{v_{2s}\sin(\beta_1-\beta_2)} \tag{8-20}$$

则当导弹 1 先发射时，$\Delta t_3=\Delta t_{pj1}$ ；当导弹 2 先发射时，$\Delta t_3=\Delta t_{pj2}$ 。

(4) 发射优先级模型

在基于发射令控制的时域协调模式下，发射优先级模型是保证当几乎同时有多种类型导弹申请发射时，防空导弹比其他类型导弹更具有发射优先权。

当防空导弹申请发射时，发射协调管理机询问当前是否有非防空导弹接到发射令但未过不可逆状态，如果有，则发射协调管理机向非防空导弹发出禁止发射命令，同时向防空

导弹发出允许发射命令，即防空导弹发射优先；如果非防空导弹接到发射令且已过不可逆状态，则非防空导弹必须先发射，经过适当的发射时间间隔后防空导弹可发射。图 8 - 24 所示为防空导弹发射优先示意图。

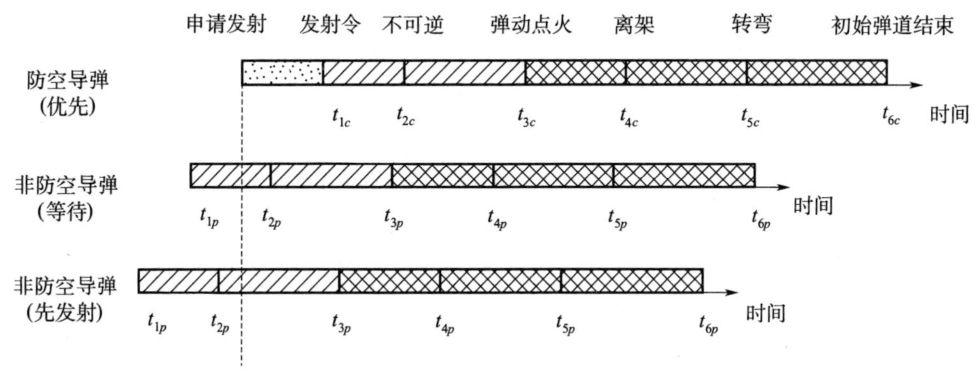

图 8 - 24　防空导弹发射优先示意图

发射优先级模型如图 8 - 25 所示。

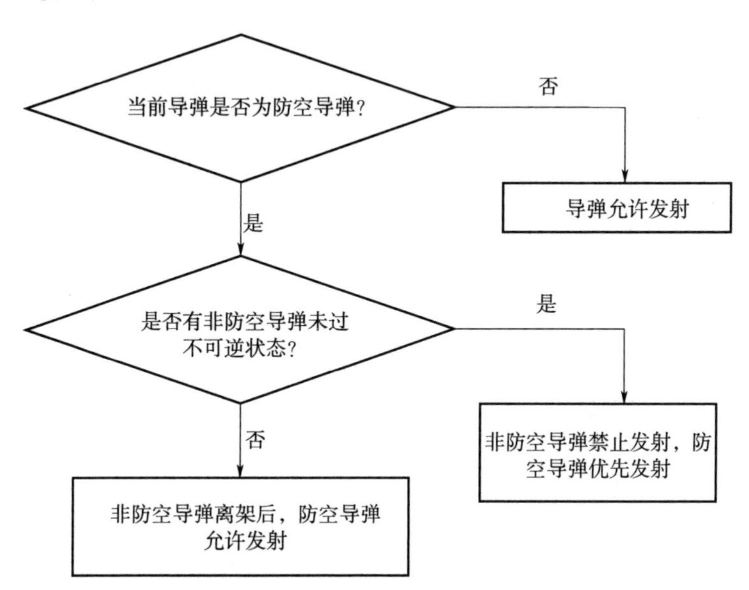

图 8 - 25　发射优先级模型

五、基于点火授权的时域协调方法

(1) 发射时序模型

在点火授权的模式下，从导弹的发射准备到发射离架是自动、连续的过程，不需人为干预，是发射协调管理机通过控制点火授权自动地对导弹发射时域进行协调。基于点火授权的发射时序通用模型如图 8 - 26 所示。

可以看出，武器的发射时序可分为以下 3 个阶段：

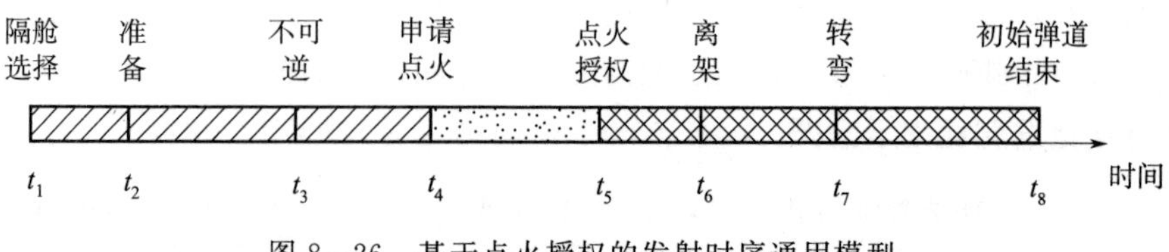

图 8－26　基于点火授权的发射时序通用模型

第 1 阶段：发射准备阶段（$t_1 \sim t_4$）

武控台在发射协调管理机空域协调结果的建议下，确认选择隔舱并对隔舱内导弹进行发射准备：由舰上系统向导弹加电，弹上设备进行射前检查，导弹准备，导弹电池激活，导弹初始化等。一般地，导弹电池激活则进入不可逆发射过程。初始化后，导弹准备好，向发射协调管理机发送“申请点火”指令。

第 2 阶段：点火授权阶段（$t_4 \sim t_5$）

发射协调管理机根据时域协调结果，对“申请点火”导弹给予“授权”或“拒绝”命令。一旦得到点火授权，导弹进入下一阶段，即弹动、离架，否则导弹重新初始化等待。

第 3 阶段：初始飞行阶段（$t_5 \sim t_8$）

导弹得到点火授权后，从弹动开始进入初始飞行阶段。导弹弹动的同时，剪断挡弹销及电连接插头，此时作为飞行计时零点；随后导弹冲破发射箱易碎盖离架；导弹离架后展开折叠舵，先垂直上升，随后根据姿态控制系统的控制指令，由燃气舵和空气舵的联合作用，控制导弹滚转、拐弯，数秒后转到预定姿态与航向，初始弹道结束。

(2) 发射时间间隔模型

在基于点火授权的时域协调模式下，发射协调管理机是通过控制点火授权自动地对导弹发射时域进行协调，因此，发射时间间隔是指第一枚导弹接到点火授权到第二枚导弹接到点火授权的时间间隔，也可称为点火时间间隔。

如图 8－27 所示，假设前一枚导弹发射时序为 t_{1p} ，t_{2p} ，…，t_{8p} ，当前导弹发射时序为 t_{1c} ，t_{2c} ，…，t_{8c} ，则发射时间间隔 t_{sp} 可定义为

$$t_{sp} = t_{5c} - t_{5p} \tag{8-21}$$

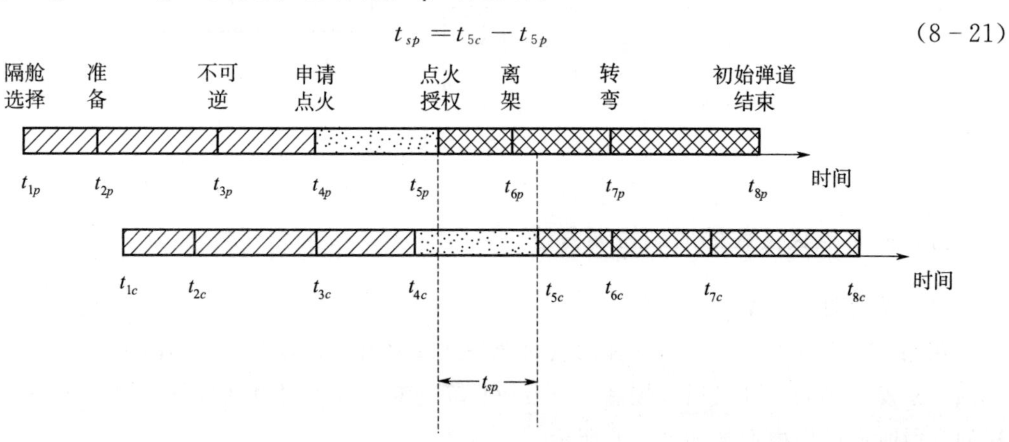

图 8－27　发射时间间隔的定义

下面分别讨论同心筒、公共燃气排导结构的共架发射系统发射时间间隔模型。

①针对同心筒结构

根据同心筒结构的共架发射系统空域协调的结果，发射时间间隔可分为以下 4 种情况：

1）如果当前导弹与前一枚导弹“不相邻、不交叉”，则当前导弹点火必须在前一枚导弹离架且经过适当的时间延迟以后。假设延迟时间为 Δt_{δ}，则发射时间间隔为

$$t_{sp} \geqslant t_{6p} - t_{5p} + \Delta t_{\delta} \tag{8-22}$$

2）如果当前导弹与前一枚导弹“相邻、不交叉”，则当前导弹点火必须在前一枚导弹开始转弯以后，即发射时间间隔为

$$t_{sp} \geqslant t_{7p} - t_{5p} \tag{8-23}$$

3）如果当前导弹与前一枚导弹“不相邻、交叉”，则当前导弹点火必须在前一枚导弹转弯且过预定的弹道交叉点以后。假设前一枚导弹从开始转弯到过预定弹道交叉点所需的时间为 Δt_{pj}，则发射时间间隔为

$$t_{sp} \geqslant t_{7p} - t_{5p} + \Delta t_{pj} \tag{8-24}$$

4）如果当前导弹与前一枚导弹“相邻、交叉”，则发射间隔时间取上述两式的最大值，即发射时间间隔为

$$t_{sp} \geqslant t_{7p} - t_{5p} + \Delta t_{pj} \tag{8-25}$$

因此，基于点火授权的同心筒结构的共架发射系统发射时间间隔模型如图 8－28 所示。

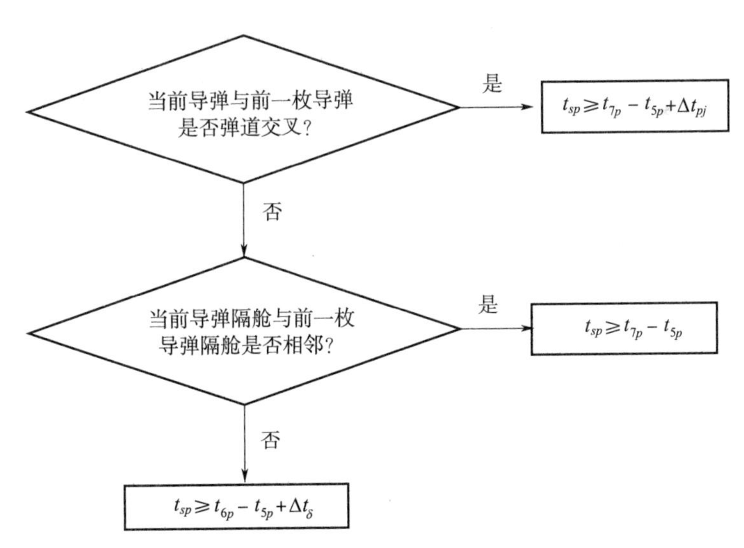

图 8－28　基于点火授权的同心筒结构的共架发射系统发射时间间隔模型

②针对公共燃气排导结构

根据公共燃气排导结构的共架发射系统空域协调的结果，发射时间间隔可分为以下 4 种情况：

1）如果当前导弹与前一枚导弹“不同模块、不交叉”，则当前导弹点火必须在前一枚

导弹离架且经过适当的时间延迟以后。假设延迟时间为 Δt_{δ} ，则发射时间间隔为

$$t_{sp} \geqslant t_{6p} - t_{5p} + \Delta t_{\delta} \tag{8-26}$$

2）如果当前导弹与前一枚导弹“不同模块、交叉”，则当前导弹点火必须在前一枚导弹转弯且过预定的弹道交叉点以后。假设前一枚导弹从开始转弯到过预定弹道交叉点所需的时间为 Δt_{pj} ，则发射时间间隔为

$$t_{sp} \geqslant t_{7p} - t_{5p} + \Delta t_{pj} \tag{8-27}$$

3）如果当前导弹与前一枚导弹“同模块、不交叉”，则当前导弹点火必须在前一枚导弹离架且隔舱盖关闭，即“系统安全”以后，则发射时间间隔为

$$t_{sp} \geqslant t_{ccp} - t_{5p} \tag{8-28}$$

其中，t_{ccp} 代表前一枚导弹离架且隔舱盖关闭时刻，一般隔舱盖开启或关闭需要 3 s 的时间。

4）如果当前导弹与前一枚导弹“同模块、交叉”，则发射间隔时间取上述两式的最大值，即发射时间间隔为

$$\begin{aligned} t_{sp} &\geqslant t_{7p} - t_{5p} + \Delta t_{pj} \\ t_{sp} &\geqslant t_{ccp} - t_{5p} \end{aligned} \tag{8-29}$$

因此，基于点火授权的公共燃气排导结构的共架发射系统发射时间间隔模型如图 8-29 所示。

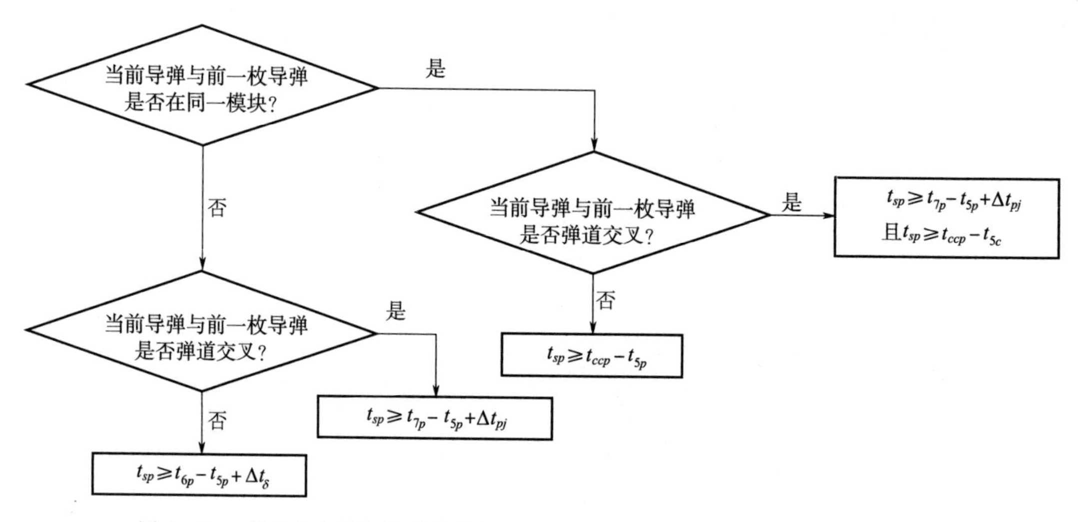

图 8-29 基于点火授权的公共燃气排导结构的共架发射系统发射时间间隔模型

（3）发射优先级模型

在基于点火授权的时域协调模式下，发射优先级模型是保证当几乎同时有多种类型导弹申请点火时，防空导弹比其他类型导弹更具有发射优先权。

如果申请点火的是防空导弹，则发射协调管理机立即授权点火；如果申请点火的是非防空导弹，则进一步判断当前是否有防空导弹已过不可逆状态，如果有，则发射协调管理机向申请点火的非防空导弹发出等待命令，而一旦防空导弹发射准备好提出申请点火时，

立即给予点火授权，即防空导弹发射优先；如果防空导弹未过不可逆状态，则向非防空导弹授权点火，防空导弹必须后发射。图 8－30 所示为防空导弹发射优先示意图。

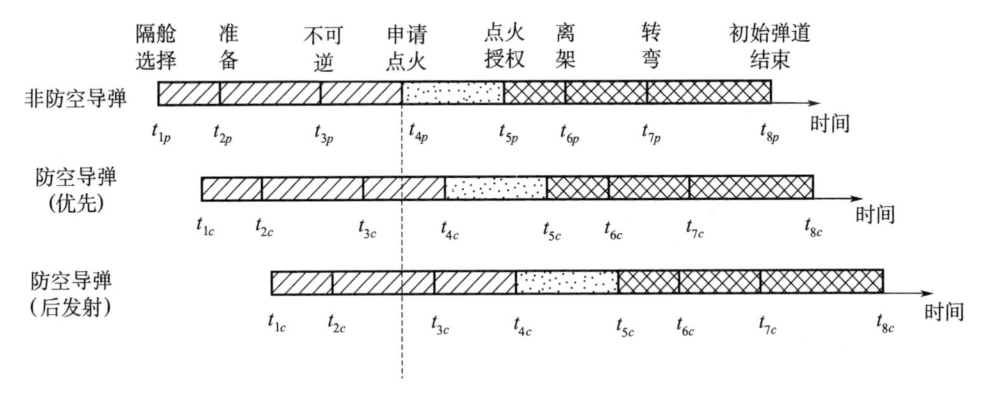

图 8－30　防空导弹发射优先示意图

发射优先级模型如图 8－31 所示。

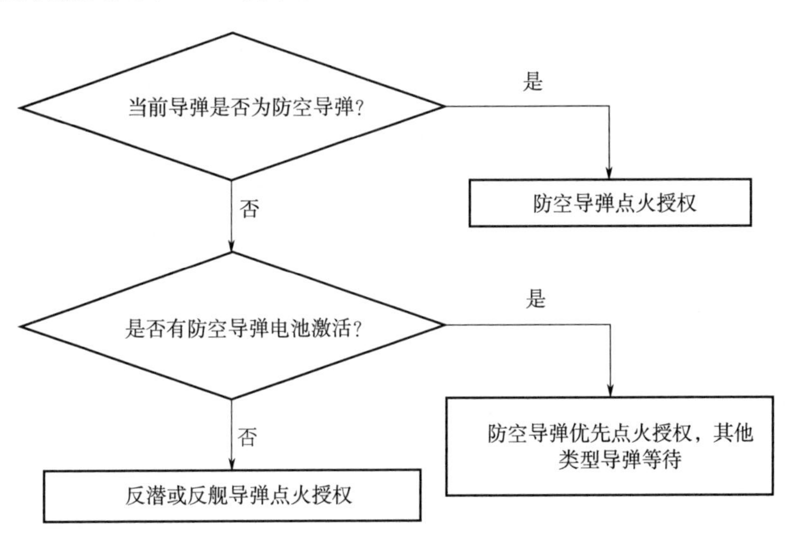

图 8－31　发射优先级模型

六、算例与分析

算例 1 用于验证基于同心筒结构的共架发射系统发射时域协调方法。

假设某共架发射系统中武器 A 和武器 B 发射时序分别如图 8－32 和图 8－33 所示。其中，武器 A 在发射控制阶段电池激活、射击诸元装定、筒弹解锁、安全保险解除、发动机点火、火箭助飞鱼雷开始弹动用时 8 s；在初始飞行阶段，从弹动到飞离发射筒即离架用时 0.9 s，在飞行阶段的第 6 s 转到预定姿态与航向。武器 B 在发射控制阶段安全保险解除、筒弹解锁、电池激活、弹动点火用时 2 s；在初始飞行阶段，从弹动到离架用时 0.36 s，在飞行阶段的第 4 s 转到预定姿态与航向。

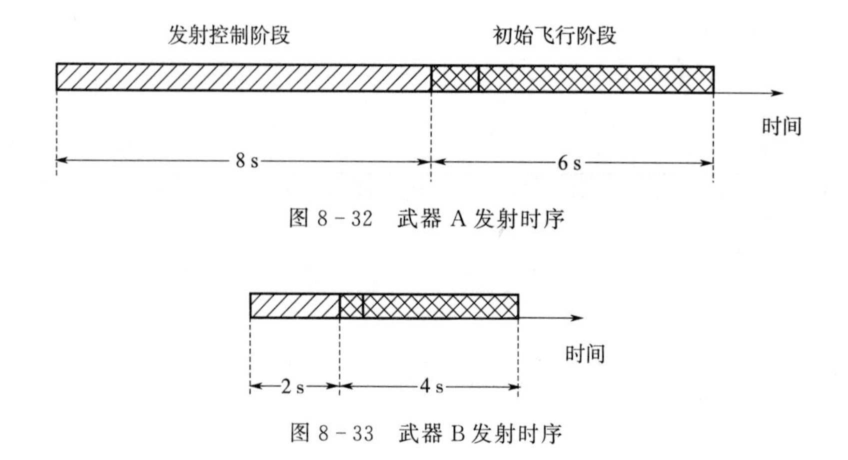

图 8-32　武器 A 发射时序

图 8-33　武器 B 发射时序

假设武器 A 的出筒速度为 15 m/s，加速度为 17 m/s^2，武器 B 的出筒速度为 30 m/s，加速度为 83 m/s^2，两者都是垂直向上飞行 45 m 后开始进入转弯段。

假设武器 A，B 分别打击目标 m_1，m_2，其隔舱连线形成的 Y' 轴顺时针旋转到目标 m_1，m_2 对应射击方位的角度分别为 $\beta_1=60°$、$\beta_2=30°$，转弯飞行时速度在水平方向上的分量是速度值的 1/10。隔舱不相邻时隔舱距离为 6 m，隔舱相邻时隔舱距离为 1 m。

运用同心筒结构的发射时间间隔模型并采用解析法求过弹道交叉点时间，可以得到基于发射令控制的发射时间间隔，即发射令时间间隔，与基于点火授权的发射时间间隔，即点火时间间隔，见表 8-6。

从表 8-6 中可以看出，在保证武器 A 先离架的条件下，当武器 A 与武器 B“不相邻、不交叉”时，则武器 A 在按下发射按钮 7.4 s 后允许武器 B 发射；当武器 A 与武器 B“相邻、不交叉”时，则武器 A 在按下发射按钮 8.48 s 后允许武器 B 发射；当武器 A 与武器 B“不相邻、交叉”时，则武器 A 在按下发射按钮 9.91 s 后允许武器 B 发射；当武器 A 与武器 B“相邻、交叉”时，则武器 A 在按下发射按钮 8.72 s 后允许武器 B 发射。

表 8-6　发射时间间隔

	武器 A 先离架		武器 B 先离架	
	发射令时间间隔/s	点火时间间隔/s	发射令时间间隔/s	点火时间间隔/s
不相邻，不交叉	7.4	1.4	−5.14	0.86
相邻，不交叉	8.48	2.48	−4.9	1.1
不相邻，交叉	9.91	3.91	−4.24	1.76
相邻，交叉	8.72	2.72	−4.79	1.21

在保证武器 B 先离架的条件下，当武器 B 与武器 A“不相邻、不交叉”时，则武器 A 在按下发射按钮后的 0～5.14 s 允许武器 B 发射；当武器 B 与武器 A“相邻、不交叉”时，则武器 A 在按下发射按钮后的 0～4.9 s 允许武器 B 发射；当武器 B 与武器 A“不相邻、交叉”时，则武器 A 在按下发射按钮后的 0～4.24 s 允许武器 B 发射；当武器 B 与武器 A“相邻、交叉”时，则武器 A 在按下发射按钮后的 0～4.79 s 允许武器 B 发射。

由此可以得到武器 A 发射时序轴上的武器 B 发射窗口，如图 8－34～图 8－37 所示。

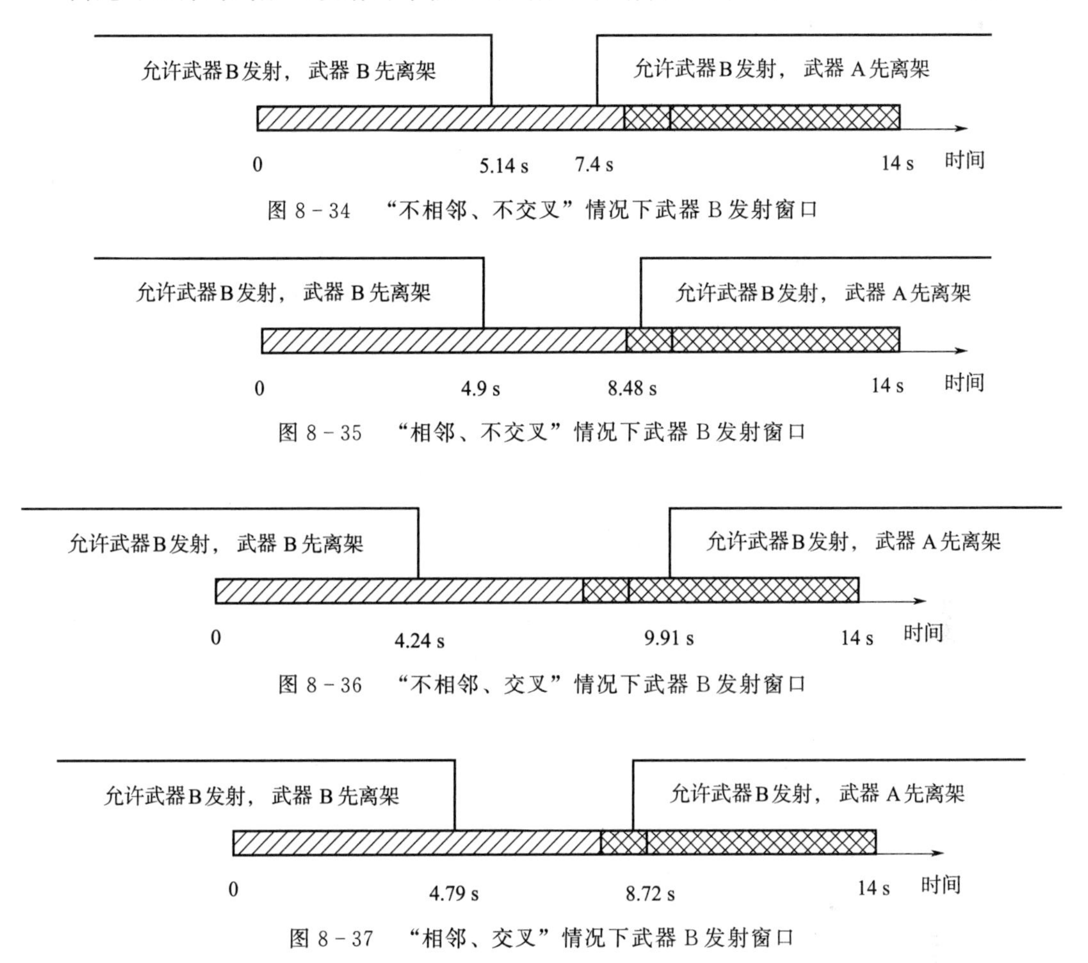

图 8－34　“不相邻、不交叉”情况下武器 B 发射窗口

图 8－35　“相邻、不交叉”情况下武器 B 发射窗口

图 8－36　“不相邻、交叉”情况下武器 B 发射窗口

图 8－37　“相邻、交叉”情况下武器 B 发射窗口

算例 2 用于验证基于公共燃气排导结构的共架发射系统发射时域协调方法。

假设某共架发射系统中武器 A 和武器 B 发射时序及相关参数与算例 1 中相同。

运用公共燃气排导结构的发射时间间隔模型并采用解析法求过弹道交叉点时间，可以基于点火授权的发射时间间隔，即点火时间间隔，见表 8－7。

表 8－7　发射时间间隔

	武器 A 先离架	武器 B 先离架
	点火时间间隔/s	点火时间间隔/s
不同模块，不交叉	1.4	0.86
同模块，不交叉	3.9	3.36
不同模块，交叉	3.91	1.76
同模块，交叉	3.91	3.36

分析算例 1、算例 2 的结果并进行比较，得到以下结论：

1）对于同心筒结构的共架发射系统，当选择“相邻”或“交叉”的导弹发射时，发射时间间隔会增加，可见武器发射受燃气排导和初始弹道交叉的影响都较大。且发射令时间间隔与导弹发射时序有关，发射时序时间差别越大，发射令时间间隔越大；点火时间间隔与离架时间有关。

2）对于公共燃气排导结构的共架发射系统，当选择“同模块”的导弹发射时，发射时间间隔大大增加，可见武器发射受公共燃气排导的影响很大，提出的武器选择原则时尽量在不同模块内选弹是正确的。

3）同心筒结构比公共燃气排导结构的共架发射系统的平均发射时间间隔要小。主要原因是公共燃气排导结构同模块内选弹导致发射时间间隔大大增加，这是由系统结构本身决定的，不易克服和改变，同时也说明了同心筒结构的优越性。

思考题

1. 发射协调的含义是什么？在什么情况下必须进行发射协调？

2. 空域协调的影响因素主要表现在哪些方面？

3. 对同心筒结构、公共燃气排导结构的共架发射系统，其空域协调的主要原则分别有哪些？

4. 如何判断多枚导弹的初始飞行弹道是否交叉？你能提出哪些方法？

5. 时域协调的基本原则是什么？什么情况下要进行时域协调？

6. 发射时序模型主要分为哪几个阶段？

7. 对于不同类型导弹发射，一般应如何考虑它们的发射优先级？

8. 发射协调不拘泥于一种方法，除了课本上介绍的方法，你还能提出哪些发射协调方法？

参考文献

[1] 瞿军，刘林密．海军导弹发射技术［M］．北京：兵器工业出版社，2015.

[2] 邱志明，王书满，刘方．舰载通用垂直发射技术概论［M］．北京：兵器工业出版社，2014.

[3] 于存贵，王惠方，任杰．火箭导弹发射技术进展［M］．北京：北京航空航天出版社，2015.

[4] 陆欣．新概念武器发射原理［M］．北京：北京航空航天出版社，2015.

[5] 朱坤．导弹水下发射技术［M］．北京：中国宇航出版社，2018.

[6] 倪火才．潜地弹道导弹发射装置［M］．哈尔滨：哈尔滨工程大学出版社，1998.

[7] 高明坤，宋廷伦．火箭导弹发射装置构造［M］．北京：北京理工大学出版社，1996.

[8] 李建林，赵占辉，王瑞臣．美国 MK41 导弹垂直发射系统技术发展状况分析［J］．飞航导弹，2005（9）：22-32.

[9] 李伟波，徐海锋，曹延杰，等．舰载导弹垂直发射系统技术及发展研究［J］．飞航导弹，2012（9）：66-70.

[10] 邓涛．从通用垂发到冷热共架［J］．舰船知识，2013（6）：62-66.

[11] 倪火才．潜载导弹水下发射技术的发展趋势分析［J］．舰载武器，2001（1）：8-16.

[12] 倪火才．潜载巡航导弹及其水下发射技术的发展［J］．舰载武器，1999（3）：1-6.

[13] 倪火才．潜对空导弹及其水下发射技术的发展［J］．舰载武器，2000（3）：9-14.

[14] 高娜．导弹水下发射内流场的数值模拟［D］．哈尔滨：哈尔滨工程大学，2007.

[15] 倪火才．潜载飞航导弹发射技术的发展［J］．舰载武器，1997（4）：7-16.

[16] 杨志宏，李志阔．巡航导弹水下发射技术综述［J］．飞航导弹，2013（6）：37-38.

[17] 姚昌仁，张波．火箭导弹发射装置设计［M］．北京：北京理工大学出版社，1998.

[18] 李喜仁．防空导弹发射装置［M］．北京：中国宇航出版社，1993.

[19] 吕佐臣．飞航导弹发射装置［M］．北京：中国宇航出版社，1996.

[20] 姜毅，史少岩，牛钰森，等．发射气体动力学［M]. 北京：北京理工大学出版社，2015.

[21] 贺卫东，常晓权，党海燕．航天发射装置设计［M]. 北京：北京理工大学出版社，2015.

[22] 刘方，姜志博，马志刚，等. 基于同心筒结构的共架发射系统武器发射空域协调方法［J]. 海军工程大学学报，2015（2）：86-89.

[23] 刘方，姜志博，马志刚，等. 基于同心筒结构的共架发射系统武器发射时域协调方法［J]. 海军工程大学学报，2014（4）：67-70.

[24] 刘方，辜健，邱志明，等. 基于公共燃气排导结构的共架发射系统武器选择与布局方法［J]. 海军工程大学学报，2012（2）：53-56.

[25] 刘方，邱志明，马溢清，等. 多类型舰载武器共架发射弹位选择策略［J]. 舰船科学技术，2011（5）：87-90.

[26] 常卫伟，孙明芳. 导弹垂直发射装置 [J]. 舰载武器，2001 (3)：16 - 20.

[27] 郑宏建. 舰载导弹发射装置发展趋势——通用化垂直发射装置 [J]. 飞航导弹，2003 (4)：24 - 27.

[28] 王富宾，方立恭. 舰载导弹共架垂直发射技术现状及发展趋势 [J]. 飞航导弹，2003 (10)：27 - 29.

[29] 郑宏建，张爱华. 舰载导弹的共架发射 [J]. 上海航天，2004 (5)：44 - 47.

[30] 郑宏建，于丽颖. 舰载导弹系统共架发射特点分析 [J]. 飞航导弹，2004 (7)：32 - 34.

[31] 郑宏建，孙有田. 舰载导弹垂直发射与安全性分析 [J]. 飞航导弹，2009 (2)：16 - 19.

[32] 吕晓红. 国外舰载战术导弹垂直发射装置 [J]. 现代军事，2001 (10)：34 - 37.

[33] 刘小平. 舰载导弹垂直发射技术 [J]. 现代舰船，2005 (6)：39 - 41.

[34] 常卫伟. 舰载导弹垂直发射系统综述 [J]. 舰载武器，2002 (4)：47 - 51.

[35] 朱军. 舰载导弹垂直发射装置的新进展 [J]. 中国航天，2002 (8)：40 - 43.

[36] 郑宏建，谷荣亮，李守仁，等. 舰载导弹共架发射技术的应用分析 [J]. 导弹与航天运载技术，2005 (4)：57 - 61.

[37] LOCKHEED MARTIN. Critical Item Development Specification for Vertical Launching System MK41 Launch Sequencer [R] . Naval Surface Warfare Center of USA，2000.

[38] 李建林，赵占辉，王瑞臣. 美国 MK41 导弹垂直发射系统技术发展状况分析 [J]. 飞航导弹，2005 (9)：22 - 24.

[39] 孙明芳，常卫伟 . 同心筒式导弹发射装置 [J] . 舰载武器，2000 (2)：16 - 18.

[40] 张玲翔 . 同心筒式发射装置 [J] . 飞航导弹，1999 (5)：28 - 31.

[41] LOCKHEED MARTIN. Software Requirements Specification for the MK41 Vertical Launching System Baseline Ⅵ/Ⅶ Launch Control Computer Program [R] . Naval Surface Warfare Center of USA，2000.

[42] 谷荣亮，朱志华，庄彦. 箱式垂直发射装置燃气流排导 [J]. 战术导弹技术，2001 (6)：46 - 49.

[43] 苗佩云，袁曾凤. 同心发射筒结构及参数研究 [J]. 弹箭与制导学报，2005，25 (1)：359 - 361.

[44] 苗佩云，袁曾凤. 同心发射筒燃气开盖技术 [J]. 北京理工大学学报，2004，24 (4)：283 - 285.

[45] 苗佩云，袁曾凤 . 同心筒式发射时筒内流场机理及内外筒间隙的影响 [J] . 战术导弹技术，2006 (1)：8 - 13.

[46] 蔺翠郎，毕世华 . 同心发射筒内燃气流温度场的数值模拟 [J] . 弹箭与制导学报，2007，27 (5)：160 - 162.

[47] 蔺翠郎，毕世华 . 同心筒发射装置导弹燃气流热效应数值模拟 [J] . 弹箭与制导学报，2008，28 (3)：193 - 195.

[48] 刘琦，傅德彬，姜毅，等 . 同心筒发射装置燃气射流流场非定常数值模拟 [J] . 弹箭与制导学报，2004，24 (3)：161 - 163.

[49] 傅德彬，姜毅，陈建伟，等 . 同心筒自力发射燃气排导优化设计 [J] . 弹箭与制导学报，2004，24 (3)：42 - 45.

[50] 姜毅，郝继光，刘群 . 同心筒垂直发射装置排导燃气流的改进 [J] . 北京理工大学学报，2007，27 (2)：95 - 98.

[51] 姜毅，郝继光，傅德彬，等．新型“引射同心筒”垂直发射装置理论及试验研究［J］．宇航学报，2008，29（1）：236－241.

[52] 杨春英，李艳良，郜冶，等．同心发射筒出口导流板设计的数值模拟［J］．弹箭与制导学报，2006，26（2）：25－29.

[53] 熊永亮，郜冶，李燕良．同心筒发射中旁泄流影响的数值研究［J］．弹箭与制导学报，2007，27（4）：194－197.

[54] 何朝勋，戴宗妙．同心筒式发射装置燃气排导研究［J］．舰船科学技术，2007，29（S1）：71－75.

[55] 许羚．垂直发射装置内流场数值模拟［D］．哈尔滨：哈尔滨工程大学，2007.

[56] 徐文奇．垂直发射装置中燃气两相冲击流场数值研究［D］．哈尔滨：哈尔滨工程大学，2007.

[57] 韩煜宇，吴利民．燃气流公共排导和同心筒技术在舰载导弹垂直发射装置中的应用分析［J］．舰船科学技术，2007，29（S1）：76－78.

[58] NULL G L. Computer Simulation of the Missile Launcher with a Fire in an Adjacent Compartment［J］. Journal of the Operational Research Society，2005，23（5）：34－38.

[59] 文戎，曹邦武，薛晓瑜. 光学干扰条件下电视导引头作用距离研究［J］. 弹箭与制导学报，2003，23（2）：245－248.

[60] 徐明友. 现代外弹道学［M］. 北京：兵器工业出版社，1999.

[61] 赵新生，舒敬荣. 弹道解算理论与应用［M］. 北京：兵器工业出版社，2006.

[62] 陈罗婧，刘莉. 旋转飞行器刚体弹道模型中起始扰动的变换［J］. 弹箭与制导学报，2006，26（2）：100－102.

[63] SREEKUMAR K，RAMCHANDANI. Launch Stabilization System for Vertical Launch of a Missile［J］. Defence Science Journal，2005，55（3）：223－230.

[64] 童勇. 初始段扰动对防空导弹弹道参数的影响［J］. 战术导弹控制技术，2006（1）：27－29.

[65] 李军良．现代大规模火力突击中火力配置方法研究［D］．哈尔滨：哈尔滨工业大学，2007.

[66] 杨其，李军良，江光德，等．弹道平面交叉算法［J］．火力与指挥控制，2009，34（4）：54－56.

[67] 李亦伟，邢昌风．射面交叉分析及武器控制方法研究［J］．海军工程大学学报，2007，19（3）：94－97.

[68] 李亦伟，杨文亮．水面舰艇火力兼容技术研究［J］．舰船电子工程，2009，29（1）：21－33.

[69] 张晓锋，王瑞瑜，邢昌风．舰艇编队防空火力射击冲突问题研究［J］．指挥控制与仿真，2008，30（2）：51－54.

[70] 桂秋阳，邱志明．垂直发射武器与舰炮武器火力交叉的判断［J］．系统仿真学报，2008，20（1）：33－36.

[71] 桂秋阳，邱志明．基于垂直发射武器的火力兼容控制模型研究［J］．指挥控制与仿真，2007，29（1）：28－30.

[72] 桂秋阳，邱志明．基于垂直发射武器的火力交叉判断模型［J］．兵工学报，2008，29（11）：1373－1378.

[73] 李敬堂. 舰载导弹发射装置结构与设计［M］. 哈尔滨：哈尔滨工程大学出版社，2006.

[74] 赵春明，万祥. 防空导弹共架发射技术研究［J］. 国防技术基础，2006（5）：38－40.

[75] 赵兵，韩华亭，刘军锋. 防空导弹共架发射技术发展思考［J］. 飞航导弹，2007（1）：28－30.

[76] SOLIS R. An Analysis of the Vertical Launch Phase of a Missile Concept [J]. Simulation Practice and Theory, 2001 (18): 33-37.

[77] SOLIS R. An Analysis of the Vertical Launch Phase of a Missile Concept [J] . Journal of Guidance Control and Dynamics, 1999, 22 (3): 8-9.

[78] 戴自立，谢荣铭，虞汉民. 现代舰载作战系统 [M]. 北京：兵器工业出版社，1990.

[79] 吴枕江，刘雨. 指挥控制系统分析概论 [M]. 长沙：国防科技大学出版社，1992.

[80] 王晓铭，臧晓惠. 基于共架发射的通用化发控系统的集成设计 [J]. 海军航空工程学院学报，2008，23 (4)：391-394.

[81] 邢清华，王颖龙，刘付显. 多型号武器的目标优化分配问题研究 [J]. 空军工程大学学报，2003，4 (1)：22-25.

[82] 张雷，张金成. 基于神经网络的防空武器多目标火力分配模型 [J]. 系统工程与电子技术，1999，21 (11)：58-61.

[83] LEE Z J, LEE C Y, SU S F. An Immunity-Based Ant Colony Optimization Algorithm for Solving Weapon-Target Assignment Problem [J]. Applied Soft Computing, 2002, 2 (1): 39-47.

[84] JOSE B CRUZ, JR, GENSHE CHEN, et al. Particle Swarm Optimization for Resource Allocation in UAV Cooperative Control [C]. AIAA Guidance Navigation and Control Conference and Exhibit Providence, RI, USA, 2004: 1-11.

[85] 鲜勇，雷刚. 导弹弹道及火力圈的三维显示 [J]. 火力与指挥控制，2004，28 (6)：120-125.

[86] 王航宇，王世杰，李鹏. 舰载火控原理 [M]. 北京：国防工业出版社，2006.

[87] CLERC M, KENNEDY J. The Particle Swarm - Explosion, Stability and Convergence in a Multidimensional Complex Space [J]. IEEE Transactions on Evolutionary Computation, 2002, 6 (1): 58-73.

[88] FONSECA C M, FLEMING P J. An Overview of Evolutionary Algorithms in Multi-objective Optimization [J]. Evolutionary Computation, 1995 (3): 1-16.

[89] KEWLEY R H, EMBRECHTS M J. Computational Military Tactical Planning System [J]. IEEE Transactions on System, Man and Cybernetic, 2002 (32): 161-171.

[90] LOCKHEED MARTIN. Prime Item Development Specification Fixed Equipment Aboard the Ship for MK 41 Vertical Launching System [R] . Naval Surface Warfare Center of USA, 2000.

[91] LOCKHEED MARTIN. Common Appendix to Weapon Control System and Vertical Launching System Interface Design Specifications [R] . Naval Surface Warfare Center of USA, 2000.

[92] 张延风. 垂直发射转弯导弹技术探讨 [J]. 弹箭与制导学报，1997 (3)：56-60.

[93] 秦小丽，陈国光. 垂直发射导弹转弯控制系统初探 [J]. 机械管理开发，2006 (5)：18-20.

[94] 陈磊，周伯昭. 攻防对抗中弹道仿真的设计与实现 [J] . 现代防御技术 . 1999，27 (1)：31-35.

[95] 孟海东，廖洪昌，郭荆燕，等. 飞航导弹齐射发射时间的一种快速规划算法 [J]. 火力与指挥控制，2009，34 (9)：106-109.

[96] 王悦，王昌金，彭智. 基于排队论的共架发射系统模型 [J]. 计算机与数字工程，2010 (3)：64-66.

[97] 傅德彬，刘琦. 导弹发射过程数值模拟 [J]. 弹道学报，2004，16 (3)：11-15.

[98] UWE R，ROSEMARIE M. CFD Simulation of the Flow Through a Fluidic Element [J]. Aerospace Science Technology，2000 (4)：111－123.

[99] 高明坤，宋廷伦. 火箭导弹发射装置构造 [M]. 北京：北京理工大学出版社，1996.

[100] 方群. 导弹飞行力学 [M]. 西安：西北工业大学出版社，1996.

[101] 吕学富. 飞行器飞行力学 [M]. 西安：西北工业大学出版社，1996.

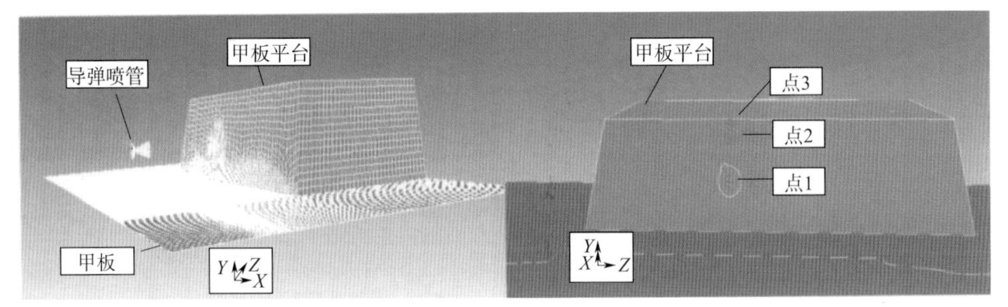

(a)船体甲板上部导弹及船体主要设备　　(b)监测点设置

图 3－12　舰面物理模型（P35）

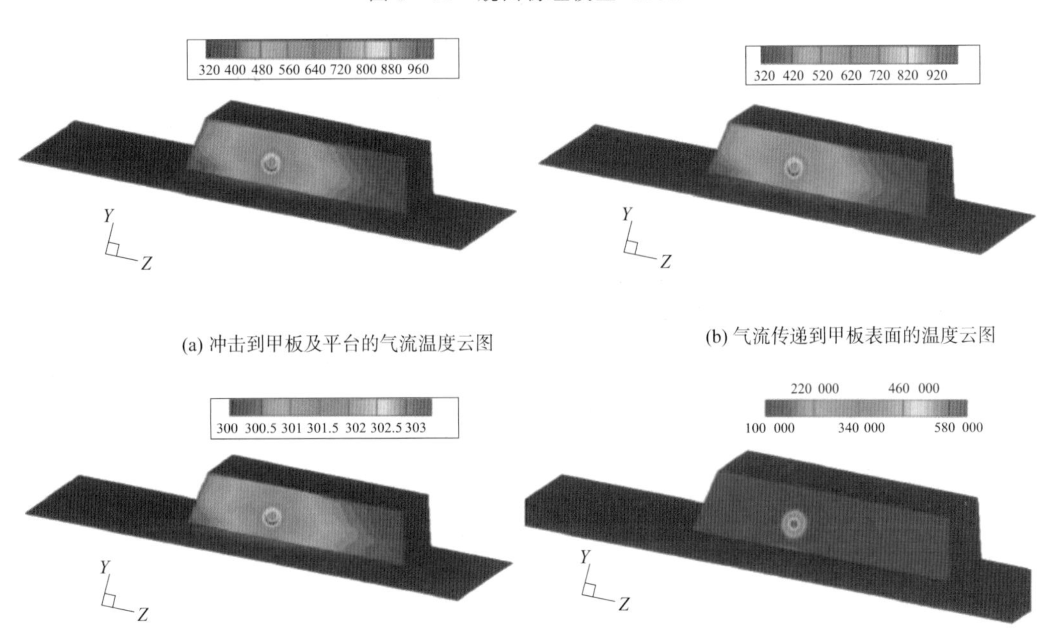

(a) 冲击到甲板及平台的气流温度云图　　(b) 气流传递到甲板表面的温度云图

(c) 经过100 ms后甲板底部的温升云图　　(d) 甲板及平台表面的压力云图

图 3－13　舰面燃气流特性云图（P36）

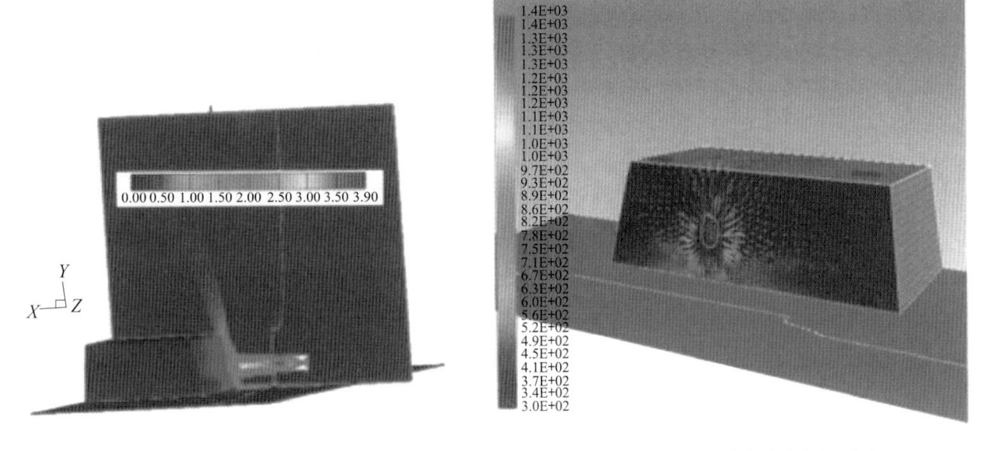

(a) 燃气流冲击作用速度等值线图　　(b) 甲板及平台气流速度矢量图

图 3－14　燃气流冲击甲板表面速度分布（P37）

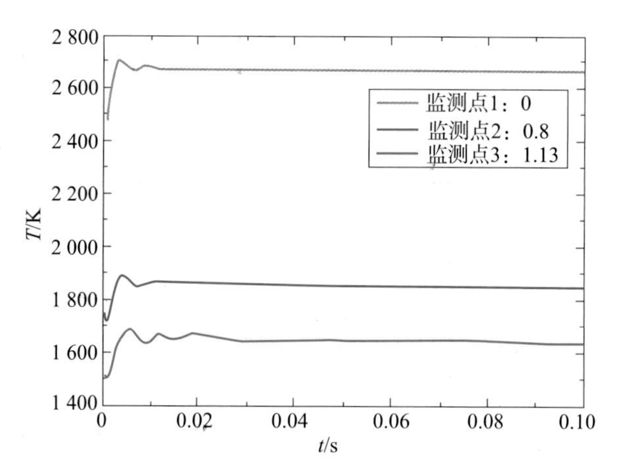

图 3-15　监测点位置气流温度变化曲线（P37）

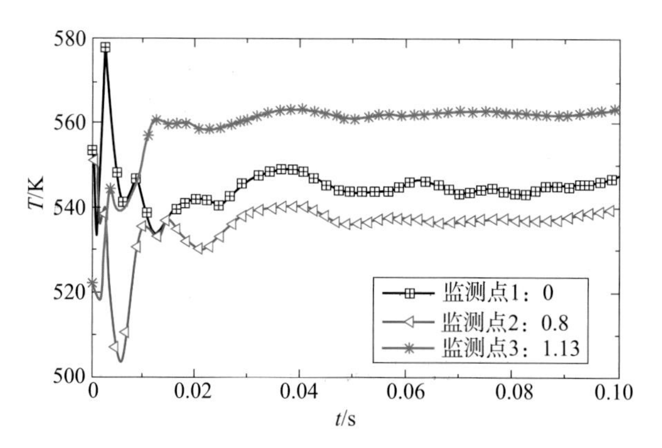

图 3-16　热交换引起的监测点处甲板表面温度变化曲线（P38）

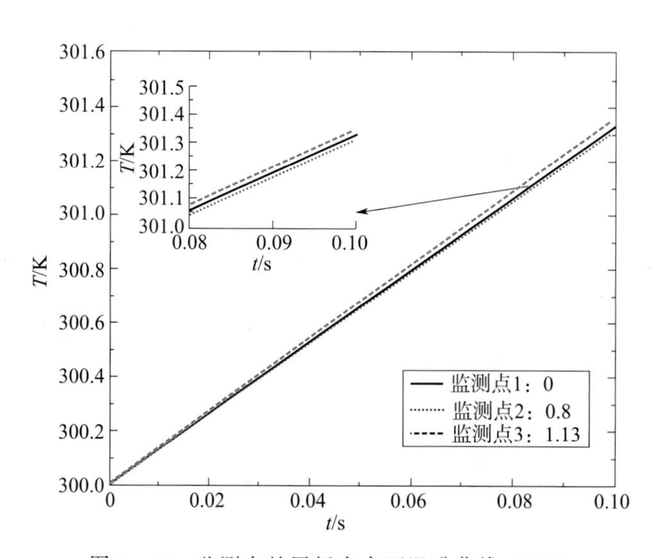

图 3-17　监测点处甲板内表面温升曲线（P38）

(a) 早期舰舰导弹倾斜发射装置

(b) 舰空导弹倾斜发射装置

(c) 舰舰导弹定角倾斜发射装置

图 5-1　舰载导弹倾斜发射装置（P77）

(a) 英国“海狼”垂直发射装置

(b) 美国MK-41垂直发射装置

(c) 俄罗斯“克里诺克”垂直发射装置

(d) 俄罗斯“利夫”垂直发射装置

图 5-18　各国导弹垂直发射装置（P98）

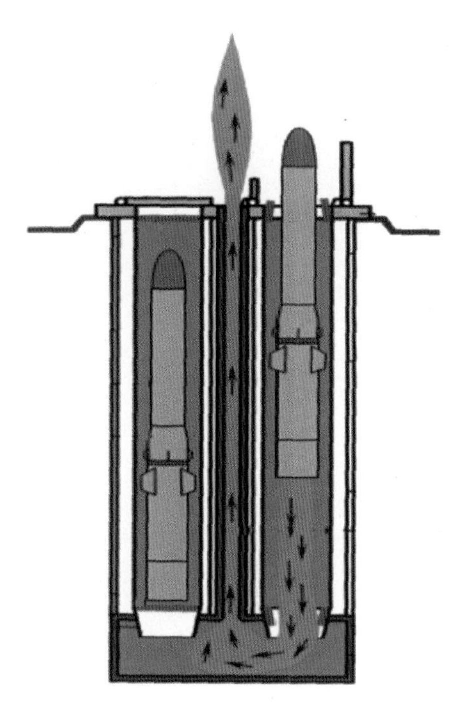

图 5－24　MK－41 垂直发射系统上导弹燃气排导示意图（P108）